液压与气压传动

主　编　李寿昌　钱　红　翟红云
副主编　李明相　王　锐　张书征　莫　毅
参　编　杨春红　管　明　张　敏　涂祖蕾

北京理工大学出版社
BEIJING INSTITUTE OF TECHNOLOGY PRESS

内容提要

本书由液压传动技术和气压传动技术两部分组成,主要论述了液压与气压传动的基础知识;液压与气压传动元件的工作原理、结构组成和性能特点;液压、气动基本回路的组成和功用;典型液压与气动系统在工业中的应用。针对高职高专教育培养高素质技能型专门人才的特点,本教材还重点介绍了液压元件的拆装、液压控制回路的组成与调试和液压系统的设计计算,通过教学、实训和设计的交替,加强学生对所学知识的理解和掌握。

本书可供机械类、机电类专业的高等院校及成人教育的在校生,以及参加自学考试的学生使用,也可作为有关工程技术人员的参考用书。

版权专有　侵权必究

图书在版编目(CIP)数据

液压与气压传动/李寿昌,钱红,翟红云主编.—北京:北京理工大学出版社,2019.7

ISBN 978-7-5682-7159-2

Ⅰ.①液… Ⅱ.①李… ②钱… ③翟… Ⅲ.①液压传动-高等学校-教材②气压传动-高等学校-教材 Ⅳ.①TH137②TH138

中国版本图书馆 CIP 数据核字(2019)第 124875 号

出版发行 /	北京理工大学出版社有限责任公司
社　　址 /	北京市海淀区中关村南大街 5 号
邮　　编 /	100081
电　　话 /	(010)68914775(总编室)
	(010)82562903(教材售后服务热线)
	(010)68948351(其他图书服务热线)
网　　址 /	http://www.bitpress.com.cn
经　　销 /	全国各地新华书店
印　　刷 /	唐山富达印务有限公司
开　　本 /	787 毫米 × 1092 毫米　1/16
印　　张 /	17.25　　　　　　　　　　　　　　责任编辑 / 多海鹏
字　　数 /	405 千字　　　　　　　　　　　　　文案编辑 / 多海鹏
版　　次 /	2019 年 7 月第 1 版　2019 年 7 月第 1 次印刷　责任校对 / 周瑞红
定　　价 /	69.00 元　　　　　　　　　　　　　责任印制 / 李志强

图书出现印装质量问题,请拨打售后服务热线,本社负责调换

前言

我国经济高速发展,推动了高等教育的快速发展。培养高素质技能型专门人才已经成为目前我国高等教育发展的首要任务。

"液压与气压传动"是高等院校机械类专业、机电类专业、自动化专业及其他近机类专业的核心教学课程。在广泛调研和征求意见的基础上,我们组织有关教师编写了本教材。本教材在编写过程中注重高等教育的特点,以项目为引领、任务为驱动、技能训练为中心,配备相关的理论知识,构成项目化教学模块来优化教材内容,便于采用理论、实训一体化训练法,通过"做中学、做中教、边学边做"来实施教学内容,实现理论知识与技能训练的统一。全书内容包括液压传动技术和气压传动技术两部分,主要论述了液压与气压传动基础知识、液压元件与气动元件的结构原理及性能特点;液压基本回路与气动基本回路的功能和设计、典型液压系统和气动系统的原理、液压系统设计等。全书共分 17 个项目,每个项目由多个任务组成,每个任务内容的呈现符合学生的认知规律。

本教材由李寿昌、钱红和翟红云担任主编。具体编写分工如下:李寿昌编写绪论、项目1、项目 7、项目 12～项目 16 及附录;钱红编写项目 3;翟红云编写项目 9;李明相编写项目 11;王锐编写项目 17;张书征编写项目 2;莫毅编写项目 10;涂祖蕾编写项目 4;张敏编写项目 5;杨春红编写项目 6;管明编写项目 8。全书由李寿昌、钱红统稿,由李寿昌定稿。

在本教材的编写过程中,所有液压与气动元件的图形符号均依据 GB/T 786.1—2009 绘制,同时吸收与借鉴了同类教材和书籍的精华,在此谨对各位原作者表示衷心的感谢。

由于编者水平有限,书中可能存在错误和不妥之处,恳请有关专家和广大读者提出宝贵意见,以便再版时修改。

编　者

目 录

绪论 ··· 001

项目1 认识流体的物理性质及力学特性 ·· 003

    任务1 　认识流体的物理性质 ·· 003
    任务2 　认识流体的静力学规律 ·· 011
    任务3 　认识流体的动力学规律 ·· 017
    任务4 　认识能量损失 ·· 021
    任务5 　认识液压冲击和气穴现象 ·· 026
    任务6 　液压油的选用及维护 ·· 029
    思考与练习 ··· 030

项目2 认识液压传动 ·· 032

    任务1 　认识液压传动的工作原理、系统组成及图形符号 ························· 032
    任务2 　认识液压传动的优缺点 ·· 037
    任务3 　液压千斤顶的使用 ·· 038
    思考与练习 ··· 039

项目3 认识液压泵 ·· 041

    任务1 　认识液压泵的工作原理及性能参数 ··· 041
    任务2 　认识齿轮泵 ··· 044
    任务3 　认识叶片泵 ··· 048
    任务4 　认识柱塞泵 ··· 050
    思考与练习 ··· 052

项目4 液压泵的拆装 ·· 054

    任务1 　CB-B型低压齿轮泵的拆装 ·· 054

目 录

任务 2　YB 型叶片泵的拆装 ·· 056
任务 3　10SCY14 –1B 型轴向柱塞泵的拆装 ·· 058

项目 5　认识液压马达与液压缸 ·· 061
任务 1　认识液压马达 ·· 061
任务 2　认识液压缸 ·· 065
思考与练习 ·· 071

项目 6　液压马达与液压缸的拆装 ··· 073
任务 1　齿轮式液压马达的拆装 ·· 073
任务 2　双作用单活塞杆式液压缸的拆装 ·· 074

项目 7　认识液压控制阀 ·· 078
任务 1　认识液压控制阀的分类、性能要求及特点 ··· 078
任务 2　认识方向控制阀 ·· 080
任务 3　认识压力控制阀 ·· 090
任务 4　认识流量控制阀 ·· 100
任务 5　认识其他液压控制阀 ··· 104
思考与练习 ·· 111

项目 8　液压控制阀的拆装 ·· 113
任务 1　管式普通单向阀的拆装 ·· 113
任务 2　Y 型先导式溢流阀的拆装 ·· 114
任务 3　L –10B 型节流阀的拆装 ··· 115

项目 9　认识液压辅助元件 ·· 118
任务 1　认识蓄能器 ·· 119
任务 2　认识滤油器 ·· 120
任务 3　认识油箱与热交换器 ··· 124

目 录

  任务 4 认识油管和管接头 ·· 126
  任务 5 认识密封装置 ·· 128
  思考与练习 ·· 130

项目 10 认识液压系统基本回路 ··· 132
  任务 1 认识压力控制回路 ·· 132
  任务 2 认识速度控制回路 ·· 138
  任务 3 认识方向控制回路 ·· 147
  任务 4 认识多缸工作控制回路 ··· 149
  思考与练习 ·· 153

项目 11 液压控制回路的组建与调试 ··· 156
  任务 1 换向回路的组建与调试 ··· 156
  任务 2 二级压力控制回路的组建与调试 ··· 158
  任务 3 容积节流调速回路的组建与调试 ··· 159

项目 12 典型液压传动系统的分析及故障排除 ·· 162
  任务 1 组合机床动力滑台液压系统的分析及故障排除 ···································· 162
  任务 2 数控车床液压系统的分析及故障排除 ·· 167
  任务 3 机械手液压系统的分析与故障排除 ·· 171
  思考与练习 ·· 175

项目 13 液压传动系统的设计计算及实例分析 ·· 177
  任务 1 液压传动系统的设计计算 ··· 177
  任务 2 液压传动系统的设计计算实例 ·· 191
  思考与练习 ·· 202

项目 14 认识气源装置及气动元件 ·· 203
  任务 1 认识气源装置 ·· 203

目 录

  任务 2 认识气源净化装置 …………………………………………………………… 206
  任务 3 认识气动辅助元件 ……………………………………………………………… 209
  任务 4 认识气动执行元件 ……………………………………………………………… 212
  任务 5 认识压力控制阀 ………………………………………………………………… 216
  任务 6 认识方向控制阀 ………………………………………………………………… 219
  任务 7 认识流量控制阀 ………………………………………………………………… 222
  任务 8 认识气动逻辑元件 ……………………………………………………………… 225
  思考与练习 ………………………………………………………………………………… 228

项目 15 认识气动基本回路 …………………………………………………………………… 230

  任务 1 认识压力控制、速度控制和方向控制回路 ………………………………… 230
  任务 2 认识其他常用气动回路 ………………………………………………………… 237
  思考与练习 ………………………………………………………………………………… 243

项目 16 典型气动系统的分析及故障排除 ……………………………………………………… 245

  任务 1 气动夹紧系统分析及故障排除 …………………………………………………… 245
  任务 2 公共汽车车门气压控制系统分析及故障排除 ………………………………… 247
  任务 3 气动机械手气压传动系统分析及故障排除 ……………………………………… 249
  思考与练习 ………………………………………………………………………………… 252

项目 17 知识拓展 ……………………………………………………………………………… 254

  知识拓展 1——纯水液压传动的应用研究 ………………………………………………… 254
  知识拓展 2——液压系统的使用与维护 …………………………………………………… 258
  知识拓展 3——气动系统的维护和保养 …………………………………………………… 259

附录 常用液压与气动元件图形符号（摘自 GB/T 786.1—2009） ……………………… 262

参考文献 …………………………………………………………………………………………… 267

绪 论

一、液压与气动技术的研究对象

一部机器通常由三部分组成，即：原动机、传动装置和工作机构。原动机的作用是把不同种类的能量转变为机械能，是机器的动力源；工作机构是利用机械能对外做功，来改变材料或工件的性质、状态或位置，以进行生产或达到其他预定目的的工作装置；传动装置设于原动机和工作机构之间，起传递动力和进行控制的作用。

传动装置的传动方式类型有单一传动方式和复合传动方式两种。

单一传动方式中依传动所采用的机件或工作介质的不同可分为机械传动、电力传动和流体传动三种。其中，流体传动可分为液体传动和气体传动。液体传动又可分为液压传动和液力传动，而气体传动也可分为气压传动和气力传动。

机械传动是通过齿轮、传动带、链条等传递动力和进行控制的一种传动方式。

电力传动是利用电力设备并调节电参数来传递动力和进行控制的一种传动方式。

液压传动是指以液体为工作介质，借助液体的压力能进行能量传递、转换和控制的一种传动方式。

气压传动是指以压缩空气为工作介质进行能量传递、转换和控制的一种传动方式。

复合传动方式有机电复合传动、机液复合传动、电液复合传动、气液复合传动和机电液复合传动等。

综上所述，液压与气压传动技术是研究以流体为工作介质，来实现能量传递、转换和控制的一门学科技术。

二、液压与气动技术的应用与发展概况

液压技术自帕斯卡提出静压传递原理，并于18世纪末英国制成世界上第一台水压机算起，已有200多年的历史了，但其真正的发展只是在第二次世界大战后的50余年。最早实践成功的液压传动装置是舰艇上的炮塔转位器，其后才出现了液压转塔车床和磨床。第二次世界大战后液压技术迅速转向民用工业，各种标准的不断制定和完善，各类元件的标准化、系列化，使其在工程机械、冶金、军工、农机、汽车、轻纺、船舶、石油、航空、机床等行业中得到了推广，从而发展成为包括传动、控制、检测在内的一项完整的自动化技术，并在国民经济的各方面都得到了应用，甚至在某些领域内已占有压倒性的优势。现今，采用液压传动的程度已成为衡量一个国家工业水平的重要标志之一。如发达国家生产的95%的工程机械、90%的数控加工中心、95%以上的自动线都采用了液压传动。

当前液压技术正向高压、高速、大功率、高效率、低噪声、经久耐用、高度集成化的方向发展。同时，新型液压元件和液压系统的计算机辅助设计（CAD）、计算机辅助测试（CAT）、计算机直接控制（CDC）、机电一体化技术、计算机仿真和优化设计技术、可靠性技术，以及污染控制技术等方面也是当前液压传动及控制技术发展和研究的方向。

我国的液压工业开始于20世纪50年代，其产品最初只用于机床和锻压设备，后来才用到拖拉机和工程机械上。自1964年从国外引进一系列液压元件生产技术，同时进行自行设计液压产品以来，我国的液压元件生产已从低压到高压形成系列，并在各种机械设备上得到了广泛的应用。自20世纪50年代起，我国更加速了对西方先进液压产品和技术的有计划引进、消化、吸收和国产化工作，使液压技术在产品质量、经济效益、人才培训和研究开发等方面获得全方位的发展。

气压传动技术自20世纪60年代以来发展很快，其主要原因是气动技术作为一种实现工业自动化的有效手段，引起了各国技术人员的普遍重视和应用。许多国家已大量生产标准化的气动元件，在生产中广泛采用气动技术。随着工业的发展，它的应用范围也将日益扩大，同时其性能也就必须满足气动机械多样化以及与机械电子工业快速发展相适应的要求，处在这样的变革时期，就要以更新的观点去开发气动技术、气动机械和气动系统。一方面要加强气动元件本身的研究，而使之满足多样化的要求，同时要不断提高系统的可靠性，不断降低成本。要进行节能化、小型化和轻量化、位置控制的高精度化研究，以及气、电、液相结合的综合控制技术的研究。同时，计算机辅助设计、优化设计及计算机控制也是气动技术开发的发展方向。

三、液压与气动技术的学习目的及要求

"液压与气动技术"是工科机械类或近机械类专业的一门重要的专业技术基础课，它为专业设备及机器的结构原理、运行维护及故障分析等提供了必要的理论基础。所以，学好液压与气动技术知识，可为解决工程实际问题打下专业技术基础。

学习液压与气动技术，应着重掌握并理解液压与气动技术的基本概念和理论、液压元件与气动元件的结构原理及图形符号，会分析液压与气动基本回路及典型液压与气动系统的工作原理，具备液压与气动系统的安装、使用与维护及常见故障的处理能力，并初步掌握对液压系统进行设计计算的一般方法和理论。

项目 1　认识流体的物理性质及力学特性

项目导读

液压与气压传动是以流体作为工作介质来进行能量传递的,因此流体的基本性质和合理选用对液压系统和气动系统的工作状态有很大的影响。本项目主要通过对流体的物理性质、流体静力学规律、流体动力学规律、能量损失、液压冲击和气穴现象、液压油的选用及维护等内容的介绍达到以下目标。

项目目标

(1) 认识流体的主要物理性质并掌握流体静力学规律和动力学规律。
(2) 认识能量损失、液压冲击和空穴现象。
(3) 认识液压油的类型、选用原则和使用维护方法。

能力目标

(1) 能够合理选择液压油的类型。
(2) 能够根据工作要求合理选择液压油的牌号。
(3) 学会液压油的污染防护与维护。

任务 1　认识流体的物理性质

> 【提示】流体具有流动性,其形状始终同容器保持一致。流体的物理性质是决定其平衡规律和运动规律的内在原因。

一、密度与重度

1. 密度

流体的密度是指单位体积流体的质量,用 ρ 表示,法定单位是 kg/m^3。

$$\rho = \frac{m}{V} \tag{1-1}$$

式中　m——流体的质量，kg；
　　　V——流体的体积，m^3。

密度是流体的一个重要的物理参数，一般液压油的密度值为900kg/m^3。

2. 重度

流体的重度是指单位体积的流体的重力，用γ表示，法定单位是N/m^3。

$$\gamma = \frac{G}{V} \qquad (1-2)$$

式中　G——流体的重力，N；
　　　V——流体的体积，m^3。

因$G=mg$，由式（1-1）和式（1-2）得流体的重度与密度的关系式为

$$\gamma = \rho \cdot g \qquad (1-3)$$

式中　g——当地的重力加速度，单位为m/s^2，一般取$g=9.81m/s^2$。

需要说明的是：流体的密度与它在地球上的位置无关，而流体的重度与它所处的位置有关，因为地球上不同地点的重力加速度不同，所以重度也就不一样。另外，流体的密度与重度受外界压力和温度的影响，当指出某种流体的密度或重度时，必须指明其所处的外界压力和温度条件。

表1-1给出了几种常见流体在标准大气压与不同温度下的密度和重度，以便选用。

表1-1　几种常见流体在标准大气压（101 325N/m^2）与不同温度下的密度和重度

流体名称	密度/(kg·m^{-3})	重度/(kN·m^{-3})	测量温度/℃
水	999.87	9.809	0
水	999.72	9.807	10
水	998.2	9.792	20
空气	1.205	11.82×10^{-3}	20
水银	13 550	132.926	20
酒精	790	7.742	20

二、压缩性和膨胀性

流体的压缩性是指流体的体积随压力的增加而缩小的性质。流体的膨胀性是指流体的体积随温度的升高而增大的性质。

液体的压缩性与膨胀性很小，当压力和温度变化不大时，可以认为液体的体积不发生变化，既不可压缩又不膨胀。但是在一些特殊情况（如液压冲击）下，就必须考虑其影响，否则液体的压缩性与膨胀性引起的影响，将会造成很大的误差。

气体与液体不同，温度和压力的变化都将引起气体体积的很大变化。但是具体问题也要具体分析，气体在流动过程中压力和温度的变化较小时，可以忽略气体的压缩性和膨胀性。若压力或温度变化较大（如空气压缩机），则气体的压缩性和膨胀性不能忽略。

三、黏性

1. 黏性的概念

流体在外力作用下流动时,流体分子间内聚力阻碍分子间的相对运动而产生一种内摩擦力的特性,叫作流体的黏性。

图 1-1 所示为液体的黏性示意图,设上平板以速度 u_0 向右运动,下平板固定不动,紧贴上平板上的液体黏附于上平板上,其速度与上平板相同。紧贴于下平

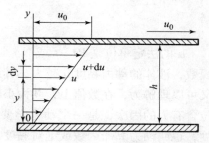

图 1-1 液体的黏性示意图

板上的液体黏附于下平板上,其速度为零。中间液体的速度按线性分布。这种流动可看成是许多无限薄的液体层在运动,当运动较快的液体层在运动较慢的液体层上滑过时,两层间由于黏性就产生内摩擦力。

2. 牛顿内摩擦力定律

液体的内摩擦力大小受哪些因素的影响呢?对此,牛顿做了大量的实验。通过实验,牛顿确定了层状液体(层流)内摩擦力的影响因素,并于1686年提出了层流液体的内摩擦力数学表达式,即牛顿内摩擦力定律。

层流液体的内摩擦力大小与下列因素有关:

(1) 与两流层之间的速度差 du 成正比,与两流层之间的距离 dy 成反比。

(2) 与两流层之间的接触面积 A 成正比。

(3) 与液体的种类有关,即在上述条件相同时,液体不同,则内摩擦力不同。

(4) 与液体所受的压力无关。

牛顿内摩擦力定律数学表达式为

$$F = \mu A \frac{du}{dy} \tag{1-4}$$

式中　F——流层间的内摩擦力,N;

　　　μ——表征液体黏性大小的比例因数,称为动力黏度,Pa·s;

　　　A——流层间的接触面积,m^2;

　　　du/dy——液体流动速度沿垂直于流动方向 y 的变化率,即速度梯度,1/s。

单位面积上的内摩擦力(切应力)τ 为

$$\tau = \frac{F}{A} = \mu \frac{du}{dy} \tag{1-5}$$

式中　τ——单位面积上的内摩擦力(切应力),N/m^2。

3. 液体黏性的度量

不同的液体,其黏性一般也不同。黏性的大小用黏度表示,黏度通常有动力黏度、运动黏度和相对黏度三种度量方法。

1）动力黏度

动力黏度是表征液体动力特性的黏度，用以表征液体抵抗变形的能力，用 μ 表示。由公式（1-5）可得

$$\mu = \frac{\tau}{\mathrm{d}u/\mathrm{d}y} \tag{1-6}$$

μ 的法定单位是 $\mathrm{Pa \cdot s}$ 或 $\mathrm{N \cdot s/m^2}$。μ 是表征液体本身物理性质（即黏性大小）的一个因数，液体的动力黏度 μ 越大，其黏性越大，抵抗变形的能力就越强。动力黏度 μ 的物理意义可以理解为，在数值上，其大小等于速度梯度 $\mathrm{d}u/\mathrm{d}y = 1$ 时的切应力，即 $\mu = \tau$。因 μ 的单位含有力的因次，是一个动力学要素，反映了液体黏性的动力特征。因此，称 μ 为动力黏度，也叫动力黏滞因数或绝对黏度。

2）运动黏度

运动黏度是指在一个标准大气压和同一温度下，液体的动力黏度与其密度的比值，也叫运动黏滞因数，用 ν 表示。

$$\nu = \frac{\mu}{\rho} \tag{1-7}$$

运动黏度 ν 的法定单位是 $\mathrm{m^2/s}$。以前沿用的单位为 St（斯），$1\mathrm{m^2/s} = 10^4 \mathrm{St} = 10^6 \mathrm{cSt}$（厘斯）$= 10^6 \mathrm{mm^2/s}$。运动黏度 ν 没有特殊的物理意义，因在计算和分析液体运动问题时，经常要考虑 μ 和 ρ 及比值，所以才引用运动黏度 ν 这个物理量。但是，从运动黏度的单位中可以看出，它的单位只含有时间和长度两个运动要素，它能够反映液体的运动特性，即运动黏度越小，流体的流动性越好。

润滑油的牌号就是用运动黏度 ν（$\mathrm{mm^2/s}$）大小来表示的。我国用 40℃时运动黏度 ν（$\mathrm{mm^2/s}$）值表示润滑油的牌号。例如，32 号 L-HH 液压油，就是指这种油在 40℃时运动黏度为 $32\mathrm{mm^2/s}$。

例 1-1 如图 1-2 所示的两个同心圆筒，内筒外径 $D = 100\mathrm{mm}$，内筒外径与外筒内径之间的半径间隙 $h = 0.05\mathrm{mm}$，筒长 $L = 200\mathrm{mm}$，间隙内充满某种液体。在外筒静止不转、内筒以 $n = 2\mathrm{r/s}$ 的速度旋转时，测得所需转矩 $T = 1.44\mathrm{N \cdot m}$（不计轴承上的摩擦转矩）。已知液体的密度 $\rho = 900\mathrm{kg/m^3}$，求液体的动力黏度 μ 与运动黏度 ν。

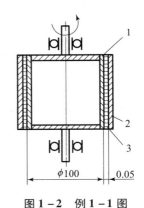

图 1-2 例 1-1 图
1—内筒；2—外筒；3—液体

解： 圆筒内外壁之间的液层因相对运动存在内摩擦力，流动时相邻液层间的内摩擦力为

$$F = \mu A \frac{\mathrm{d}u}{\mathrm{d}y}$$

由于间隙 h 很小，故上式又可写成

$$F = \mu A \frac{u}{h}$$

由于

$$A = \pi D L = 3.14 \times 0.1 \times 0.2 = 6.28 \times 10^{-2}\ (\mathrm{m^2})$$

$$u = \pi Dn = 3.14 \times 0.1 \times 2 = 0.628 \text{ (m/s)}$$

$$F = \frac{2T}{D} = \frac{2 \times 1.44}{0.1} = 28.8 \text{ (N)}$$

由此可得油液的动力黏度和运动黏度，即

$$\mu = \frac{Fh}{Au} = \frac{28.8 \times 0.05 \times 10^{-3}}{6.28 \times 10^{-2} \times 0.628} = 3.65 \times 10^{-2} \text{ (Pa·s)}$$

$$\nu = \frac{\mu}{\rho} = \frac{3.65 \times 10^{-2}}{900} = 40.6 \times 10^{-6} \text{ (m}^2\text{/s)}$$

3）相对黏度

相对黏度又称为条件黏度，是在规定的条件下用特定的黏度计直接测定的黏度。根据测定条件不同，有恩氏黏度、赛氏黏度和雷氏黏度几种。各国采用的相对黏度不同，我国采用恩氏黏度。

恩氏黏度是指把加热并保持恒定温度的 200cm³ 被测液体，靠自重从恩氏黏度计底部 ϕ2.8mm 的小孔中流出需要的时间 t_1，与同体积 20℃ 蒸馏水从该恩氏黏度计中流出的时间 t_2（为 51~52s）的比值，用 °E 表示。

$$°E = \frac{t_1}{t_2} \tag{1-8}$$

恩氏黏度与运动黏度的换算关系：

$$\nu_t = \left(7.31°E_t - \frac{6.31}{°E_t}\right) \times 10^{-6} \text{m}^2/\text{s} \tag{1-9}$$

式（1-9）中的 ν_t 和 °E_t，分别为试验温度为 t 时的运动黏度和恩氏黏度。

4. 温度对油液黏性的影响

温度对油液黏度的影响很大，当油温升高时，其黏度显著下降，这一特性称为油液的黏温特性，它直接影响液压系统的性能和泄漏量。因此希望油液的黏度随温度的变化越小越好。图 1-3 所示为几种常见国产油液的黏温特性曲线。

液压油的其他物理及化学性质包括：抗燃性、抗凝性、抗氧化性、防锈性、抗乳化性、润滑性、相容性等，具体可参考相关产品手册。

四、对工作液体的要求及工作液体的选择

1. 对工作液体的要求

工作液体是液压传动系统的重要组成部分，是用来传递能量的工作介质。除了传递能量外，它还起着润滑运动部件和保护金属不被锈蚀的作用。工作液体的质量及其各种性能将直接影响液压系统的工作。从液压系统使用工作液体的要求来看，有以下几点：

（1）适宜的黏度和良好的黏温性能。

一般液压系统所用的液压油，其黏度范围为：$\nu = 11.5 \times 10^{-6} \sim 35.3 \times 10^{-6} \text{m}^2/\text{s}$（2~5°$E_{50}$）。

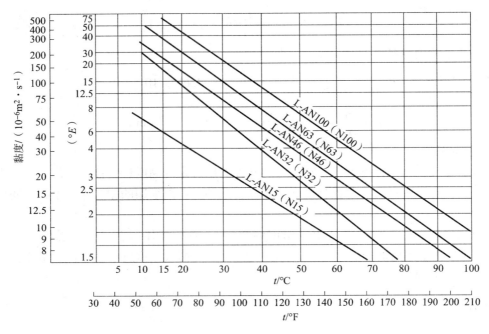

图 1-3 几种国产油液黏温特性曲线

（2）润滑性能好。

在液压传动机械设备中，除液压元件外，其他一些有相对滑动的零件也要用液压油来润滑，因此，液压油应具有良好的润滑性能。为了改善液压油的润滑性能，可加入一些添加剂。

（3）良好的化学稳定性。

良好的化学稳定性主要体现在其对热、氧化、水解和相容都具有良好的稳定性。

（4）对金属材料具有防锈性和防腐性。

（5）比热和热传导率大，热膨胀系数小。

（6）抗泡沫性好，抗乳化性好。

（7）油液纯净，含杂质量少。

（8）流动点和凝固点低，闪点（明火能使油面上油蒸气内燃，但油本身不燃烧的温度）和燃点高。

此外，对油液的无毒性及价格等，也应根据不同的情况有所要求。

2. 工作液体的选择

1）液压油品种的选择

液压油可以分为矿物型液压油和难燃型液压油两大类，其中，难燃型液压油包括合成型和乳化型两种。液压油的主要品种、ISO 代号及其特性和用途见表 1-2。

表 1-2 液压油的主要品种、ISO 代号及其特性和用途

类型	名称	ISO 代号	特性和用途
矿物型	基础油	L-HH	无添加剂的石油基液压油，抗氧化性、抗泡沫性较差，主要用于机械润滑
	普通液压油	L-HL	精制矿物油加添加剂，提高抗氧化和防锈性能，适于一般设备的中低压系统
	抗磨液压油	L-HM	L-HL 油加添加剂，改善抗磨性能，适用于工程机械、车辆液压系统
	液压导轨油	L-HG	L-HM 油加添加剂，改善黏温特性，适用于机床中液压和导轨润滑合用的系统
	低温液压油	L-HV	可用于环境温度 -40℃ ~ -20℃ 的高压系统
	高黏度指数液压油	L-HR	L-HL 油加添加剂，改善黏温特性，适用于对黏温特性有特殊要求的低压系统
合成型	水-乙二醇液	L-HFC	难燃，黏温特性和抗蚀性好，能在 -30℃ ~60℃ 温度范围内使用，适用于有抗燃要求的中低压系统
	磷酸酯液	L-HFDR	难燃，润滑抗磨性和抗氧化性能良好，能在 -54℃ ~135℃ 温度范围内使用，但有毒，适用于有抗燃要求的高压精密系统中
乳化型	水包油乳化液	L-HFA	其含油量为 5% ~10%，含水量 90% ~95%，另加各种添加剂。其特点是难燃，黏温特性好，有一定的防锈能力，但润滑性差，易泄漏
	油包水乳化液	L-HFB	其含油量为 60%，含水量 40%，另加各种添加剂。其特点是有较好的润滑性、防锈性、抗燃性，但使用温度不能高于 65℃

矿物型液压油的润滑性和防锈性好，黏度等级范围也较宽，因而在液压系统中应用很广。矿物型液压油具有可燃性，为了安全起见，在一些高温、易燃和易爆的工作场合，常用水包油、油包水等乳化液，或水-乙二醇、磷酸酯等合成液。

2）液压油黏度等级的确定

黏度对液压系统工作的稳定性、可靠性、效率及磨损都有显著的影响。在一定条件下，选用的油液黏度太高或太低都会影响系统的正常工作。黏度高的油液流动时产生的阻力较大，克服阻力所消耗的功率较大，而此功率损耗又将转换成热量使油温上升。黏度太低，会使泄漏量加大，使系统的容积效率下降。

在确定液压油的黏度时可根据设备厂家推荐的品种号数来选用，或者根据系统的工作环境、工作压力及经济性等因素综合考虑。

（1）工作压力。为减少泄漏，对于工作压力较高的液压系统，宜选用黏度较大的液压油。在一般环境温度 $t<38℃$ 的情况下，可根据不同压力级别来选择黏度，即：

低压（$0<p<2.5\text{MPa}$）：$\nu = 10 \sim 30 \text{cSt}$。

中压（$2.5\text{MPa}<p<8\text{MPa}$）：$\nu = 20 \sim 40 \text{cSt}$。

中高压（8MPa < p < 16MPa）：$\nu = 30 \sim 50$ cSt。

高压（16MPa < p < 32MPa）：$\nu = 40 \sim 60$ cSt。

（2）运动速度。为了减小液流的摩擦阻力，当液压系统的工作部件运动速度较高时，宜选用黏度较低的液压油。

（3）环境温度。周围环境温度超过40℃以上时，应适当提高油液的黏度。夏季选黏度较高的油液，冬季选黏度较低的油液。

（4）液压泵的类型。在液压系统的所有元件中，以液压泵对液压油的性能最为敏感，因为泵内零件的运动速度很高，承受的压力较大，润滑要求苛刻，温升高。因此，常根据液压泵的类型及要求来选择液压油的黏度。

各类液压泵适用的黏度范围见表1-3。

表1-3 液压泵适用的黏度范围

液压泵名称		黏度范围/(mm²·s⁻¹)		工作压力/MPa	工作环境温度/℃	推荐用油
		允许	最佳			
齿轮泵		4~220	25~54	12.5以下	5~40	L-HH32，L-HH46
					40~80	L-HH46，L-HH68
				10~20	5~40	L-HH46，L-HH68
					40~80	L-HH46，L-HH68
				16~32	5~40	L-HH32，L-HH68
					40~80	L-HH46，L-HH68
叶片泵	1 200r/min	16~220	26~54	7	5~40	L-HH32，L-HH46
					40~80	L-HH46，L-HH68
	1 800r/min	20~220	26~54	14以上	5~40	L-HH32，L-HH46
					40~80	L-HH46，L-HH68
柱塞泵	径向式	10~65	16~48	14~35	5~40	L-HH32，L-HH46
					40~80	L-HH46，L-HH68
	轴向式	4~76	20~47	35以上	5~40	L-HH32，L-HH68
					40~80	L-HH68，L-HH100
螺杆泵		19~49		10.5以上	5~40	L-HH32，L-HH46
					40~80	L-HH46，L-HH68

液压油代号中，L是石油产品的总分类号"润滑剂和有关产品"，H表示液压系统用的工作液体，数字表示为该工作液体40℃时的运动黏度。

任务 2　认识流体的静力学规律

【提示】流体静力学是研究流体在静止和相对静止状态下的力学规律以及这些规律在工程上的应用的学科。

在静力学研究中，由于流体是静止的，质点间无相对运动，流体不显示黏性，因此，流体静力学规律和流体的黏性无关。

一、静压力及其特征

作用于流体上的力按其性质分为：表面力和质量力两类。表面力是指作用在静止流体表面上的力，它是由与静止流体相互接触的物体产生的，如大气对井水的压力、液压缸活塞对油液的压力等；质量力是作用于流体每一质点上，并与流体质量成正比的力，如重力、惯性力等。

1. 静压力

静压力是指流体处于静止状态时，单位面积上所受的法向作用力。若法向作用力 F 均匀地作用在面积 A 上，则静压力 p 为

$$p = \frac{F}{A} \tag{1-10}$$

若在静止流体中围绕某点取一面积 ΔA，设作用在这小块面积 ΔA 上的法向力为 ΔF，则当面积 ΔA 无限缩小到一点时，这个比值的极限称为该点的静压力，即

$$p = \lim_{\Delta A \to 0} \frac{\Delta F}{\Delta A} \tag{1-11}$$

2. 流体静压力的特性

流体静压力有以下两个重要特性：
（1）流体静压力的作用方向总是沿作用面的内法线方向，即垂直指向作用面。
（2）静止流体内任一点各方向的静压力均相等。说明在静止流体中，任一点的流体静压力的大小与作用方向无关，只与该点的位置有关。

二、流体静力学基本方程

流体静力学基本方程描述了流体静压力的分布规律，下面导出基本方程。

如图 1-4 所示，在静止流体中任取一点 m，m 点在液面以下的深度为 h，为求出 m 点的静压力 p，围绕 m 点作一微小圆柱，底面积为 ΔA，上底面的压力为自由面上的压力 p_0。

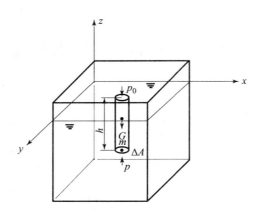

图 1-4 流体静力学基本方程式推导

分析所取的底面为 ΔA、高度为 h 的微小圆柱的受力：
(1) 作用在顶面上的力：$F_0 = p_0 \Delta A$，方向垂直向下；
(2) 作用在底面上的力：$F = p \Delta A$，方向垂直向上；
(3) 重力：$G = \gamma h \Delta A$，方向垂直向下；
(4) 作用在微小圆柱侧面上的力：由于微小圆柱是静止的，作用在侧面上的力垂直于侧面，即垂直于 z 轴，在 z 轴上没有分力，在 F_x、F_y 方向上对称平衡，合力都为零，所以不考虑侧面的压力。

z 轴方向力的平衡方程式为
$$F - F_0 - G = 0$$
$$p\Delta A - p_0 \Delta A - \gamma h \Delta A = 0$$

化简、移项得
$$p = p_0 + \gamma h \qquad (1-12)$$

式中 p——流体内某点的静压力，N/m^2（Pa）；
　　　p_0——液面上的压力，N/m^2（Pa）；
　　　γ——液体的重度，N/m^3；
　　　h——某点在液面下的深度，m。

公式（1-12）为流体静力学基本方程式。方程式表明：
(1) 在重力作用下，流体内的静压力随着深度的增加而增大；静止流体内的压力沿液深呈线性规律分布，如图 1-5 所示。
(2) 静压力由两部分组成，即液面压力 p_0 和单位面积上的重力 γh。
(3) h = 常数时，p = 常数，即同一容器内深度相同的各点静压力也相等。

在静止流体中，由压力相等的各点组成的面称为等压面。在静止、同种、连续的流体中，水平面就是等压面，如果不能同时满足这三个条件，水平面就不是等压面。

例 1-2 如图 1-6 所示，容器内充满油液。已知油的密度 $\rho = 900 kg/m^3$，活塞上的作用力 $F = 1\,000N$，活塞面积 $A = 1 \times 10^{-3} m^2$，忽略活塞的质量，问活塞下方深度为 $h = 0.5m$ 处的静压力等于多少？

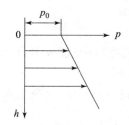
图1-5 液体静压力分布规律

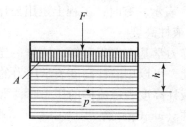
图1-6 例1-2图

解：活塞与油液接触面上的压力

$$p_0 = \frac{F}{A} = \frac{1\,000}{1 \times 10^{-3}} = 10^6 \text{ (Pa)}$$

根据公式 $p = p_0 + \gamma h = p_0 + \rho g h$，得深度为 h 处的流体压力为

$$p = p_0 + \rho g h = 10^6 + 900 \times 9.81 \times 0.5 = 1.004 \times 10^6 \text{ (Pa)} \approx 1\text{MPa}$$

由本例可以看到，在外界压力作用下，流体自重所产生的那部分静压力 γh 很小，在计算中可以忽略不计，因而认为整个静止流体内部的压力是近似相等的。在以后的有关章节中分析计算压力时，都采用这一结论。

三、静压力的度量

1. 静压力的计算基准

压力的计算基准有两种：一种是绝对真空基准；另一种是大气压力基准。

绝对压力：以绝对真空为基准（零点）计算的压力称为绝对压力，用 p 表示。

相对压力：以大气压力 p_a 为基准（零点）计算的压力称为相对压力，用 p_b 表示。

绝对压力、相对压力和大气压力三者之间的关系为

$$p = p_a + p_b \tag{1-13}$$

绝对压力只能是正值，但相对压力可能是正值，也可能是负值。相对压力为正值时称为正压；相对压力为负值时称为负压。负压的绝对值称为真空度，用 p_z 表示。常用的压力表测量的压力为正压，真空表测量的压力为真空度。

$$p_z = |-p_b| = p_a - p \tag{1-14}$$

图1-7所示为上述几种压力之间的关系。

2. 静压力的度量单位

1）应力单位

用单位面积上的作用力表示。其国际单位是帕（Pa 或 N/m²），也用千帕（kPa 或 kN/m²）和兆帕（MPa 或

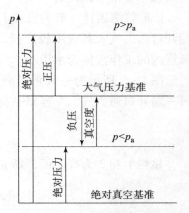
图1-7 几种压力之间的关系

MN/m^2）表示。有时，工程上也用公斤（kgf/cm^2[①]）表示。

2）液柱高度

由静力学基本方程可知，流体一定时，重度 γ 一定，液柱高度 h 和压力 p 有确定的关系，因此，可以用液柱高度表示压力的大小。

用液柱高度表示流体的压力时，常用的单位有米水柱（mH_2O）、毫米水柱（mmH_2O）、毫米汞柱（$mmHg$）等。

3）大气压单位

用标准大气压（atm）或工程大气压（at）表示。

标准大气压力是在北纬45°海平面上、温度为15℃时测定的大气压数。

工程大气压是 $1kgf/cm^2$ 或 10m 水柱产生的压力。

几种度量单位之间的换算关系：

$$1atm = 101\ 325Pa = 10.33mH_2O = 760mmHg$$
$$1at = 98\ 100Pa = 10mH_2O = 735mmHg$$

3. 测压计

工程上常常要测量流体的压力，常用的测压计有液柱式、弹簧金属式和电测式三种。液柱式测压计一般以水、水银或酒精等为工作流体，用于测量低压、真空度和压力差，具有直观、可靠、方便等特点，在工程上应用广泛。

1）液柱式测压计

（1）测压管。

如图1-8所示，测压管是最简单的一种液柱式测压计。

一般为一直径不小于5mm的直玻璃管，管的上端与大气相通，管的下端与被测液体连接。管内液体受容器 A 内的流体静压力的作用，使测压管内的液体上升至某一高度，该高度就表示容器中被测点的相对压力。由测压管内液面上升的高度，根据流体静力学基本方程，可计算出被测点的相对静压力。

（2）U形管测压计。

U形管测压计一般为直径不小于5mm的U形玻璃管，一端连接被测管路或容器，另一端开口通大气。其应用较广泛，既可测液体或气体内部压力，也可用来测量真空度。当U形管内的工作液体为水银时，可测液体或气体内部较大的压力。

图1-9所示为一U形管测压计，工作介质是重度为 γ_g 的水银。一端连接被测容器 A，另一端开口通大气，A 容器中装有重度为 γ 的水，求 A 容器中心的压力。

$$p_1 = p_A + \gamma h_1$$
$$p_2 = p_a + \gamma_g h_2$$

显然 1 和 2 为等压面，即 $p_1 = p_2$。

[①] $1kgf/cm^2 \approx 98kPa$。

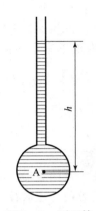
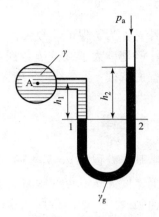

图 1-8　测压管　　　　　图 1-9　U 形管测压计

所以，A 容器中心的绝对压力为

$$p_A = p_a + \gamma_g h_2 - \gamma h_1$$

A 容器中心的相对压力为

$$p_{bA} = \gamma_g h_2 - \gamma h_1$$

因水的重度 γ 与水银的重度 γ_g 相比，水的重度 γ 很小，γh_1 可以忽略，则 A 容器中心的相对压力可写为

$$p_{bA} = \gamma_g h_2$$

2. 金属测压计

金属测压计有弹簧式测压计和薄膜式测压计两种。管状测压计是最普通的一种弹簧式压力计，其构造如图 1-10（a）所示。压力计的主要零件为一弯成圆形的黄铜管 1（断面为中空椭圆形），其一端密封，与细链 3 固接；另一端为开口，与被测对象连通。施压时，黄铜管内表面受到压力而欲伸展，通过细链 3、扇形齿轮 4 及传动齿轮 6 而使指针 2 转动。指针转动的角度（角位移）与被测压力成正比。指针复位靠弹簧 5 来完成。薄膜式测压计亦可以做成测量真空度的真空表。这种真空表的构造如图 1-7（b）所示，由波形断面薄膜 1、传动杆 2、扇形齿轮 3、指针 4 和传动齿轮 5 组成。被测对象的真空度是通过波形断面的薄膜

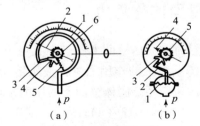

图 1-10　金属压力计
（a）弹簧式压力计
1—黄铜管；2—指针；3—细链；4—扇形齿轮；5—弹簧；6—传动齿轮
（b）薄膜式压力计
1—波形断面薄膜；2—传动杆；3—扇形齿轮；4—指针；5—传动齿轮

传到指针的。

在使用压力计时，为了保证读数和仪表的安全可靠，使用压力通常不宜达到压力表测量上限的 2/3 以上；但是，为了减少读数误差，使用压力也不宜小于测量上限的 1/3。这点，是选择压力表量程的依据。

四、帕斯卡定律

由流体静力学基本方程式 $p = p_0 + \gamma h$ 可知，p_0 与 γh 无关，属于表面力。p_0 会等值传递到液体内的各点上，使任意一点的压力发生相应的改变。密闭容器内，静止液体表面上的压力变化将等值传递到液体中的任意点，这就是静压力的等值传递规律，也称帕斯卡定律。

静压力的等值传递规律在工程上的应用非常广泛，如水压机、油压千斤顶等。图 1 - 11 所示为水压机工作原理。

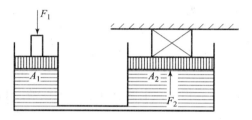

图 1 - 11　水压机工作原理

在相连通的两个容器内的液体表面上各置一个活塞，面积分别为 A_1 和 A_2，在小活塞上施加力 F_1，当小活塞处于平衡状态时，其下液体的压力应为

$$p = \frac{F_1}{A_1}$$

根据帕斯卡定律，p 将等值传递到大活塞下的液体中，使大活塞产生的作用力为

$$F_2 = pA_2 = F_1 \frac{A_2}{A_1} \tag{1-15}$$

由于 $A_2 > A_1$，所以作用在大活塞上的力 F_2 要比小活塞上的力 F_1 大很多。

五、静压力对固体壁面的作用力

静止流体和固体壁面相接触时，固体壁面上各点在某一方向上所受静压作用力的总和，便是流体在该方向上作用于固体壁面上的作用力。在液压传动计算中质量力（γh）可以忽略，静压力处处相等，所以可认为作用于固体壁面上的压力是均匀分布的。

当固体壁面是一个平面时，如图 1 - 12（a）所示，则压力 p 作用在活塞（活塞直径为 d、面积为 A）上的力 F 即为

$$F = pA = p\frac{\pi D^2}{4} \tag{1-16}$$

当固体壁面是一个曲面时，作用在曲面各点的流体静压力是不平行的，但是静压力的大小是相等的，因而作用在曲面上的总作用力在不同的方向也就不一样，因此必须首先明确要

计算的是曲面上哪一个方向的力。如图 1-12（b）和图 1-12（c）所示的球面和圆锥体面，流体静压力 p 沿垂直方向作用在球面和圆锥面上的力 F，等于压力作用于该部分曲面在垂直方向的投影面积 A 与压力 p 的乘积，其作用点通过投影圆的圆心，方向向上，即

$$F = pA = p\frac{\pi d^2}{4} \tag{1-17}$$

式中　d——承压部分曲面投影圆的直径。

由此可见，曲面上液压作用力在某一方向上的分力等于流体静压力与曲面在该方向的垂直面投影面积的乘积。

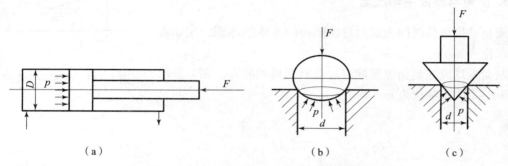

图 1-12　静压力对固体壁面的作用力

任务 3　认识流体的动力学规律

【提示】流体动力学主要研究流体运动时的力学规律及这些规律在工程上的应用。

静止流体不呈现黏性，而运动流体由于黏性存在，会使内部产生摩擦力，阻滞流体运动，并给流体运动的研究带来困难。为此，先假定流体为理想流体，即不存在黏性和压缩性的一种假想的流体。先研究出理想流体的运动规律，再根据对实际流体运动的实验分析，对理想流体的运动规律进行修正，使其符合实际流体运动规律，并运用于实际工程中。

一、基本概念

1. 稳定流和非稳定流

流动流体具有一定的速度、压力、密度和温度等运动要素，一般密度和温度可看成常数，所以，运动要素主要有速度和压力。流体在流动时，各质点的运动要素是随时间和空间位置的变化而变化的。如果流体质点在流经某一空间坐标点时，它的运动要素不随时间改

变，则称这种运动为稳定流。否则称为非稳定流。

实际中，稳定流较少，但只要各运动要素变化较小，或者在较长时间内平均值是稳定不变的，便视为稳定流，如矿井通风、矿井排水、水暖工程中等流体的流动都可以看成稳定流。稳定流是工程研究的对象。

2. 过流断面

过流断面是指与流体流动方向相垂直的横断面，用符号 A 表示，单位为 m^2。

3. 流量与断面平均流速

流量是指单位时间内通过过流断面的流体的体积，用 q 表示，单位为 m^3/s。

断面平均流速是指流量除以过流断面得到的商，用 v 表示（见图 1-13），单位为 m/s。

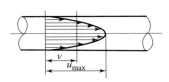

图 1-13　断面平均流速

$$v = \frac{q}{A}$$

二、流体流动的连续性方程

流体的连续性方程是质量守恒定律在流体力学中的一种应用形式。如图 1-14 所示，在单位时间内流入断面 1-1 的流体质量应等于流出断面 2-2 的流体质量，即

$$\rho A_1 v_1 = \rho A_2 v_2 = 常数$$

两边同除 ρ 得

$$A_1 v_1 = A_2 v_2 = q = 常数 \tag{1-18}$$

或

$$\frac{v_1}{v_2} = \frac{A_2}{A_1}$$

式（1-18）称为连续性方程式。

例 1-3　图 1-15 所示为一变直径圆管，$d_1 = 200mm$，$d_2 = 100mm$，d_1 处的平均流速 $v_1 = 0.25m/s$，求 d_2 处的平均流速 v_2。

解：根据连续性方程

$$v_2 = v_1 \frac{A_1}{A_2} = v_1 \frac{d_1^2}{d_2^2} = 0.25 \times \frac{0.2^2}{0.1^2} = 1 \text{ (m/s)}$$

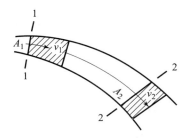

图 1-14　连续方程式的推证

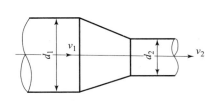

图 1-15　例 1-3 图

三、流体的能量方程

自然界中能量是守恒的,流体的能量也是守恒的。流体在流动中内部能量可以相互转换,但总的能量保持不变。流体内部的能量转换规律称为能量方程式,又叫伯努利方程式。它是能量守恒与转换定律在流体力学中的具体应用,是流体力学中重要的基本方程式。

1. 能量方程的推导

如图 1-16 所示,重力作用下的流体做稳定流动,在其上任取两断面 1-1 和 2-2。两断面的面积分别为 A_1、A_2,流速分别为 v_1、v_2,压力分别为 p_1、p_2,距离基准面 0-0 的高度分别为 z_1、z_2。经过 dt 时间后,流段由 1-2 位置流到 $1'-2'$ 位置。

根据动能定理,外力在 dt 时间内所做的功等于该时间段的动能的增量。

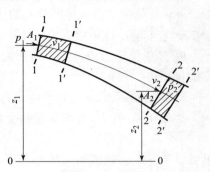

图 1-16 能量方程式的推证

压力所做的功:
$$p_1 A_1 v_1 dt - p_2 A_2 v_2 dt = (p_1 - p_2) q dt$$

重力所做的功:
$$mgz_1 - mgz_2 = \rho A_1 v_1 dt g z_1 - \rho A_2 v_2 dt g z_2$$
$$= \gamma q (z_1 - z_2) dt$$

动能的增量:
$$\frac{mv_2^2}{2} - \frac{mv_1^2}{2} = \frac{v_2^2 - v_1^2}{2} \rho q dt$$

所以
$$(p_1 - p_2) q dt + \gamma q (z_1 - z_2) dt = \frac{v_2^2 - v_1^2}{2} \rho q dt$$

整理并移项得
$$z_1 + \frac{p_1}{\gamma} + \frac{v_1^2}{2g} = z_2 + \frac{p_2}{\gamma} + \frac{v_2^2}{2g} \tag{1-19}$$

式(1-19)为理想流体的能量方程,即理想流体的伯努利方程式。对于实际流体,由于黏性的存在,流动中必然产生摩擦阻力,消耗一部分能量。另外以断面平均流速代替实际流速计算动能时,需乘以修正因数 α,如果用 h_w 表示单位重力流体从一断面流到另一断面的能量损失,则实际流体总流的能量方程为

$$z_1 + \frac{p_1}{\gamma} + \frac{\alpha_1 v_1^2}{2g} = z_2 + \frac{p_2}{\gamma} + \frac{\alpha_2 v_2^2}{2g} + h_w \tag{1-20}$$

式中 α_1,α_2——动能修正因数,当紊流时取 $\alpha=1$,层流时取 $\alpha=2$。

在式(1-20)两边乘以 γ,即可变为液压传动常用的能量方程式:

$$p_1 + \rho g z_1 + \frac{\alpha_1 \rho v_1^2}{2} = p_2 + \rho g z_2 + \frac{\alpha_2 \rho v_2^2}{2} + \Delta p_w \tag{1-21}$$

式中 Δp_w——单位体积流体的能量损失，常称为压力损失。

2. 能量方程式的意义

从物理学的观点来看，能量方程式中的各项表示流体的某种能量，其单位是焦耳/牛顿（J/N），或米（m）。

z 是单位重力流体所具有的位置势能，简称单位位能或比位能。

p/γ 是单位重力流体所具有的压力能，简称单位压能或比压能。

$\alpha v^2/(2g)$ 是单位重力流体所具有的速度能，简称单位动能或比动能。

h_w 是单位重力流体从一断面流至另一断面因克服各种阻力所引起的能量损失，简称单位能量损失。

$z + p/\gamma + \alpha v^2/(2g)$ 是单位重力流体所具有的总能量。

如果用 E_1 和 E_2 分别表示两个断面的总能量，则公式可写成

$$E_1 = E_2 + h_w$$

可见，$E_1 > E_2$。这说明流体总是从高能量的断面流向低能量的断面。

3. 能量方程的应用条件

（1）流体的流动必须是稳定流。实际上稳定流很少，但只要各运动要素变化较小，或者在较长时间内平均值是稳定不变的，便可视为稳定流。

（2）流体不可压缩。其适用于压缩性很小的流体，也适用于无压缩性或压缩性很小的气体。

（3）所选的两过流断面为缓变流。

（4）两断面间没有能量输入或输出。如果有能量输入或输出，则能量方程应写为

$$z_1 + \frac{p_1}{\gamma} + \frac{\alpha_1 v_1^2}{2g} \pm H = z_2 + \frac{p_2}{\gamma} + \frac{\alpha_2 v_2^2}{2g} + h_w$$

式中 $\pm H$——单位重力流体获得或失去的能量，单位为 m。

（5）所选两断面之间应没有分流或合流情况，即符合连续性方程，$q = $ 常数。

（6）两断面的压力可取为绝对压力，亦可取为相对压力，但二者的基准应统一。

4. 能量方程应用举例

例 1 - 4 如图 1 - 17 所示，若水泵的流量 $q = 0.03 \text{m}^3/\text{s}$，吸水管直径 $d_x = 150\text{mm}$，吸水管中水头损失 $h_w = 0.8\text{m}$，水泵吸水口 1 - 1 断面处的真空度 $p_z/\gamma = 6.4\text{m}$。求该离心式水泵的吸水高度 H_x（水泵轴中心线至吸水井水面的垂直高度）。

解：选择吸水井水面 0 - 0 为基准面，列 0 - 0 与 1 - 1 两断面的能量方程。

$$0 + \frac{p_a}{\gamma} + \frac{v_0^2}{2g} = H_x + \frac{p_1}{\gamma} + \frac{v_1^2}{2g} + h_w$$

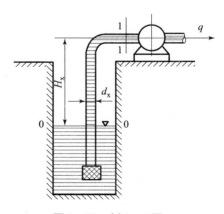

图 1 - 17　例 1 - 4 图

$$H_x = \frac{p_a - p_1}{\gamma} + \frac{v_0^2 - v_1^2}{2g} - h_w$$

由于吸水井和水仓相连，吸水井水面下降速度很小，可以认为 $v_0 = 0$，而 $\frac{p_a - p_1}{\gamma} = \frac{p_z}{\gamma}$，故 1-1 断面的平均流速为

$$v_1 = \frac{4q}{\pi d_x^2} = \frac{4 \times 0.03}{3.14 \times 0.15^2} = 1.7 \text{ (m/s)}$$

所以

$$H_x = 6.4 + \frac{0 - 1.7^2}{2 \times 9.81} - 0.8 = 5.45 \text{ (m)}$$

例 1-5 如图 1-18 所示，计算液压泵吸油腔的真空度或液压泵允许的最大吸油高度。

解：设液压泵的吸油口比油箱液面高 h，取油箱液面 1-1 和液压泵进口处截面 2-2 列伯努利方程，并取截面 1-1 为基准平面，则有

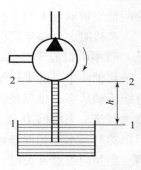

图 1-18 例 1-5 图

$$p_1 + \frac{\alpha_1 \rho v_1^2}{2} = p_2 + \rho g h + \frac{\alpha_2 \rho v_2^2}{2} + \Delta p_w$$

式中 p_1——油箱液面压力，由于一般油箱液面与大气接触，故 $p_1 = p_a$；

v_2——液压泵的吸油口速度，一般取吸油管流速；

v_1——油箱液面流速，由于 $v_1 \ll v_2$，故可以将 v_1 忽略不计；

p_2——吸油口的绝对压力；

Δp_w——液体的能量损失。

据此，液压泵吸油口的真空度为

$$p_a - p_2 = \rho g h + \frac{\alpha_2 \rho v_2^2}{2} + \Delta p_w$$

泵吸油口的真空度由三部分组成：把油液提升到一定高度所需的压力；产生一定的流速所需的压力；吸油管内压力损失。液压泵吸油口真空度不能太大，即泵吸油口处的绝对压力不能太低，否则就会产生气穴现象，导致液压泵噪声过大，因而在实际使用中 h 一般应小于 500mm。有时为使吸油条件得以改善，采用浸入式或倒灌式安装，即使液压泵的吸油高度小于零。

任务 4　认识能量损失

【提示】 流体在流动过程中，由于黏性的存在，要克服各种阻力，必然产生能量损失。但流体在流动过程中，因流动状态不同，故产生的能量损失不同。

一、流动状态

雷诺通过大量实验发现，流体流动时存在层流和紊流两种不同的状态，并会产生不同的能量损失。下面为雷诺实验。

图 1-19 所示为雷诺实验装置，主要由水箱 B、液杯 K 及其上阀门 L、玻璃管 C 及其上的两根细玻璃管 1 与 2 和阀门 D、量杯 E 等组成。

实验时，用溢流管保持水箱 B 中的水面稳定，打开液杯 K（内装色水）的阀门 L，色水经 C 管喇叭口流入 C 管，与无色的水一起流动。当阀门 D 开起度很小时，色水在 C 管中是一条与轴线平行的平稳细流，如图 1-19（a）所示，这说明 C 管内水的流动也是呈平稳的直线流动状态，也就是说每个流层沿自己的路线稳定流动，流体质点不相互混杂，这种状态称为层流。当阀门 D 逐渐开大时，色水的平稳细流开始变为波浪形，个别地方出现中断，但仍然与清水不相混杂，这种状态称为过渡状态。但过渡状态在工程上没有实际的应用价值。当阀门继续开大时，色水细流波动加剧、破碎并与清水相互混杂，这说明此时流体内部各质点相互碰撞、混杂，流动杂乱无章、紊乱，这种状态称为紊流。

当阀门 D 逐渐关小时，按相反的顺序变化，即紊流→过渡状态→层流。

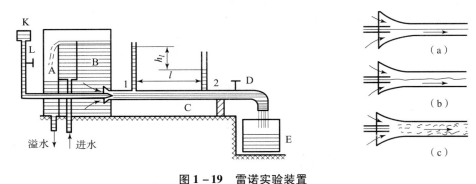

图 1-19 雷诺实验装置
(a) 层流；(b) 过渡状态；(c) 紊流

临界流速是指流动状态发生变化时的流速。由层流转变为紊流时的流速称为上临界流速，用 v'_k 表示；由紊流转变为层流时的流速称为下临界流速，用 v_k 表示。实践证明，$v'_k > v_k$。通常把下临界流速 v_k 作为判别流态的界限。

雷诺通过大量的实验发现，流体的流动状态不仅与流速有关，而且与流体的黏性、密度及管路的直径有关。雷诺根据研究结果建立了上述几个因数之间的关系，提出了一个无因次系数，这个系数称为雷诺数，用 Re 表示，数学表达式为

$$Re = \frac{vd}{\nu} \tag{1-22}$$

式中　Re——雷诺数；
　　　v——流速，m/s；
　　　ν——运动黏度，m^2/s；

d——管径，m。

雷诺发现，不论圆管的直径、流体的种类及流动速度如何不同，但只要雷诺数 Re 相等，流体的流动状态就相同。所以，可以用雷诺数 Re 来判定流体的流动状态。

在流动状态发生变化时的雷诺数称为临界雷诺数。由层流转变为紊流时的雷诺数称为上临界雷诺数，用 Re'_k 表示；由紊流转变为层流时的雷诺数称为下临界雷诺数，用 Re_k 表示。根据实验资料，压力管道的上临界雷诺数约等于 12 000 或更大，下临界雷诺数约为 2 320。下临界雷诺数比较稳定，而上临界雷诺数很不稳定，常随试验条件、流动起始状态等的变化而变化。因此，上临界雷诺数在工程上没有实用意义，工程上常用下临界雷诺数来判别流体的流动状态，即

$$Re_k \leqslant 2320 \qquad 层流$$
$$Re_k > 2320 \qquad 紊流$$

在实际流体中，层流很少，如在液压传动中，当管径很小、流速很小时，可能为层流；但大多数情况下为紊流，如城市供水、通风、水暖、矿井排水，等等。

例 1 – 6 有一输水圆管路，管径 $d = 100\text{mm}$，已知水的流速 $v = 1.0\text{m/s}$，水温为 20℃，运动黏度为 $\nu = 1.007 \times 10^{-6}\text{m}^2/\text{s}$。试判别流体的流动状态，当流速为多大时管内流态为层流？

解：雷诺数

$$Re = \frac{vd}{\nu} = \frac{1.0 \times 0.1}{1.007 \times 10^{-6}} = 99\,305$$

其大于 2320，为紊流。

层流时

$$Re_k = \frac{v_k d}{\nu} \leqslant 2\,320 \rightarrow v_k = \frac{2\,320 \times 1.007 \times 10^{-6}}{0.1} = 0.023\,4 \text{ (m/s)}$$

即当流速降到 0.023 4m/s 以下时为层流。

二、能量损失的计算

能量损失是指流体从一位置（断面）流动到另一位置（断面），单位重力流体克服各种阻力而消耗的能量。由于黏性的存在，流体在流动过程中会产生内摩擦力，又由于流体与管壁等的作用会产生阻力，其统称为流动阻力。流动阻力是能量损失或能量消耗的根本原因。

能量损失有两种形式，一种是沿程压力损失，另一种是局部压力损失。

沿程压力损失是指流体流经管路直线部分因克服流动阻力而产生的能量损失，用 Δp_f 表示，单位为 Pa。

局部压力损失是指流体流经管路的局部管件如弯头、闸阀等因克服流动阻力而产生的能量损失，用 Δp_j 表示，单位为 Pa。

1. 沿程压力损失

沿程压力损失与管路的长度成正比、与管路的直径成反比，与单位动能 $v^2/(2g)$ 成正

比，并与流体的流动状态、管路材料及表面粗糙度等有关，其数学表达式为

$$\Delta p_\mathrm{f} = \lambda \frac{L}{d} \frac{\rho v^2}{2} \tag{1-23}$$

式中 Δp_f——沿程压力损失，Pa；
L——同直径管路的长度，m；
d——管路的直径，m；
λ——沿程阻力因数。

由于流体流动状态不同，流体流动时，沿程阻力因数也不同，下面为常见的层流、紊流及不同管路下流体流动的沿程阻力因数。

层流状态下，沿程阻力因数为

$$\lambda = \frac{64}{Re} \tag{1-24}$$

液压系统中，考虑各种因素的影响，阻力因数为

金属管：$$\lambda = \frac{75}{Re}$$

软管：$$\lambda = \frac{75 \sim 85}{Re}$$

弯软管：$$\lambda = \frac{108}{Re}$$

紊流状态下的阻力因数：
布拉修斯公式：

$$\lambda = \frac{0.316\,4}{d^{0.25}} \tag{1-25}$$

适用于 $4 \times 10^3 < Re < 10^5$ 的情况。

谢维列夫公式：

$$\lambda = \frac{0.021}{d^{0.3}} \tag{1-26}$$

适用于管内平均流速 $v \geq 1.2\mathrm{m/s}$ 的情况。

实际粗略计算中，$\lambda = 0.02 \sim 0.03$。

2. 局部压力损失

局部压力损失主要产生在弯头、阀门、三通及异径管等局部管件处，局部压力损失的数学表达式为

$$\Delta p_\mathrm{j} = \xi \frac{\rho v^2}{2} \tag{1-27}$$

式中 Δp_j——局部压力损失，Pa；
v——断面的平均流速，m/s；
ξ——局部阻力因数（具体数值可查阅有关手册）。

3. 流体流动的总能量损失

管路系统中的总能量损失等于沿程压力损失与局部压力损失之和，即

$$\Delta p_w = \sum \Delta p_f + \sum \Delta p_j \qquad (1-28)$$

在液压系统中，绝大部分压力损失将转变为热能，造成系统温升增高、泄漏增大，以致影响系统的工作性能。从计算压力损失的公式可以看出，减小流速、缩短管道长度、减少管道截面的突变、提高管道内壁的加工质量等，都可使压力损失减小。其中，以流速的影响为最大，故流体在管路系统中的流速不应过高。但流速太低，也会使管路和阀类元件的尺寸加大，并使成本增高。在液压系统设计计算中，可参照表 1 – 4 选择流速。

例 1 – 7 在图 1 – 20 所示的液压系统中，已知泵输出的流量 $q = 1.5 \times 10^{-3} \mathrm{m}^3/\mathrm{s}$，液压缸内径 $D = 100\mathrm{mm}$，负载 $F = 30\,000\mathrm{N}$，回油腔压力近似为零，液压缸的进油管是内径 $d = 20\mathrm{mm}$ 的钢管，总长即为管的垂直高度 $H = 5\mathrm{m}$，进油路总的局部总阻力系数为 $\zeta = 7.2$，液压油的密度 $\rho = 900\mathrm{kg/m}^3$，工作温度下的运动黏度 $\nu = 46\mathrm{mm}^2/\mathrm{s}$。

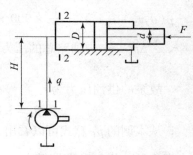

图 1 – 20 例 1 – 7 图

试求：
（1）进油路的压力损失；
（2）泵的供油压力。

解 （1）计算压力损失。
进油管内流速：

$$v_1 = \frac{q}{\frac{\pi}{4}d^2} = \frac{1.5 \times 10^{-3}}{\frac{\pi}{4}(20 \times 10^{-3})^2} = 4.77 \ (\mathrm{m/s})$$

则

$$Re = \frac{v_1 d}{\nu} = \frac{4.77 \times 20 \times 10^{-3}}{46 \times 10^{-6}} = 2\,074 < 2\,320$$

即为层流。

沿程阻力系数

$$\lambda = \frac{75}{Re} = \frac{75}{2\,074} = 0.036$$

故进油路的压力损失为

$$\Delta p_w = \lambda \frac{L}{d}\frac{\rho v_1^2}{2} + \zeta \frac{\rho v_1^2}{2} = \left(0.036 \times \frac{5}{20 \times 10^{-3}} + 7.2\right) \times \frac{900 \times 4.77^2}{2}$$
$$= 0.166 \times 10^6 \ (\mathrm{Pa}) = 0.166\mathrm{MPa}$$

（2）求泵的供油压力。
对泵的出口油管断面 1 – 1 和液压缸进口后的断面 2 – 2 之间列伯努利方程

$$p_1 + \rho g h_1 + \frac{1}{2}\rho \alpha_1 v_1^2 = p_2 + \rho g h_2 + \frac{1}{2}\rho \alpha_2 v_2^2 + \Delta p_w$$

写成 p_1 的表达式

$$p_1 = p_2 + \rho g(h_2 - h_1) + \frac{1}{2}\rho(\alpha_2 v_2^2 - \alpha_1 v_1^2) + \Delta p_w$$

式中 p_2——液压缸的工作压力，

$$p_2 = \frac{F}{\frac{\pi}{4}D^2} = \frac{30\,000}{\frac{\pi}{4}(100 \times 10^{-3})^2} = 3.81 \times 10^6 \ (\mathrm{Pa}) = 3.81\mathrm{MPa}$$

$\rho g(h_2 - h_1)$ ——单位体积流体的位能变化量,即

$$\rho g(h_2 - h_1) = \rho g H = 900 \times 9.8 \times 5 = 0.044 \times 10^6 (\text{Pa}) = 0.044 \text{MPa}$$

$\frac{1}{2}\rho(\alpha_2 v_2^2 - \alpha_1 v_1^2)$ ——单位体积流体的动能变化量,因

$$v_2 = \frac{q}{\frac{\pi}{4}D^2} = \frac{1.5 \times 10^{-3}}{\frac{\pi}{4}(100 \times 10^{-3})^2} = 0.19 (\text{m/s})$$

$$\frac{1}{2}\rho(\alpha_2 v_2^2 - \alpha_1 v_1^2) = \frac{1}{2} \times 900 \times (2 \times 0.19^2 - 2 \times 4.77^2) = -0.02 \times 10^6 (\text{Pa}) = -0.02 \text{MPa}$$

Δp_w ——进油路总的压力损失

$$\Delta p_w = 0.166 \text{MPa}$$

故泵的供油压力为

$$p_1 = 3.81 + 0.044 - 0.02 + 0.166 = 4 (\text{MPa})$$

从本例的 p_1 算式可以看出,在液压传动中,由流体位置高度变化和流速变化引起的压力变化量,相对来说是很小的,一般计算可将 $\rho g(h_2 - h_1)$、$\frac{1}{2}\rho(\alpha_2 v_2^2 - \alpha_1 v_1^2)$ 两项忽略不计。因此 p_1 的表达式可以简化,并写成以下形式

$$p_1 = p_2 + \Delta p_w \tag{1-29}$$

式 (1-29) 为一近似公式,虽不便于用来对油液进行精确计算,但在液压系统设计计算中却得到普遍的应用。

油液流经不同元件时的推荐流速见表 1-4。

表 1-4 油液流经不同元件时的推荐流速

油液流经的液压元件	流速/(m·s⁻¹)
液压泵的吸油管道,管径 12~25mm	0.6~1.2
液压泵的吸油管道,管径 >32mm	1.5
液压泵的压油管道,管径 12~50mm	3.0
液压泵的压油管道,管径 >50mm	4.0
流经控制阀等短距离的缩小截面的通道	6.0
流经溢流阀	15
流经安全阀	30

任务 5 认识液压冲击和气穴现象

【提示】在液压传动中,液压冲击和气穴现象都会给液压系统的正常工作带来不利影响,因此需要了解这些现象产生的原因,并采取相应的措施以减小其危害。

一、液压冲击

在液压系统中,当油路突然换向或突然关闭时,会使液流速度和方向发生急剧变化,由于液流惯性或工作部件的惯性,使液体的动能变为压力能,且以声波的速度在液体中迅速传播,导致液压力在一瞬间突然升高,产生很高的压力峰值,这种现象称为液压冲击。液压冲击时产生的压力峰值往往比正常工作压力高好几倍,这种瞬间压力冲击不仅会引起振动和噪声,而且会损坏密封装置、管路和液压元件,有时还会使某些液压元件(如压力继电器、液动换向阀、顺序阀等)产生误动作,造成设备事故。

1. 液压冲击的类型

液压系统中的液压冲击按其产生的原因可分为:液流惯性导致的液压冲击;工作部件的惯性导致的液压冲击。下面对两种常见的液压冲击现象进行以下分析:

1) 液流惯性导致的液压冲击

如图 1-21 所示,具有一定容积的容器(如蓄能器或液压缸)中的液体沿长度为 l、直径为 d 的管路经出口处的阀门以较快速度流出,若将阀门突然关闭,则在靠近阀门处 B 点的液体立即停止运动,液体的动能转换为压力能,B 点的压力升高。接着后面的液体分层依次停止运动,动能依次转换为压力能,形成压力波,并快速由 B 向 A 传播,到 A 点后,又反向向 B 点传播。于是,压力冲击波快速在管道的 A、B 两点间

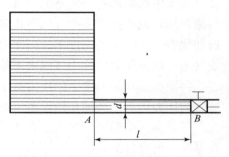

图 1-21 管路中的液压冲击

往复传播,在系统内形成压力振荡。实际上,由于管路变形和液体黏性损失需要消耗能量,因此振荡过程会逐渐衰减,最后趋于稳定。

2) 工作部件的惯性导致的液压冲击

设总质量为 $\sum m$ 的运动部件在制动时的减速时间为 Δt,速度的减小值为 Δu,液压缸有效工作面积为 A,则根据动量定理可求得系统中的冲击压力的近似值 Δp 为

$$\Delta p = \frac{\sum m \Delta u}{A \Delta t} \qquad (1-30)$$

2. 减小液压冲击的措施

通过分析液压冲击的影响因素,可以归纳出减小液压冲击的主要措施有以下几点:

(1) 延长阀门关闭和运动部件制动换向的时间,可采用换向时间可调的换向阀。

(2) 限制管路流速及运动部件的速度,一般在液压系统中将管路流速控制在 4.5m/s 以内,而运动部件的质量越大,越应控制其运动速度不要太大。

(3) 适当增大管径,不仅可以降低流速,而且可以减小压力冲击波的传播速度。

(4) 尽量缩短管道长度,可以减小压力波的传播时间。

(5) 用橡胶软管或在冲击源处设置蓄能器,以吸收冲击的能量;也可以在容易出现液压冲击的地方安装限制压力升高的安全阀。

二、气穴现象

1. 气穴现象的机理及危害

气穴现象又称为空穴现象。在液压系统中,如果某点处的压力低于液压油液所在温度下的空气分离压,原先溶解在液体中的空气就会分离出来,使液体中迅速出现大量气泡,这种现象就叫作气穴现象。若某处流速过高或供液不足,则都会使该处压力降低。当压力降到一定值时,液体中形成一定体积的气泡,它是以微细气泡为核,通过体积膨胀并相互聚合而成的,这种气穴称为轻微气穴。为压力降到空气分离压时,除有上述现象外,原来溶解于液体中的空气游离出来,产生大量气泡,这种现象称为严重气穴。压力继续降低到相应温度下的液体饱和蒸气压时,上述现象不但会继续加重,而且液体将会汽化、沸腾,产生大量气泡,使得液体变成混有许多气泡的不连续状态,这种气穴称为强烈气穴。

油液中都溶解有一定量的空气,一般溶解5%~6%体积的空气,油液能溶解的空气量与绝对压力成正比,在大气压下正常溶解于油液中的空气,当压力低于大气压时,就成为过饱和状态。在一定的温度下,当压力降低到某一值时,过饱和的空气将从油液中分离出来形成气泡,这一压力值称为该温度下的空气分离压。

当液压油在某温度下的压力低于某一数值时,油液本身迅速汽化,产生大量蒸气气泡,这时的压力称为液压油在该温度下的饱和蒸气压。一般来说,液压油的饱和蒸气压相当小,比空气分离压小得多,因此,要使液压油不产生大量气泡,它的压力最低不得低于液压油所在温度下的空气分离压。

当发生气穴现象时,气泡随着流动的液体被带到高压区,气泡体积急剧缩小或溃灭,并又重新混入或溶于液体中凝结成液体。在气泡凝结瞬间,局部压力和温度急剧上升,产生冲击,还伴随有噪声和振动,产生氧化变质。如果在反复的冲击、高温作用及游离出来的氧气侵蚀下,管壁或液压元件表面将产生剥落破坏。简而言之,因气穴现象而产生的机械剥蚀现象和化学腐蚀现象称为气蚀现象。

气蚀不严重时,对设备的运行和性能影响不明显。反之,严重气蚀,会影响正常流动,噪声和振动也很大,甚至造成断流,缩短设备的寿命。因此,设备在运行时应严格防止气蚀现象的发生。

2. 减少气穴现象的措施

为减少气穴现象和气蚀的危害,一般采取以下一些措施:
(1) 减小阀孔口或其他元件通道前后的压力降。
(2) 尽量降低液压泵的吸油高度;采用内径较大的吸油管并少用弯头;吸油管端的过滤器容量要大,以减小管路阻力;必要时对大流量泵采用辅助泵供油。
(3) 各元件的连接处要密封可靠,以防止空气进入。
(4) 对容易产生气蚀的元件,如泵的配油盘等,要采用抗腐蚀能力强的金属材料,以增强元件的机械强度。

任务6　液压油的选用及维护

> 【提示】液压油是液压传动系统的工作介质，在实现能量传递的同时，兼有润滑、冷却、防锈和减振等作用，液压油质量的优劣和选择是否合适，将直接影响到液压系统的工作性能，因此，能够合理选用并维护液压油是十分重要的。

一、液压油的选用

1. 液压油品种的选择

矿物油型、乳化型与合成型液压油按其用途与主要特性进行识别和选用。

2. 液压油黏度的选择

（1）按液压系统的工作压力进行选择。
（2）按工作部件的运动速度进行选择。
（3）按液压泵的类型进行选择。
（4）按液压系统的环境温度进行选择。

二、液压油的使用维护

1. 液压油的污染控制

（1）加油时，液压油必须过滤加注，加油工具应可靠清洁。
（2）保养时，拆卸液压油箱加油盖、滤清器盖、检测孔、液压油管等部位，造成系统油道暴露时要避开扬尘，拆卸部位要先彻底清洁后才能打开。
（3）定期检查液压油质量，保持液压油的清洁。

2. 液压油质量检查

1）液压油的氧化程度

液压油在使用中，由于强度的变化，空气中氧及太阳光的作用，将会逐渐被氧化，使其黏度等性能改变。氧化的程度通常从液压油的颜色、气味上判断。

2）液压油中含杂质的程度

液压油中如果混入水分，将会降低其润滑性能，腐蚀金属。判断液压油中混入水分的程度，通常有两种方法：一是根据其颜色和气味的变化情况，如液压油的颜色呈乳白色，气味没变，则说明混入水分过多；二是取少量液压油滴在灼热的铁板上，如果发出"叭叭"的声音，则说明含有水分。

液压油中含有机械杂质的判断方法：在机械设备工作一段时间后，取数滴液压油放在手上，用手指捻一下，察看是否有金属颗粒或在太阳光下观察是否有微小的闪光点，如果有金属颗粒或闪光点，则证明液压油含有较多的机械杂质。此时，应更换液压油，或将液压油放出，进行不少于42h以上时间的沉淀，然后再将其过滤后使用。

3. 液压系统的清洗

新制成或修理后的液压设备，当液压系统安装好后，在试车以前必须对管路系统进行清洗。对于较复杂的系统，可分区域对各部分进行清洗，要求高的系统可以分两次清洗。

第一次清洗，以回路为主。清洗前应先清洗油箱并用绸布或乙烯树脂海绵等擦净，然后注入油箱容积60%~70%的工作油或试车油，切忌使用煤油、柴油、汽油、酒精、蒸汽等作清洗液，再将执行元件进、出油管断开，并将其对接起来，将溢流阀及其他阀的排油回路在阀前进油口处临时切断，在主回油路油管处装上过滤网。为了提高清洗效果，将清洗油加热到50℃~80℃，并使泵做间歇运转，且在清洗过程中用木棍或橡皮锤不断轻轻敲击油管。清洗时间视系统复杂程度而定，要一直清洗到过滤器上无大量污染物为止，一般为十几个小时。第一次清洗结束后，应将系统中的油液全部排出，以减少湿气停留在液压元件内部而使元件生锈的情况。对于不是新装的设备，应将油温升高后再排出，以便使具有可溶性的油垢更多地溶解在清洗油中排出。

第二次清洗前，先将系统按正式工作回路接好，然后注入实际工作所用的油液，起动液压泵对系统进行清洗，使执行机构连续动作。清洗时间一般为1~3h。清洗结束时，过滤器的滤网上应无杂质。

思考与练习

一、填空题

1. 液体在外力作用下流动时，液体分子间的内聚力阻碍分子间的相对运动而产生一种内摩擦力的特性，叫作液体的_____。

2. 流体静力学基本方程式数学表达式为_____。

3. 密闭容器内，静止液体表面上的压力变化将等值传递到液体中的任意点。这就是静压力的等值传递规律，也称_____定律。

4. 理想流体能量方程式的数学表达式为_____。

5. 能量损失有两种形式，一种是_____损失，另一种是_____损失。

二、判断题

1. 流体的密度与它在地球上的位置无关。　　　　　　　　　　　　　　　（　）

2. 当油温升高时，其黏度显著下降。　　　　　　　　　　　　　　　　　（　）

3. 对于工作压力较高的液压系统，宜选用黏度较大的液压油。　　　　　　（　）

4. 流体静压力是指流体处于运动状态时，单位面积上所受的法向作用力。（ ）

5. 流量是指单位时间内通过过流断面的流体的体积。（ ）

三、分析题与计算题

1. 已知某润滑油的质量为 1 032kg，体积为 1.2m³，求该润滑油的密度和重度。

2. 如何判别等压面？图 1-22 中 $A-A$、$B-B$ 与 $C-C$ 哪些是等压面？

3. 如图 1-23 所示，已知 $h_1 = 20\text{mmH}_2\text{O}$，$h_2 = 50\text{mmHg}$，求吸水管中心 A 点的真空度 p_z?

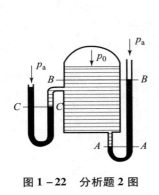

图 1-22 分析题 2 图

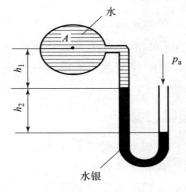

图 1-23 计算题 3 图

4. 用恩氏黏度计测得某 200mL 液压油（$\rho = 850\text{kg/m}^3$）流过的时间为 $t_1 = 153\text{s}$，20℃时 200mL 的蒸馏水流过的时间为 $t_2 = 51\text{s}$，求该液压油的恩氏黏度 °E、运动黏度 ν 和动力黏度 μ 各为多少？

项目 2　认识液压传动

📖 项目导读

液压传动是指以液体为工作介质,借助于液体的压力能进行能量转换、传递和控制的一种传动方式。本项目主要通过对液压千斤顶的工作原理、液压千斤顶的拆装、液压传动的工作原理、液压传动系统的组成、液压传动的图形符号及液压传动的优缺点等内容的介绍达到以下目标。

📖 项目目标

(1) 认识液压传动的工作原理、系统组成及图形符号。
(2) 认识液压传动的优缺点。
(3) 认识液压千斤顶的结构原理。

📖 能力目标

(1) 能够分析液压传动的工作原理。
(2) 能够分析液压传动系统的组成。
(3) 学会使用液压千斤顶。

任务 1　认识液压传动的工作原理、系统组成及图形符号

一、液压传动的工作原理

现以一个液压千斤顶来说明液压传动的工作原理。

图 2-1 (a) 所示为液压千斤顶的工作原理图。大油缸 9 和大活塞 8 组成举升液压缸。杠杆手柄 1、小油缸 2、小活塞 3、单向阀 4 和 7 组成手动液压泵。如提起手柄使小活塞向上移动,小活塞下端油腔容积增大,形成局部真空,这时单向阀 4 打开,通过吸油管 5 从油箱 12 中吸油;用力压下手柄,小活塞下移,小活塞下腔压力升高,单向阀 4 关闭,单向阀 7 打开,下腔的油液经管道 6 进入举升油缸 9 的下腔,迫使大活塞 8 向上移动,顶起重物。再次提起手柄吸油时,单向阀 7 自动关闭,使油液不能倒流,从而保证了重物不会自行下落。不断地往复扳动手柄,就能不断地把油液压入举升缸下腔,使重物逐渐地升起。如果打开截止阀 11,举升缸下腔的油液通过管道 10、截止阀 11 流回油箱,重物就向下移动。这

就是液压千斤顶的工作原理。

通过对上面液压千斤顶工作过程的分析,可以初步了解到液压传动的基本工作原理。液压传动是利用有压力的油液作为传递动力的工作介质,压下杠杆时,小油缸 2 输出压力油,即将机械能转换成油液的压力能,压力油经过管道 6 及单向阀 7,推动大活塞 8 举起重物,即将油液的压力能又转换成机械能,大活塞 8 举升的速度取决于单位时间内流入大油缸 9 中油液容积的多少。

图 2 - 1 (b) 所示为液压千斤顶的简化模型,据此可分析两活塞之间的力比例关系、运动关系和功率关系。

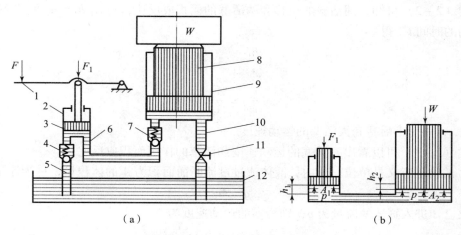

图 2 - 1　液压千斤顶工作原理
(a) 液压千斤顶的工作原理;(b) 液压千斤顶的简化模型
1—杠杆手柄;2—小油缸;3—小活塞;4,7—单向阀;5—吸油管;
6,10—管道;8—大活塞;9—大油缸;11—截止阀;12—油箱

1. 力比例关系

当大活塞上有重物负载 W 时,大活塞下腔的油液就将产生一定的压力 p,$p = W/A_2$。根据帕斯卡定律,要顶起大活塞及其重物负载 W,在小活塞下腔就必须产生一个等值的压力 p,也就是说小活塞上必须施加力 F_1,$F_1 = pA_1$,因而有

$$p = \frac{F_1}{A_1} = \frac{W}{A_2}$$

或
$$\frac{W}{F_1} = \frac{A_2}{A_1} \tag{2-1}$$

式中　A_1,A_2——小活塞和大活塞的作用面积;

　　　F_1——杠杆手柄作用在小活塞上的力。

式 (2 - 1) 是液压传动中力传递的基本公式,由于 $p = W/A_2$,因此,当负载 W 增大时,工作压力 p 也要随之增大,亦即 F_1 要随之增大;反之若负载 W 很小,液体压力就很低,F_1 也就很小。由此建立了一个很重要的基本概念,即液压传动的工作压力取决于负载,而与流入的流体流量无关。

2. 运动关系

如果不考虑液体的可压缩性，则从图 2-1（b）中可以看出，被小活塞压出的油液的体积必然等于大活塞向上升起后大缸扩大的体积，即

$$A_1 h_1 = A_2 h_2$$

或

$$\frac{h_2}{h_1} = \frac{A_1}{A_2} \tag{2-2}$$

式中 h_1，h_2——小活塞和大活塞的位移。

由式（2-2）可知，两活塞的位移和两活塞的面积成反比，将 $A_1 h_1 = A_2 h_2$ 两端同除以活塞移动的时间 t，得

$$A_1 \frac{h_1}{t} = A_2 \frac{h_2}{t}$$

或

$$\frac{v_2}{v_1} = \frac{A_1}{A_2} \tag{2-3}$$

式中 v_1，v_2——小活塞和大活塞的运动速度。

从式（2-3）可以看出，活塞的运动速度和活塞的作用面积成反比。

Ah/t 的物理意义是单位时间内，液体流过过流断面面积为 A 的体积量，称为流量 q，即

$$q = Av \tag{2-4}$$

如果已知进入缸体的流量为 q，则活塞的运动速度为

$$v = \frac{q}{A} \tag{2-5}$$

调节进入缸体的流量 q，即可调节活塞的运动速度 v，这就是液压传动能实现无级调速的基本原理。从式（2-5）可得到另一个重要的基本概念，即活塞的运动速度取决于进入液压缸的流量，而与液体压力大小无关。

3. 功率关系

由式（2-1）和式（2-3）可得

$$F_1 v_1 = W v_2 \tag{2-6}$$

式（2-6）左端为输入功率，右端为输出功率，这说明在不计损失的情况下输入功率等于输出功率，由式（2-6）还可得出

$$P = p A_1 v_1 = p A_2 v_2 = pq \tag{2-7}$$

由式（2-7）可以看出，液压传动的功率 P 可以用压力 p 和流量 q 的乘积来表示，压力 p 和流量 q 是液压传动中最基本、最重要的两个参数，它们相当于机械传动中的力和速度，它们的乘积即为功率。

从以上分析可知，液压传动是指以液体作为工作介质，借助于液体的压力能进行能量传递、转换和控制的一种传动方式。由于能量的转换是通过密封工作容积的变化来实现的，故又称为容积式液压传动。

液压传动的两个基本工作特征为：液压传动的工作压力取决于负载，而与流量大小无关；执行元件的速度取决于流量，而与液体压力大小无关。

液压传动的工作原理是：利用液压泵将电动机或其他原动机输出的机械能转变为液体的压力能，然后在控制元件的控制和辅助元件的配合下，通过执行元件把液体的压力能转变为机械能，从而完成直线或回转运动并对外做功。

二、液压传动系统的组成

液压千斤顶是一种简单的液压传动装置。下面分析一种驱动工作台的液压传动系统。

图 2-2 所示为机床工作台液压系统工作原理图，它由油箱 19、滤油器 18、液压泵 17、溢流阀 13、开停阀 10、节流阀 7、换向阀 5、液压缸 2 以及连接这些元件的油管、接头组成。其工作原理如下：液压泵由电动机驱动后，从油箱中吸油。油液经滤油器进入液压泵，油液在泵腔中由入口处的低压油变为泵出口处的高压油，在图 2-2（a）所示状态下，通过开停阀、节流阀、换向阀进入液压缸左腔，推动活塞使工作台向右移动，这时，液压缸右腔的油经换向阀和回油管排回油箱。

如果将换向阀手柄转换成如图 2-2（b）所示的状态，则压力管中的油液将经过开停阀、节流阀和换向阀进入液压缸右腔，推动活塞使工作台向左移动，并使液压缸左腔的油液经换向阀和回油管排回油箱。

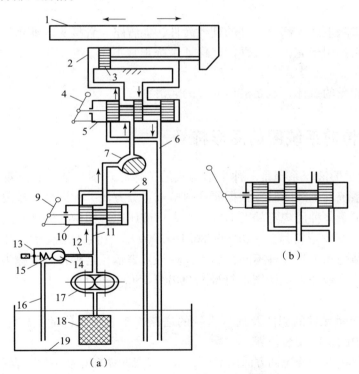

图 2-2 机床工作台液压系统工作原理

1—工作台；2—液压缸；3—活塞；4—换向手柄；5—换向阀；6,8,16—回油管；7—节流阀；
9—开停手柄；10—开停阀；11—压力管；12—压力支管；13—溢流阀；
14—钢球；15—弹簧；17—液压泵；18—滤油器；19—油箱

工作台的移动速度是通过节流阀来调节的。当节流阀开大时，进入液压缸的油量增多，工作台的移动速度增大；当节流阀关小时，进入液压缸的油量减小，工作台的移动速度减小。为了克服移动工作台时所受到的各种阻力，液压缸必须产生一个足够大的推力，这个推力是由液压缸中的油液压力所产生的。要克服的阻力越大，缸中的油液压力越高；反之压力就越低。这种现象正说明了液压传动的一个基本工作特征——压力决定于负载。从机床工作台液压系统的工作过程可以看出，一个完整的、能够正常工作的液压系统，由以下5个基本部分组成。

（1）动力元件。

动力元件是供给液压系统压力油，把机械能转换成压力能的装置。最常见的形式是液压泵。

（2）执行元件。

执行元件是把压力能转换成机械能的装置。其形式有做直线运动的液压缸、做回转运动的液压马达，它们又称为液压系统的执行元件。

（3）控制元件。

控制元件是对系统中油液的压力、流量或流动方向进行控制或调节的装置。控制元件常称控制阀，其类型有压力控制阀、方向控制阀和流量控制阀等。

（4）辅助元件。

辅助元件是指除上述3部分以外的其他元件，如管路、管接头、油箱、蓄能器、密封件和监测仪表等，它们用于完善系统性能，保证系统正常工作。

（5）工作介质。

工作介质是能量的载体，也是液压元件的润滑剂。

三、液压传动系统图的图形符号

如图2-2所示的液压系统是一种半结构式的工作原理图，其具有直观性强、容易理解的优点，当液压系统发生故障时，根据原理图检查十分方便，但图形比较复杂，绘制比较麻烦。我国已经制定了一种用规定的图形符号来表示液压原理图中各元件和连接管路的国家标准，即《液压系统图图形符号》（GB/T 786.1—2009）。在液压系统中，凡是功能相同的液压元件，尽管其结构和工作原理不同，均用一种符号表示，这种符号就称为液压元件的图形符号。我国制定的《液压系统图图形符号》（GB/T 786.1—2009）中，对于这些图形符号有以下几条基本规定。

（1）符号只表示元件的职能及连接系统的通路，不表示元件的具体结构和参数，也不表示元件在机器中的实际安装位置。

（2）元件符号内的油液流动方向用箭头表示，线段两端都有箭头的，表示流动方向可逆。

（3）符号均以元件的静止位置或中间零位置表示，当系统的动作另有说明时，可作例外。

图2-3所示为图2-2（a）机床工作台液压系统用国标GB/T 786.1—2009中图形符号表示的工作原理图，使用这些图形符号可使液压系统图简单、明了，且便于绘图。常用液压元件的图形符号见附录。

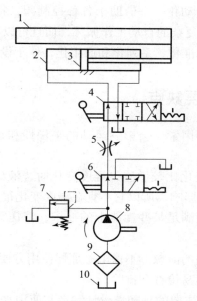

图 2-3 机床工作台液压系统工作原理

1—工作台；2—液压缸；3—活塞；4—换向阀；5—节流阀；6—开停阀；
7—溢流阀；8—液压泵；9—滤油器；10—油箱

任务 2　认识液压传动的优缺点

一、液压传动的主要优点

（1）由于液压传动是由油管连接的，所以借助油管的连接可以方便、灵活地布置传动机构，这是液压传动比机械传动优越的地方。例如，在井下抽取石油的泵可采用液压传动来驱动，以克服长驱动轴效率低的缺点。由于液压缸的推力很大，又加之极易布置，在挖掘机等重型工程机械上，已基本取代了老式的机械传动，不仅操作方便，而且外形美观、大方。

（2）液压传动装置的质量轻、结构紧凑、惯性小。例如，相同功率液压马达的体积为电动机的 12%～13%。液压泵和液压马达单位功率的质量指标，目前是发电机和电动机的十分之一，液压泵和液压马达可小至 0.002 5N/W（牛/瓦），而发电机和电动机则约为 0.03N/W。

（3）可在大范围内实现无级调速。借助阀或变量泵、变量马达，可以实现无级调速，调速范围可达 1∶2 000，并可在液压装置运行的过程中进行调速。

（4）传递运动均匀平稳，负载变化时速度较稳定。正因为此特点，金属切削机床中的磨床传动现在几乎都采用液压传动。

（5）液压装置易于实现过载保护——借助于设置溢流阀等，易于实现系统的恒定压力和过载保护，同时液压件能自行润滑，因此使用寿命长。

(6) 液压传动容易实现自动化——借助于各种控制阀,特别是将液压控制和电气控制结合使用时,能很容易地实现复杂的自动工作循环,而且可以实现遥控。

(7) 液压元件已实现了标准化、系列化和通用化,便于设计、制造和推广使用。

二、液压传动的主要缺点

(1) 液压系统中的漏油等因素,会影响运动的平稳性和正确性,使得液压传动不能保证严格的传动比。

(2) 液压传动对油温的变化比较敏感,温度变化时,液体黏性变化,引起运动特性的变化,使得工作的稳定性受到影响,所以它不宜在温度变化很大的环境条件下工作。

(3) 为了减少泄漏,以及满足某些性能上的要求,液压元件的配合件制造精度要求较高,加工工艺较复杂。

(4) 液压传动要求有单独的能源,不像电源那样使用方便。

(5) 液压系统发生故障不易检查和排除。

总之,液压传动的优点是主要的,随着设计制造和使用水平的不断提高,有些缺点正在逐步加以克服,故液压传动有着广泛的发展前景。

任务3 液压千斤顶的使用

【提示】在了解液压传动系统的组成和液压千斤顶的工作原理后,进一步通过液压千斤顶的使用训练加深对液压传动特点及应用的理解,同时学会正确使用液压千斤顶。

一、训练目的

(1) 认识液压千斤顶的结构组成及工作原理。
(2) 学会使用手动分离式液压千斤顶。

二、操作方法

1. 安装与拆卸

分离式液压千斤顶的液压泵与液压缸是分离的,中间用高压软管相连,具有轻便灵活、携带方便、顶力大的特点。

(1) 查看液压千斤顶的技术参数、液压油的品种和黏度等级。

(2) 将液压泵上高压胶管的接头与千斤顶上的接头配合,再分别旋紧液压泵液压千斤顶上的放油螺钉，如图 2-4 所示。注意连接高压管时要卸压并在无压力的状态时连接。

图 2-4　手动分离式液压千斤顶

（3）液压泵泵体内的油量若不足，需加油。卸下液压泵尾部的螺钉，即可加入经充分过滤后的液压油。

（4）液压千斤顶工作完后，将各螺钉旋松，各部分归放在工具箱指定位置。

2. 使用方法

（1）使用时应严格遵守主要参数中的规定，切忌超高超载，否则当起重高度或起重吨位超过规定时，液压缸顶部会发生严重漏油。

（2）合理选择液压千斤顶的着力点，底面垫平，同时要考虑到地面软硬条件，是否要衬垫坚韧的木材，以免负重下陷。

（3）重物的重心要选择适中，以免负重倾斜。

（4）使用时如出现气穴现象，可先放松液压泵泵体上的放油螺钉，将液压泵泵体垂直起来头向下运动几下，然后旋紧放油螺钉，即可继续使用。

（5）液压千斤顶将重物顶升后，应及时用支撑物将重物支撑牢固，禁止将液压千斤顶作为支撑物使用。如确实需要长时间支撑重物，则选用自锁式千斤顶。

（6）新的或久置的液压千斤顶，因液压缸内存有较多空气，开始使用时，活塞杆可能出现微小的突跳现象，可将油压千斤顶空载往复运动 2~3 次，以排除腔内的空气。

（7）用户要根据使用情况定期检查和保养。长期闲置的液压千斤顶，会因为密封件长期不工作而造成密封件的硬化，从而影响液压千斤顶的使用寿命，所以在不用时，每月要将液压千斤顶空载往复运动 2~3 次。

思考与练习

一、填空题

1. 液压传动是指以_____作为工作介质，借助于液体的_____进行能量传递、转换和控制的一种传动方式。

2. 液压传动的工作压力取决于_____，而与流量大小无关。

3. 执行元件的速度取决于_____，而与液体压力大小无关。

4. 一个完整的液压系统，由_____、_____、_____、_____和_____五个基本部分组成。

二、简答题

1. 何谓液压传动？
2. 简述液压传动的工作原理。
3. 简述液压传动的两个基本工作特征。

三、计算题

图 2-5 所示为某液压千斤顶的工作原理图，已知大缸内径 $D=100\text{mm}$，小缸内径 $d=30\text{mm}$，大活塞上放一重物 $G=20\text{kN}$。问在小活塞上应加多大的力 F_1，才能使大活塞顶起重物？

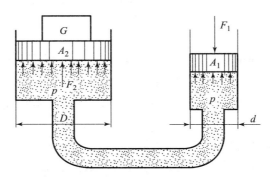

图 2-5 某液压千斤顶工作原理

项目 3　认识液压泵

📖 项目导读

液压泵是液压系统中的动力元件，它能将电动机（或其他原动机）输出的机械能转换为工作液体的压力能，从而为整个系统提供动力。常用的液压泵有齿轮式液压泵、叶片式液压泵和柱塞式液压泵等。本项目将通过对三大类液压泵的认识，达到以下目标。

📖 项目目标

（1）知道液压泵的作用、分类和性能参数。
（2）认识齿轮式液压泵、叶片式液压泵和柱塞式液压泵的结构原理。
（3）知道液压泵的选用方法。

📖 能力目标

（1）能够合理选择液压泵的类型。
（2）能够正确地识别和绘制液压泵的图形符号。
（3）能够正确地分析液压泵的工作原理。

任务 1　认识液压泵的工作原理及性能参数

一、液压泵的工作原理及种类

图 3-1 所示为液压泵的工作原理。柱塞 2 装在缸体内，并可做左右移动，在弹簧 4 的作用下，柱塞 2 紧压在偏心轮 1 的外表面上。当电动机带动偏心轮旋转时，在偏心轮和弹簧的共同作用下推动柱塞左右运动，使密封容积 V 的大小发生周期性的变化。当 V 由小变大时就形成部分真空，使油箱中的油液在大气压的作用下，经吸油管道顶开单向阀 6 进入油腔实现吸油；反之，当 V 由大变小时，油腔中吸满的油液将顶开单向阀 5 流入系统而实现压油。电动机带动偏心轮不断旋转，液压泵就不断地吸油和压油。由此可知，液压泵的工作原理是利用密封容积大小的不断交替变化完成吸油和压油，从而实现将电动机（或其他原动机）输出的机械能转换为工作液体的压力能。

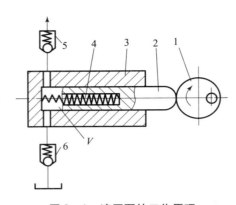

图 3-1 液压泵的工作原理
1—偏心轮；2—柱塞；3—缸体；4—弹簧；5,6—单向阀

从上述液压泵的工作原理可以看出，其基本的工作条件是：

(1) 它必须构成密封容积，并且这个密封容积在不断的变化中能完成吸油和压油过程。凡是利用密封容积变化来工作的泵都称为容积式泵，液压传动中所采用的泵就是容积式泵。

(2) 在密封容积增大的吸油过程中，油箱必须与大气相通（或保持一定的压力）。这样，液压泵在大气压力的作用下将油吸入泵内，这是液压泵吸油的条件。在密封容积减小的压油过程中，液压泵的压力决定于油液排出时所遇到的阻力，即液压泵的压力由外负载来决定，这是形成压力的条件。

(3) 吸、压油腔要相互分开并且有良好的密封性。如图 3-1 所示，如果没有吸油阀，密封容积增大时可以吸油，但减少时又会将吸上来的油压回油箱；若没有压油阀，压出去的油在吸油时又会倒流回来。吸油阀和压油阀是配油装置，其作用是将吸、压油腔分开，保证吸油时油腔与油箱相通而切断压油通道，压油时油腔与压油管道相通而与油箱切断。各种泵的配油装置形式各异，它们是泵工作必不可少的部分。

液压泵按其结构形式的不同，可分为齿轮式液压泵、叶片式液压泵和柱塞式液压泵等类型；液压泵按其排量能否调节，可分为定量式液压泵和变量式液压泵两类；液压泵按其输油方向能否改变，可分为单向泵和双向泵；液压泵按其额定压力的高低，可分为低压泵、中压泵、中高压泵、高压泵和超高压泵。液压泵的图形符号如图 3-2 所示。

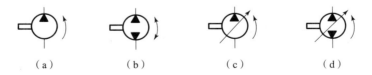

图 3-2 液压泵的图形符号
(a) 单向定量液压泵；(b) 双向定量液压泵；(c) 单向变量液压泵；(d) 双向变量液压泵

二、液压泵的性能参数

液压泵的性能参数主要包括液压泵的压力、流量、排量、功率和效率等。

1. 压力

液压泵的压力参数主要是工作压力和额定压力。

1）工作压力

液压泵实际工作时的输出压力称为液压泵的工作压力,也称为系统压力。工作压力取决于外负载的大小和排油管路上的压力损失,而与液压泵的流量无关。负载升高,工作压力升高;反之,则工作压力降低。

2）额定压力

液压泵在正常工作条件下,按试验标准规定连续运转的最高压力称为液压泵的额定压力。当泵的工作压力超过额定压力时,就会过载。

除此之外还有最高允许压力,它是指在超过额定压力的条件下,根据试验标准规定,允许液压泵短暂运行的最高压力值,超过此压力,泵的泄漏会迅速增加。

由于液压传动的用途不同,液压系统所需要的压力也不同,为了满足各种液压系统所需的不同压力,液压泵的压力分为几个等级,见表3-1。

表3-1 压力分级

压力分级	低压	中压	中高压	高压	超高压
压力/MPa	≤2.5	2.5~8	8~16	16~32	>32

2. 排量

排量是泵主轴每转一周所排出液体体积的理论值,若泵排量固定,则为定量泵;若排量可变,则为变量泵。一般定量泵因密封性较好,泄漏少,故在高压时效率较高。排量的常用单位为 mL/r。

3. 流量

流量为泵单位时间内排出的液体体积(L/min),包括理论流量 q_t、实际流量 q 和额定流量 q_n。

理论流量 q_t 是指液压泵在不计泄漏的情况下,单位时间内排出油液的体积,它等于排量 V 和转速 n 的乘积,即

$$q_t = Vn \tag{3-1}$$

实际流量 q 是指液压泵在实际工作压力下排出的流量。由于液压泵存在泄漏,所以液压泵的实际流量小于理论流量。考虑因泄漏损失的流量 Δq,则

$$q = q_t - \Delta q \tag{3-2}$$

额定流量 q_n 是指液压泵在额定转速和额定压力下输出的流量。

4. 功率

输入功率 P_i 是指驱动液压泵的电动机所需的功率。输出功率 P_o 是指液压泵的工作压力和实际输出流量的乘积,即

$$P_o = pq \tag{3-3}$$

式中 P_o——液压泵的输出功率，W；
p——液压泵的工作压力，Pa；
q——液压泵的实际输出流量，m^3/s。

5. 效率

（1）容积效率 η_v。它是液压泵实际流量与理论流量之比，即

$$\eta_v = q/q_t = q/Vn$$

（2）机械效率 η_m。由于液压泵在工作中存在机械损耗和液体黏性而引起的摩擦损失，因此，液压泵的实际输入转矩 T_i 必然大于泵所需的理论转矩 T_t，则

$$\eta_m = T_t/T_i$$

（3）总效率 η。液压泵的总效率为其输出功率 P_o 与输入功率 P_i 之比，即

$$\eta = P_o/P_i = \eta_v \eta_m \tag{3-4}$$

它也等于液压泵的容积效率 η_v 与机械效率 η_m 的乘积。

例 某液压泵的输出压力 $p=10MPa$，泵转速 $n=1\,450r/min$，排量 $V=46.2mL/r$，容积效率 $\eta_v=0.95$，总效率 $\eta=0.9$，试求液压泵的输出功率和驱动泵的电动机功率。

解：（1）求液压泵的输出功率。

液压泵输出的实际流量为

$$q = Vn\eta_v = 46.2 \times 10^{-3} \times 1\,450 \times 0.95 = 63.641 \text{（L/min）}$$

则液压泵的输出功率为

$$P_o = pq = 10 \times 10^6 \times 63.641 \times 10^{-3}/60 = 10.6 \times 10^3 \text{（W）} = 10.6kW$$

（2）求电动机功率。

电动机功率即泵的输入功率为

$$P_i = P_o/\eta = 10.6/0.9 = 11.8 \text{（kW）}$$

任务2 认识齿轮泵

> 【提示】齿轮泵是一种常用的液压泵。它的主要特点是结构简单，制造方便，成本低，价格低廉，体积小，质量轻，自吸性能好，对油液污染不敏感和工作可靠等。其主要缺点是流量和压力脉动大，噪声大，排量不可调节（定量泵）。它被广泛应用于各种低压系统中。齿轮泵按其齿轮啮合形式分为外啮合式齿轮泵和内啮合式齿轮泵两大类。本任务要求能认识齿轮泵的结构和工作原理。

一、外啮合式齿轮泵

1. 外啮合式齿轮泵的工作原理

图 3-3 所示为外啮合渐开线齿轮泵的工作原理。它是分离三片式结构,三片是指泵盖两片和泵体一片,泵体内有一对相同模数、齿数的齿轮相互啮合,由于齿轮两端面与泵盖的间隙以及齿轮的齿顶与泵体内表面的间隙很小,因此将齿轮泵的壳体内部分隔成左、右两个密封容积。当主动齿轮按逆时针方向旋转时,右侧的轮齿逐渐脱离啮合,露出齿间,其密封容积逐渐增大,形成局部真空,油箱的油液在大气压力的作用下经泵的吸油口进入这个密封容积——吸油腔。随着齿轮的转动,每个齿轮的齿间把油液从右侧带到左侧密封容积,轮齿在左侧进入啮合时,使左侧密封容积逐渐

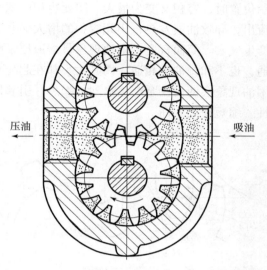

图 3-3 外啮合渐开线齿轮泵的工作原理

减小,把齿间油液挤出,油液从压油口输出,即左侧的密封容积是压油腔。这就是齿轮泵的吸油和压油过程。当齿轮泵不断地旋转时,齿轮泵的吸、压油口就不断地吸油和压油。由于在齿轮啮合过程中,啮合点沿啮合线移动,把左、右两密封容积分开,起到配油作用,因此在齿轮泵中没有单独的配油装置。

2. 外啮合式齿轮泵的性能特点

1) 泄漏

在齿轮泵工作时,存在三处可能产生内泄漏的部位,即啮合处的齿面间隙、径向间隙和轴向间隙,即使得压力液体从排液腔向吸液腔泄漏。

由于制造精度的误差,啮合处不可能严密接触,但啮合力使齿面互相压紧,所以此处间隙很小,齿面间隙泄漏量也很小,只占总泄漏量的 4%~5%。

径向间隙是指齿顶与泵体的配合间隙。因为齿轮旋转方向与圆周泄漏方向相反,使泄漏受阻滞,且泄漏距离长,再由于轴承存在间隙,在排液腔压力的作用下,齿轮被压向吸液腔一侧,使此处径向间隙很小,所以径向间隙的泄漏量也不大,占总泄漏量的 15%~20%。

轴向间隙是指齿轮端面与端盖之间的平面配合间隙。此处配合面积大,加工和配合精度难以保证,泄漏途径又短,同时齿轮旋转圆周方向在一定区域内(靠近啮合处)与泄漏方向一致。所以,导致轴向间隙成为主要的泄漏渠道,且轴向间隙泄漏量最大,占总泄漏量的 75%~80%。

2) 困油现象

为了使齿轮平稳地啮合运转,吸、压油腔应严格地密封以及连续地供油,根据齿轮的啮合原理,必须使齿轮的重合度大于 1,即在齿轮泵工作时有两对轮齿同时啮合。因此,就有

一部分油液困在两对轮齿所形成的密闭容腔（闭死容积）之内，如图3-4（a）所示。这个闭死容积先随齿轮转动逐渐减小，到两啮合点处于节点两侧的对称位置时（见图3-4（b）），闭死容积为最小。齿轮再继续转动时，闭死容积又逐渐增大，直到图3-4（c）所示位置时，容积又变为最大。闭死容积的减小会使被困油液受挤压而产生高压，并从缝隙中流出，导致油液发热；闭死容积的增大又会造成局部真空，使溶于油液中的气体分离出来，产生气穴。简而言之，困油现象是指液压泵中的闭死容积在某一段时间内，既不和吸油腔相通，也不和排油腔相通，而其大小却在起变化，造成其内液体压力急剧上升或降低的现象。困油现象会使齿轮泵产生强烈的噪声并引起振动和气蚀，降低泵的容积效率，影响工作平稳性，缩短使用寿命。

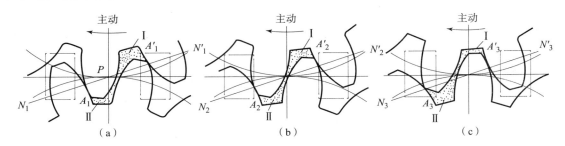

图3-4 齿轮泵的困油现象

为了消除困油现象，通常在齿轮泵两端盖内侧面上铣出两个卸荷槽。目的是使困油区在容积缩小时，通过卸荷槽与压油腔相通，以便及时将被困油液排出；困油区容积增大时通过卸荷槽与吸油腔相通，以便及时补油。两槽之间的距离必须保证吸、压油腔互不相通，一般的齿轮泵两卸荷槽非对称开设，向吸油腔偏移一定距离。

3）径向力不平衡

由于吸油腔和压油腔的压力不同而形成两腔压力差，液体作用在齿轮外缘的压力是不均匀的，压力油由压油腔压力逐渐分级下降到吸油腔压力，如图3-5（a）所示。这些液压的合力作用在齿轮轴上，使齿轮轴分别受到一个径向力 P_1 和 P_2，它随工作压力的升高而增大，其结果加速了轴承磨损，降低了轴承寿命，甚至使轴变形，造成齿顶与泵体内壁的摩擦等。

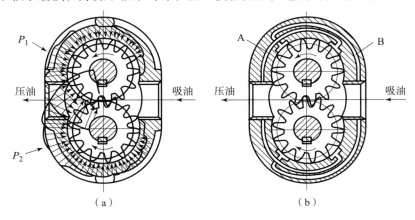

图3-5 齿轮泵的径向力

(a) 齿轮泵的径向力不平衡；(b) 齿轮泵的径向力液压平衡原理

为了减小径向力不平衡对泵带来的不良影响，CB-B 型齿轮泵采取了缩小压油口的方法，其目的是减小压力油的作用面积。有的齿轮泵则在泵体上开径向力平衡槽 A、B，如图 3-5（b）所示。

A 腔与高压腔相通，用来与高压腔形成压力平衡，B 腔与低压腔相通，以便使经过 A 腔的齿轮中的高压油卸压，采用这种方法虽可使作用在齿轮轴上的径向力保持平衡，但易造成内泄漏的增加，使容积效率降低。

3. 高压齿轮泵的性能特点

一般齿轮泵由于泄漏大且存在径向不平衡力，限制了压力的提高。高压齿轮泵针对上述问题采取了一系列措施，例如尽量减小径向不平衡力、提高轴与轴承的刚度、对端面间隙采用自动补偿装置等。端面间隙补偿原理如图 3-6 所示。

齿轮泵的出口处压力油直接引入到浮动轴套 1 的外侧 A 腔，在液体压力的作用下，使轴套紧贴齿轮 3 的侧面，从而消除端面间隙，在齿轮泵启动时，靠弹簧 4 来产生预紧力，保证了启动时的端面密封。采用这种补偿装置的高压齿轮泵，压力可以为 10～16MPa，容积效率不低于 0.9。

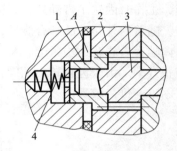

图 3-6 端面间隙补偿原理
1—轴套；2—泵体；3—齿轮；4—弹簧

二、内啮合式齿轮泵

内啮合式齿轮泵有渐开线齿形内啮合式齿轮泵和摆线齿形内啮合式齿轮泵两种，如图 3-7 所示。它们也是利用齿间密封容积变化来实现吸油和压油的。

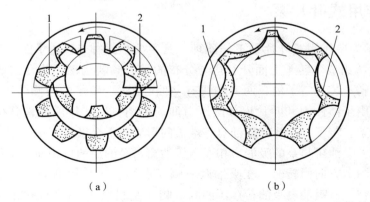

图 3-7 内啮合齿轮泵
1—吸油腔；2—压油腔

1. 渐开线齿形内啮合齿轮泵

该泵由小齿轮、内齿轮、月牙形隔板等组成。在该泵中，小齿轮是主动轮。当小齿轮按图 3-7（a）所示方向旋转时，轮齿退出啮合，密封容积增大而吸油；轮齿进入啮合，密封容积减小而压油。在渐开线齿形内啮合齿轮泵中，小齿轮和内齿轮之间装有一块月牙形隔板，以便将吸油腔和压油腔隔开。

2. 摆线齿形内啮合齿轮泵

摆线齿形内啮合齿轮泵又称摆线转子泵（图3-7（b）），主要结构是一对内啮合的齿轮（即内、外转子），由于小齿轮和内齿轮相差一齿，故无须设置隔板。两转子之间有一偏心距，工作时内转子带动外转子同向旋转，所有内转子的齿都进入啮合，形成几个独立的密封腔。随着内外转子的啮合旋转，各密封腔的容积将发生变化，进行吸油和压油。

内啮合齿轮泵结构紧凑、尺寸小、质量轻、运转平稳、噪声小，在高转速下工作有较高的容积效率。由于齿轮转向相同，故相对滑动速度小、磨损小、使用寿命长，但齿形复杂、加工困难、价格较贵。

任务3　认识叶片泵

> 【提示】叶片泵具有结构紧凑、流量均匀、噪声小、运转平稳等优点，因而被广泛应用于中、低压液压系统中。但它也存在结构复杂、吸油能力差、对油液污染比较敏感等缺点。
>
> 叶片泵按其结构来分有单作用式叶片泵和双作用式叶片泵两大类。单作用式叶片泵主要用作变量泵，双作用式叶片泵主要用作定量泵。

一、单作用式叶片泵

图3-8所示为单作用式叶片泵工作原理，其主要由泵体5、转子2、定子3、叶片4、配油盘（端盖）等组成。转子上面开有均匀分布的径向倾斜沟槽，装在沟槽内的叶片能在槽内自由滑动。转子装在定子内，两者轴线有一偏心距e。转子的两侧装有固定的配油盘。当转子回转时，由于惯性力和叶片根部的压力油的作用，使叶片顶部紧靠在定子的内表面上，这样就在定子、转子、叶片和配油盘、端盖间形成若干个密封容积。配油盘上开有两个互不相通的油窗，吸油窗与泵的吸油口相通，压油窗与泵的压油口相通。工作时，配油盘的作用：当转子按图示方向回转时，在吸油区一侧（右侧）叶片逐渐伸出，密封容积逐渐增大，形成局部真空，从吸油窗吸油；在压油区一侧（左侧），叶片逐渐被定子内表面压进转子沟槽内，密封容积逐渐缩小，将油液从压油窗压出。在吸油区和压油区之间，有一段封油区将它们分开。

这种叶片泵，由于转子每回转一周，每个密封容积完成一次吸油和压油，所以称为单作用式叶片泵；另一方面转子单向承受压油腔油压的作用，径向压力不平衡，转子轴与轴承受到较大的径向力，故又称非卸荷式叶片泵，其工作压力不宜过高。这种泵的最大特点是输出流量可以调节，只要改变转子中心与定子中心的偏心距e和偏心方向，就能改变输出流量的大小和输油方向。如增大偏心距,则密封容积的变化量增大,输出流量随之变大。

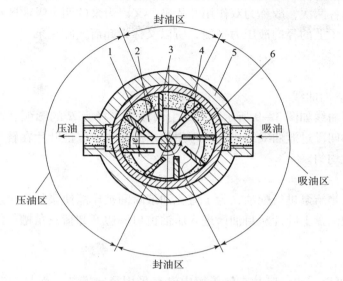

图3-8 单作用式叶片泵工作原理
1—配油盘压油窗;2—转子;3—定子;4—叶片;5—泵体;6—配油盘吸油窗

二、双作用式叶片泵

1. 工作原理

图3-9所示为双作用叶片泵的工作原理,它主要由转子1、定子2、叶片3、配油盘4和泵体5等构成。转子和定子同心安装。定子内表面由两段长径R圆弧、两段短径r圆弧和四段过渡曲线组成。转子旋转时,由于离心力和叶片根部油压的作用,使叶片顶部紧靠在定子内表面上,这样,在每两个叶片之间和定子的内表面、转子的外表面及前后配油盘形成一个个密封工作腔。如图3-9所示中转子顺时针旋转时,密封工作腔的容积在左上角和右下角逐渐增大,形成局部真空而吸油,为吸油区;在右上角和左下角逐渐减小而压油,为压油

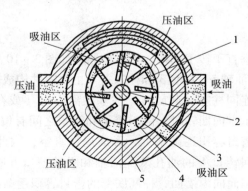

图3-9 双作用叶片泵工作原理
1—转子;2—定子;3—叶片;4—配油盘;5—泵体

区。吸油区和压油区之间有一段封油区把它们隔开。这种泵的转子每转一周，每个密封工作腔完成吸油、压油各两次，故称为双作用叶片泵。又因为泵的两个吸油区和压油区是径向对称的，使作用在转子上的径向液压力平衡，所以又称为卸荷式叶片泵。

2. 结构特点

1）定子工作表面曲线

定子工作表面曲线如图3-9所示，它是由两段大半径为 R 的圆弧和两段小半径为 r 的圆弧以及圆弧间的四段过渡曲线组成的。理想的过渡曲线应保证叶片在转子槽中滑动时径向速度和加速度变化均匀。

2）配油盘

配油盘的作用是给泵进行配油，为了避免油液瞬间被压缩使泵的瞬时流量减少而引起振动和噪声，需在配油盘上叶片从封油区进入压油窗口一边开卸荷三角槽。卸荷三角槽的尺寸通常由实验来确定。

3）叶片倾角

从图3-9中可以看出，叶片在转子槽内没有采用径向安装，而是按转子的转动方向向前倾斜一个角度，这个角度称为叶片倾角。叶片倾角由理论和实践得出，一般为 $10°\sim14°$，其目的是减小在压油区叶片与定子内表面接触时的压力角，从而减小摩擦力，有利于叶片在槽内滑动。

任务4　认识柱塞泵

【提示】柱塞泵是利用柱塞在有柱塞孔的缸体内做往复运动，使密封容积发生变化而实现吸油和压油的。柱塞泵按其柱塞排列方向的不同，分为径向柱塞泵和轴向柱塞泵两类。

一、径向柱塞泵

径向柱塞泵柱塞轴线垂直于转子轴线，其工作原理如图3-10所示。径向柱塞泵是由定子4、转子（缸体）2、配油轴5、衬套3和柱塞1等主要零件构成的。柱塞径向排列装在转子中，转子由电动机带动连同柱塞一起旋转，柱塞在离心力（或在低压油）的作用下抵紧定子的内壁，当转子按图示方向回转时，由于定子和转子之间有偏心距 e，柱塞绕经上半周时向外伸出，柱塞底部的密封容积逐渐增大，形成局部真空，因此便经过衬套（衬套压紧在转子内，并和转子一起回转）上的油孔从配油轴和吸油窗口 b 吸油；当柱塞转到下半周时，柱塞受定子内表面作用而向内缩回，柱塞底部的密封容积逐渐减小，向配油轴的压油窗口 c 压油，当转子回转一周时，每个柱塞底部的密封容积完成一次吸油和压油，转子连续运转，即完成压油和吸油工作。

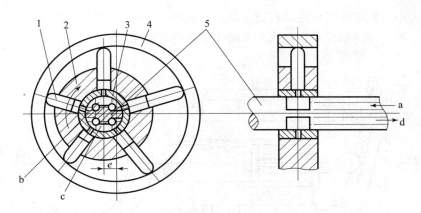

图 3-10 径向柱塞泵工作原理
1—柱塞；2—转子；3—衬套；4—定子；5—配油轴

配油轴固定不动，油液从配油轴上半部的两个油孔 a 流入，从下半部两个油孔 d 压出，为了进行配油，配油轴在和衬套接触的一段加工出上下两个缺口，形成吸油窗口 b 和压油窗口 c，留下的部分形成封油区。封油区的宽度应能封住衬套上的吸、压油孔，以防吸油窗口和压油窗口相连通，但尺寸也不能大得太多，以免产生困油现象。

若沿水平方向移动定子，改变偏心距 e 的大小，便可改变柱塞移动的行程，从而改变泵的排量。若改变偏心距 e 的偏移方向，泵的输油方向亦随之改变。因此径向柱塞泵可以做成单向或双向变量泵。

径向柱塞泵的优点是流量大、工作压力较高、轴向尺寸小、工作可靠。其缺点是由于柱塞缸按径向排列，造成径向尺寸大，结构较复杂，且柱塞顶部与定子内表面为点接触，易磨损。配油轴受到很大的径向载荷，易变形，磨损快，且配油轴上封油区尺寸小，易漏油，因此限制了泵的工作压力和转速的提高。

二、轴向柱塞泵

轴向柱塞泵是将多个柱塞配置在一个共同缸体的圆周上，并使柱塞中心线和缸体中心线平行的一种泵。轴向柱塞泵有直轴式（斜盘式）轴向柱塞泵和斜轴式（摆缸式）轴向柱塞泵两种形式。

轴向柱塞泵的柱塞沿轴向均匀分布在缸体的柱塞孔中，其工作原理如图 3-11 所示。轴向柱塞泵主要由缸体 7、配油盘 10、柱塞 5 和斜盘 1 等组成。斜盘 1 和配油盘 10 固定不动，斜盘法线与缸体轴线夹角为斜盘倾角 γ。缸体由轴 9 带动旋转，缸体上均布了若干个轴向柱塞孔，孔内装有柱塞 5，内套筒 4 在中心弹簧 6 的作用下，通过压板 3 而使柱塞头部的滑靴 2 紧靠在斜盘 1 上，同时外套筒 8 在弹簧 6 的作用下，使缸体 7 和配油盘 10 紧密接触，起密封作用。在配油盘 10 上开有吸、排油窗口。

当传动轴带动缸体按图 3-11 所示方向旋转时，在右半周内，柱塞逐渐向外伸出，柱塞与缸体孔内的密封容积逐渐增大，形成局部真空，通过配油盘的吸油窗口吸油；缸体在左半周旋转时，柱塞在斜盘 1 斜面的作用下，逐渐被压入柱塞孔内，密封容积逐渐减小，通过配油盘的排油窗口压油；缸体每转一周，每个柱塞往复运动一次，吸、压油各一次。若改变斜

盘倾角 γ 的大小，就能改变柱塞的行程长度，也就改变了泵的排量。如果改变斜盘倾角的方向，就能改变吸、压油的方向，而成为双向变量轴向柱塞泵。

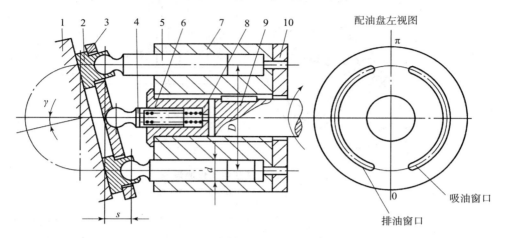

图 3-11　轴向柱塞泵工作原理

1—斜盘；2—滑靴；3—压板；4,8—套筒；5—柱塞；6—弹簧；7—缸体；9—轴；10—配油盘

三、柱塞泵的优缺点及其应用

柱塞泵的主要优点：

（1）柱塞泵的柱塞与缸体柱塞孔之间为圆柱面配合，其加工工艺性好，易于获得很高的配合精度，因此密封性能好，泄漏少，在高压下工作有较高的容积效率。

（2）只要改变柱塞的工作行程就能改变泵的流量，因此流量容易调节。

（3）轴向柱塞泵结构紧凑，外形尺寸小。

柱塞泵的主要缺点：

（1）结构复杂，价格较高。

（2）柱塞受侧向力作用，有一定的摩擦损失。

（3）对油液污染敏感。

柱塞泵一般用于高压（10MPa 以上）、大流量及流量需要调节的液压系统中，多用在矿山、冶金机械设备上。

思考与练习

一、填空题

1. 液压泵按其结构形式的不同，可分为　　　　　、　　　　　和柱塞式液压泵等类型。

2. 液压泵性能参数主要包括液压泵的　　、　　、　　、　　和　　等。

3. 齿轮泵按其齿轮啮合形式分为_____和_____两大类。
4. 叶片泵按其结构来分有_____和_____两大类。
5. 柱塞泵按其柱塞排列方向的不同，分为_____和_____两类。

二、判断题

1. 液压传动中所用的液压泵均是容积式泵。（   ）
2. 负载升高，液压泵的工作压力降低。（   ）
3. 若液压泵的排量可变，则为变量泵。（   ）
4. 齿轮泵的轴向间隙是指齿轮端面与端盖之间的平面配合间隙。（   ）
5. 双作用式叶片泵均用作定量泵。（   ）

三、简答题

1. 简述液压泵的工作原理。
2. 何谓液压泵的困油现象？
3. 简述液压泵的基本工作条件。

四、填写出下列液压元件图形符号的名称

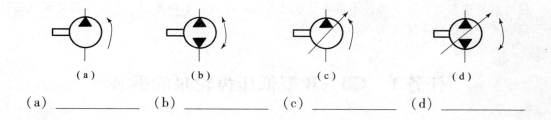

(a) _____ (b) _____ (c) _____ (d) _____

项目 4　液压泵的拆装

📖 项目导读

本项目通过 CB-B 型齿轮泵、YB 型叶片泵及 10SCY14-1B 型轴向柱塞泵的拆装训练达到以下目标。

📖 项目目标

(1) 知道典型液压泵的结构原理。
(2) 认识典型液压泵主要零部件的结构及功用。

📖 能力目标

通过对液压泵的拆装训练，不仅能增加对液压泵结构、工作原理、主要零部件形状的感性认识，更能增强动手操作能力。

任务 1　CB-B 型低压齿轮泵的拆装

一、结构

CB-B 型低压齿轮泵的结构如图 4-1 所示，泵的前后盖和泵体由两个定位销 8 定位，用 6 只螺钉 2 紧固，为了保证齿轮能灵活地转动，同时又要保证泄漏最小，在齿轮端面和泵盖之间应有适当间隙（轴向间隙），对小流量泵轴向间隙为 0.025~0.04mm，大流量泵为 0.04~0.06mm。齿顶和泵体内表面间的间隙（径向间隙），由于密封带长，同时齿顶线速度形成的剪切流动又和油液泄漏方向相反，故对泄漏的影响较小，当齿轮受到不平衡的径向力后，应避免齿顶和泵体内壁相碰，所以径向间隙就可稍大些，一般取 0.13~0.16mm。

为了防止压力油从泵体和泵盖间泄漏到泵外，并减小压紧螺钉的拉力，在泵体两侧的端面上开有油封卸荷槽，使渗入泵体和泵盖间的压力油引入吸油腔。在泵盖和从动轴上有小孔，其作用是将泄漏到轴承端部的压力油也引到泵的吸油腔去，防止油液外溢，同时也润滑了滚针轴承。

项目 4　液压泵的拆装

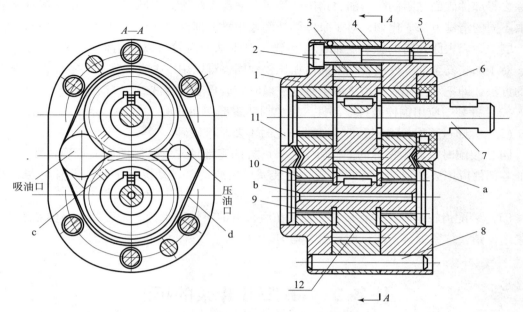

图 4-1　CB-B 型低压齿轮泵的结构

1—前泵盖；2—螺钉；3—主动齿轮；4—泵体；5—后泵盖；6—密封圈；7—主动轴；
8—定位销；9—从动轴；10—滚针轴承；11—堵头；12—从动齿轮；a,b,c—油孔；d—卸荷槽

二、拆装步骤

1. 拆卸步骤

第一步：拆卸图 4-1 中所示的螺钉，取出后泵盖。
第二步：取出后泵盖上的密封圈。
第三步：取出泵体。
第四步：取出从动齿轮和从动轴及主动齿轮和主动轴。
第五步：取出前泵盖上的密封圈。

2. 装配步骤

第一步：将主动齿轮（含轴）和从动齿轮（含轴）啮合后装入泵体内。
第二步：装前、后泵盖的密封圈。
第三步：用螺钉将泵前泵盖、泵体和后泵盖拧紧。
第四步：用堵头将泵吸油口和压油口密封。

三、拆装注意事项

（1）注意各零部件的清洗。液压元器件在拆卸完成后或装配前，必须进行彻底的清洗，

以除去零部件表面黏附的防锈油、锈迹、铁屑、油泥等污物。不同零部件可以根据具体情况采取不同的清洗方法。比如，对于泵体等外部较粗糙的部件表面可以用钢丝刷、毛刷等工具进行刷洗，以去除黏附的铁锈、油泥等污物；对于啮合齿轮可以使用棉纱、抹布等进行擦洗；对于形状复杂的零件或者黏附的污垢比较顽固、难以用以上方法除去的零件，可采用浸洗的方法，即把零件先放在清洗液中浸泡一段时间后再进行清洗。

（2）拆装中应用铜棒敲打零部件，以免损坏零部件和轴承。

（3）拆卸过程中，遇到元件卡住的情况时不要乱敲硬砸。

（4）装配时，遵循先拆的部件后安装、后拆的零部件先安装的原则，正确合理地安装，脏的零部件应用柴油清洗后才可安装，安装完毕后应使泵转动灵活平稳，没有阻滞、卡死现象。

（5）装配齿轮泵时，先将齿轮、轴装在后泵盖的滚针轴承内，轻轻装上泵体和前泵盖，打紧定位销，拧紧螺钉，注意使其受力均匀。

任务 2　YB 型叶片泵的拆装

一、结构

图 4-2 所示为 YB1-25 型定量叶片泵的立体结构图及零件分解图，在左泵体内安装有定子、转子以及左右配油盘。转子上开有 12 条倾斜的槽，叶片安装在槽内。转子由传动轴带动，传动轴间用两个油封密封，以防止漏油和空气进入。

二、拆装步骤

1. 拆卸步骤

第一步：卸下螺钉，拆开泵体。
第二步：取出配油盘。
第三步：取出转子和叶片。
第四步：取出定子，再取配油盘。

2. 装配步骤

第一步：将叶片装入转子内。
第二步：将配油盘装入左泵体内，再放入定子。
第三步：将装好的转子放入定子内。
第四步：装上传动轴和配油盘。
第五步：装上密封圈和右泵体，用螺钉拧紧。

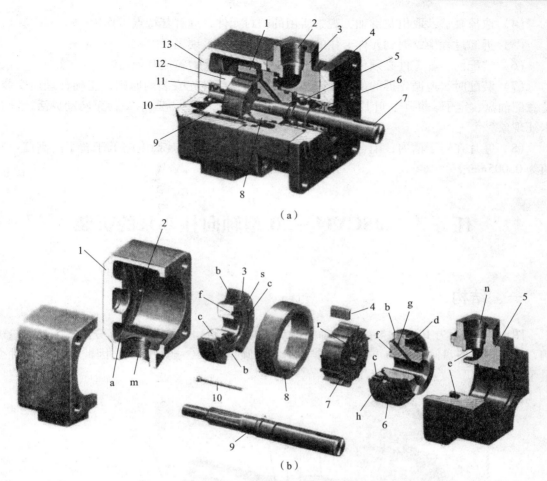

图 4-2 YB1-25 型定量叶片泵

(a) 立体结构;

1—定子;2—压油口;3—右泵体;4—盖板;5—径向轴承;6—油封;7—传动轴;8—右配油盘;
9—螺钉;10—转子;11—径向轴承;12—左配油盘;13—左泵体

(b) 零件分解图

1—左泵体;2—定位孔;3—左配油盘;4—叶片;5—右泵体;6—右配油盘;7—转子;
8—定子;9—传动轴;10—螺钉;a—空腔;b,m—吸油窗口;c,n—压油窗口;
d,e,f—环形槽;g,h—孔;r—叶片槽;s—小三角

三、拆装注意事项

(1) 注意各零部件的清洗。在拆卸完成后或装配前,必须对各零部件进行彻底的清洗:清洗叶片和转子;清洗定子;清洗配油盘和密封圈;清洗轴承;清洗泵体、泵盖和螺钉。

(2) 拆解叶片泵时,先用内六角扳手对称位置地松开后泵体上的螺钉后,再取出螺钉,用铜棒轻轻敲打,使花键轴和前泵体及泵盖部分从轴承上脱下,把叶片分成两部分。

(3) 观察后泵体内定子、转子、叶片、配油盘的安装位置,分析其结构、特点,理解工作过程。

（4）取掉泵盖，取出花键轴，观察所用的密封元件，理解其特点、作用。

（5）拆卸过程中，遇到元件卡住的情况时，不要乱敲硬砸。

（6）装配前，各零件必须仔细清洗干净，不得有切屑磨粒或其他污物。

（7）装配时，遵循先拆的部件后安装、后拆的零部件先安装的原则，正确合理地安装，注意配油盘、定子、转子、叶片应保持正确的装配方向，安装完毕后应使泵转动灵活，没有卡死现象。

（8）叶片在转子槽内，配合间隙为 0.015～0.025mm；叶片高度略低于转子的高度，其值为 0.005mm。

任务3　10SCY14-1B 型轴向柱塞泵的拆装

一、结构

图 4-3 所示为 10SCY14-1B 型轴向柱塞泵的立体结构，该泵斜盘部分带有手动变量机构，通过调整斜盘倾角，即可改变其排量，斜盘倾角越大，排量越大，因此其也是一种变量泵。

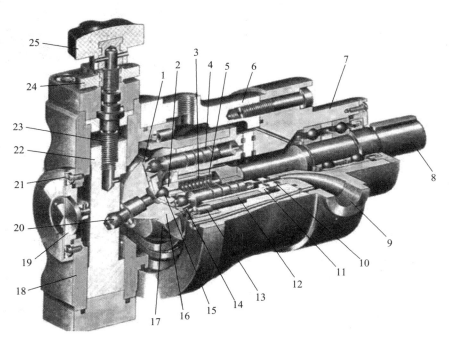

图 4-3　10SCY14-1B 型轴向柱塞泵的立体结构

1—滑靴；2—内塞；3—定心弹簧；4—柱塞；5—外套；6—中间泵体；7—前泵体；8—传动轴；
9—吸油口；10—配油盘；11—缸体；12—缸套；13—滚柱轴承；14—压盘；15—钢球；16—斜盘；17—耳轴；
18—变量机构壳体；19—刻度盘；20—轴销；21—端盖；22—柱塞；23—螺杆；24—锁紧螺母；25—调节手轮

泵的右边为主体部分，泵体内有缸体和配油盘等。缸体的 7 个轴向孔中各装有一个柱塞，柱塞球状头部装有一个滑靴，紧贴在斜盘上，柱塞头部和滑靴用球面配合，配合面间可以相对转动。为减少滑靴端面和斜盘间的滑动磨损，在柱塞和滑靴的中心加工有直径 1mm 的小孔，缸中的压力油可经过小孔通到柱塞与滑靴及滑靴与斜盘的相对滑动表面间，起到静压支承的作用。定心弹簧装在内套和外套中，在弹簧力的作用下，一方面内套通过钢球和压盘将滑靴压向斜盘，使柱塞在吸油位置时具有自吸能力，同时弹簧力又使得外套压在缸体的左端面上，和缸内的压力油作用力一起，使缸体和配油盘接触良好，减少泄漏。缸体用铝青铜制成，外面镶有缸套，并装在滚柱轴承上，以支承斜盘作用在缸体上的径向分力。当传动轴带动缸体回转时，柱塞就在缸内做往复运动，缸底部的弧形孔就经配油盘上的吸、压配油窗口配油，以完成吸油和压油过程。

二、拆装步骤

1. 拆卸步骤

第一步：拆下前泵体上的螺钉、销子，分离前泵体与中间泵体；再拆掉变量机构上的螺钉，分离中间泵体与变量机构，将泵分为前泵体、中间泵体和变量机构三个部分。

第二步：拆下前泵体部分的端盖、传动轴、前轴承及轴套等。

第三步：拆下中间泵体部分的压盘及其上的柱塞，取出弹簧、钢珠、内套及外套，卸下缸体及配油盘。

第四步：卸下变量机构部分的斜盘，拆下调节手轮上的销子，拆下调节手轮，拆下两端的螺钉，卸掉端盖，取出螺杆及柱塞。

2. 装配步骤

第一步：将前泵体及中间泵体用连接螺栓合装。

第二步：将滚柱轴承装入中间泵体轴承安装孔中；将传动轴及轴承组件装入前泵体中；将端盖与前泵体合装，用端盖螺栓紧固；将配油盘装入前泵体端面贴紧，用定位销定位；将缸体装入中间泵体中，注意与配油盘端面贴紧；将内套、定心弹簧及外套组合后装入传动轴内孔；在钢球上涂抹润滑脂于内套的球窝中，防止脱落；将 7 套滑靴与柱塞组件装入压盘孔中；将滑靴、柱塞、压盘组件装入缸体孔中，注意钢球不要脱离；将斜盘及轴销组件安放于中间泵体孔中。

第三步：将变量机构的柱塞、螺杆装入变量机构壳体中，装上调节手轮并用销子定位。

第四步：旋紧螺钉，使变量机构、中间泵体及前泵体连接成为一个整体。

三、拆装注意事项

（1）注意各零部件的清洗。在拆卸完成后或装配前，必须用煤油或汽油对各零部件进行彻底的清洗。

（2）在拆装过程中要确保场地、工具清洁，严禁污物进入油泵。

（3）柱塞泵由高精度零件组装而成，拆装过程中应轻拿轻放，切勿敲击。

（4）拆卸该泵时应注意各零件所在的位置，拆卸下来的零件应分别摆放整齐，切不可乱堆乱放。

（5）柱塞泵各零件，尤其是柱塞、配油盘、斜盘等的加工精度高，因此拆卸下来的零件应小心摆放，加工表面不能与硬物碰擦，以保持零件表面粗糙度的精度。

（6）装配过程中各相对运动件都要涂抹与泵站工作介质相同的润滑油。

（7）装配后柱塞在柱塞孔内应能自由、灵活运动，装配这一工序时必须认真检查。

（8）紧固螺钉时用力必须均匀，注意螺钉拧紧的顺序，应相互对称旋拧，不能变换顺序旋拧。

项目 5　认识液压马达与液压缸

项目导读

液压马达和液压缸总称液动机，是液压执行元件。其功用是将液压泵提供的液体压力能转变为机械能，驱动工作机构做功。液压马达输出的是旋转运动，输出参数是扭矩和转速；液压缸输出的是往复直线运动（或回转摆动），输出参数是力和速度或扭矩和角速度。本项目通过液压马达与液压缸的学习达到以下目标。

项目目标

（1）知道液压马达、液压缸的作用、分类和性能特点。
（2）认识液压马达、液压缸的结构及工作原理。

能力目标

（1）能够合理选择液压马达和液压缸的类型。
（2）能正确地识别和绘制液压马达、液压缸的图形符号。
（3）能正确地分析液压马达和液压缸的工作原理。

任务 1　认识液压马达

一、液压马达分类

液压马达的分类与液压泵的分类一样，按其结构形式分为齿轮式液压马达、叶片式液压马达和柱塞式液压马达；按其排量是否可调可分为定量式液压马达和变量式液压马达。

液压马达根据其转速分为高速液压马达和低速液压马达两类。一般认为，额定转速高于 500r/min 的马达属于高速液压马达；额定转速低于 500r/min 的马达属于低速液压马达。高速液压马达主要有齿轮式、叶片式、轴向柱塞式马达等。其主要优点是转速高，转动惯量小，便于启动、制动、调速和换向；其缺点是启动转矩较低，最低稳定转速偏高，低速稳定性差。低速液压马达主要有径向柱塞马达、行星转子式摆线马达等，其主要特点是排量大，低速稳定性好，启动转矩较大，因此可以直接与工作机构连接，不需要减速机构，从而大大减少了机械的传动装置。低速液压马达的输出转矩较大，所以又称为低速大转矩液压马达。低速液压马达的体积大，转动惯量大，制动较为困难。

液压马达的图形符号如图 5-1 所示。

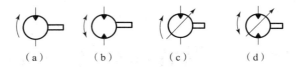

图 5-1　液压马达的图形符号

(a) 单向定量液压马达；(b) 双向定量液压马达；(c) 单向变量液压马达；(d) 双向变量液压马达

二、液压马达的工作原理

1. 齿轮式液压马达

图 5-2 所示为齿轮式液压马达的工作原理图。P 为两齿轮啮合点，齿高为 h，啮合点 P 到齿根的距离分别为 a 和 b。由于 a 和 b 都小于 h，所以压力油 p 作用在齿面上时，两个齿轮就分别产生了作用力 $pB(h-a)$ 和 $pB(h-b)$（p 为输入压力，B 为齿宽），使两齿轮按图示方向旋转，并将油排至低压腔。

2. 叶片式液压马达

叶片式液压马达的常用类型是双作用叶片式液压马达，其工作原理如图 5-3 所示。

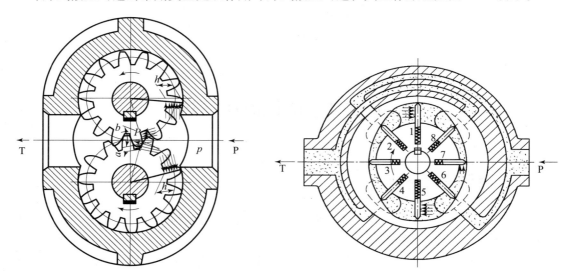

图 5-2　齿轮式液压马达的工作原理　　　图 5-3　双作用叶片式液压马达工作原理

1，2，3，4，5，6，7，8—叶片

当压力油从进油口 P 经配油窗口输入转子与相邻两叶片间的密封容积时，位于进油腔的两叶片 2 和 6 两侧均受进油口压力 p 的作用，作用力相互抵消，故不产生转矩；位于回油腔的两叶片 4 和 8 两侧均受回油压力作用，也不产生转矩。而位于封油区的叶片 3、7 和 1、5，一面受进油腔压力 p 的作用，而另一面通过配油窗口与回油口 T 相通，受低压油作用，叶片两侧所受作用力不平衡,故叶片推动转子转动。由于叶片 1 和 5 的伸出长度比叶片 3 和 7 大,即作用面积大,故转子产生顺时针方向的转动,通过与转子相连的马达输出轴输出转矩和转速。当改变输油方向时,液压马达反转。

为保证启动时叶片贴紧于定子内表面,叶片除靠压力油作用外,还要靠设置在叶片根部的预紧弹簧的作用。为保证马达正、反转的要求,叶片沿转子径向放置。

叶片式液压马达体积小、动作灵敏,但泄漏量大、低速运转时不稳定。因此,叶片式液压马达适用于转速高、转矩小和要求换向频率较高的场合。

3. 轴向柱塞式液压马达

图 5-4 所示为轴向柱塞式液压马达的工作原理。斜盘 1 和配油盘 4 固定不动,缸体 3 及其上的柱塞 2 可绕缸体的水平轴线旋转。当压力油经配油盘通过缸孔而进入柱塞底部时,柱塞被顶出压在斜盘上。斜盘对柱塞产生一个反作用力 F,力 F 的轴向分力 F_x 与柱塞后端的液压力相平衡,其值为

$$F_x = \frac{p\pi d^2}{4} \quad (5-1)$$

而径向分力

$$F_y = F_x \tan\gamma \quad (5-2)$$

它对缸体轴线产生一个力矩 T,即

$$T = F_y \cdot h = F_y R \sin\alpha \quad (5-3)$$

该力矩 T 带动缸体旋转。当液压马达的进油口、回油口互换时,液压马达将反向转动。若改变斜盘倾角的大小,就改变了液压马达的排量;若改变斜盘倾角的方向,就改变了液压马达的旋转方向。

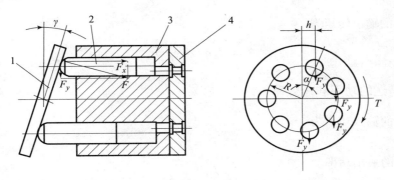

图 5-4 轴向柱塞式液压马达工作原理
1—斜盘;2—柱塞;3—缸体;4—配油盘

轴向柱塞式液压马达效率高,多用于大功率及转矩范围大的场合。它也能获得较低的转速,目前已被广泛用于机床及各种自动控制液压系统中,但其价格比较昂贵。

三、液压马达的主要性能参数

液压马达的主要性能参数有转速 n、转矩 T 和效率 η。

1. 转速 n 和效率 η

如果排量为 V 的液压马达以转速 n 旋转时，在理想情况下，液压马达需要的流量为 nV（理论流量 q_t）。由于马达存在泄漏，故实际所需流量大于理论流量。设马达的泄漏量为 Δq，则实际供给流量应为

$$q = nV + \Delta q \tag{5-4}$$

液压马达的容积效率 η_V 为理论流量和实际流量的比值，即

$$\eta_V = \frac{nV}{q} = \frac{nV}{nV + \Delta q} \tag{5-5}$$

液压马达的输出转速为

$$n = \frac{q}{V}\eta_V \tag{5-6}$$

2. 液压马达的转矩和机械效率

若不考虑机械损失，液压马达的理论输出转矩 T_t 与液压泵理论输入转矩计算公式相同，即

$$T_t = \frac{pV}{2\pi} \tag{5-7}$$

实际上液压马达存在机械损失，设机械损失转矩为 ΔT，则液压马达的实际输出转矩

$$T = T_t - \Delta T \tag{5-8}$$

液压马达的机械效率为实际输出转矩与理论输出转矩的比值，即

$$\eta_m = \frac{T}{T_t} = 1 - \frac{\Delta T}{T_t} \tag{5-9}$$

液压马达的输出转矩为

$$T = T_t \eta_m = \frac{pV}{2\pi}\eta_m \tag{5-10}$$

3. 液压马达的功率和总效率

液压马达的输入功率为

$$P_i = pq \tag{5-11}$$

液压马达的输出功率为

$$P_o = 2\pi nT \tag{5-12}$$

液压马达的总效率为

$$\eta = \frac{P_o}{P_i} = \frac{2\pi nT}{p\frac{nV}{\eta_V}} = \frac{T}{\frac{pV}{2\pi}}\eta_V = \eta_m \eta_V \tag{5-13}$$

由式（5-13）可知，液压马达的总效率也等于液压马达的容积效率和机械效率的乘积。

任务 2　认识液压缸

【提示】液压缸（俗称油缸）是将液压能转变成机械能的、做直线往复运动（或摆动）的液压执行元件，其结构简单、工作可靠，用它来实现往复运动时，可免去减速装置，运动平稳，因此应用非常广泛。

液压缸按运动形式的不同可分为直线往复运动式液压缸和摆动式液压缸，按其作用方式的不同分为单作用液压缸和双作用液压缸，按结构来分有活塞式液压缸、柱塞式液压缸和摆动式液压缸。

在压力油作用下只能做单方向运动的液压缸称为单作用液压缸（单作用液压缸的回程须借助于运动件的自重或其他外力的作用实现），往两个方向的运动都由压力油作用实现的液压缸称为双作用液压缸。活塞式液压缸和柱塞式液压缸用以实现直线运动，输出推力和速度；摆动式液压缸用以实现小于360°的转动，输出转矩和角速度。

常用液压缸的图形符号见表 5-1。

表 5-1　常用液压缸的图形符号

单作用缸			双作用缸		
单活塞杆缸	单活塞杆缸（带弹簧）	伸缩缸	单活塞杆缸	双活塞杆缸	伸缩缸

一、活塞式液压缸

活塞式液压缸可分为双活塞杆液压缸和单杆液压缸，按其安装方式的不同又可分为缸体固定式（缸固式）和活塞杆固定式（杆固式）两种。

1. 双活塞杆液压缸

图 5-5 所示为常见的双作用式实心双活塞杆液压缸（缸固式）的结构。液压缸由缸体、两个缸盖、活塞、两实心活塞杆和密封圈等组成。缸体固定不动，两活塞杆都伸出缸外并与运动构件（如工作台）相连。端盖与缸体间用纸垫密封，活塞杆与端盖间用密封圈密封，活塞与缸体之间则采用环形槽间隙密封。两进、出油口 a 和 b 设置在两缸盖上。

当压力油从进出油口交替输入液压缸的左右油腔时，压力油推动活塞运动，并通过活塞杆带动工作台做往复直线运动。

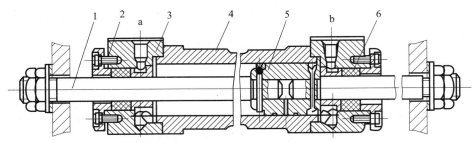

图 5-5　双作用式实心双活塞杆液压缸的结构
1—活塞杆；2—压盖；3—缸盖；4—缸体；5—活塞；6—密封圈

双活塞杆液压缸也可制成活塞杆固定不动、缸体与工作台相连的结构形式（杆固式）。这种液压缸的组成与实心双活塞杆液压缸相类似，只是为了向液压缸左右油腔交替输送压力油，将进、出油口设置在活塞杆上，因而活塞杆制成空心的。图 5-6 所示为其工作原理图。

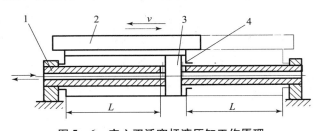

图 5-6　空心双活塞杆液压缸工作原理
1—活塞杆；2—工作台；3—活塞；4—缸体

双活塞杆液压缸具有以下特点：

（1）根据不同的要求，两活塞杆的直径可以相等，也可以不相等。两直径相等时，由于活塞两端的有效作用面积相同，因此，在供油压力 p 和流量 q 相同的情况下，往复运动的速度相等、推力相等。

（2）固定缸体时（实心双活塞杆液压缸），工作台的往复运动范围约为有效行程 L 的 3 倍（见图 5-7）；固定活塞杆时（空心双活塞杆液压缸），工作台往复运动的范围约为有效行程 L 的 2 倍（见图 5-6）。

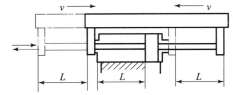

图 5-7　实心双活塞液压缸运动范围

（3）活塞与缸体之间采用间隙密封，结构简单，摩擦阻力小，但内泄漏较大，仅适用于工作台运动速度较高的场合。

双活塞杆液压缸常用于工作台往返运动速度相同（两活塞杆直径相等）、推力不大的场合。缸体固定的液压缸，因运动范围大，占地面积较大，故一般用于小型机床或液压设备；活塞杆固定的液压缸则因运动范围不大，占地面积较小，故常用于中型或大型机床或液压设备。

2. 单活塞杆液压缸

图 5-8 所示为一种简易的双作用式单活塞杆液压缸结构。其主要由缸体、带杆活塞和

端盖组成。进、出油口设置在两端盖上，缸体固定不动。端盖与缸体间用垫圈密封，活塞杆与端盖间用 Y 形密封圈密封，活塞与缸体之间用 O 形密封圈密封。

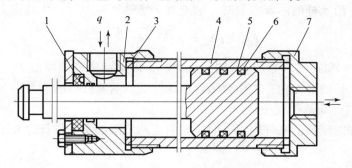

图 5-8　双作用式单活塞杆液压缸结构

1—Y 形密封圈密封；2，7—端盖；3—垫圈；4—缸体；5—活塞；6—O 形密封圈密封

压力油从进、出油口交替输入液压缸的左、右油腔时，推动活塞并通过活塞杆带动工作台实现往复直线运动。由于液压缸仅一端有活塞杆，所以活塞两端有效作用面积不等。

这种液压缸可以采用缸体固定、活塞杆运动形式，也可以是活塞杆固定、缸体运动形式。

单活塞杆液压缸与双活塞杆液压缸相比，具有以下特点：

（1）工作台往复运动速度不相等。

图 5-9 所示为双作用式单活塞杆液压缸工作原理。A_1 为活塞左侧有效作用面积，A_2 为活塞右侧有效作用面积。由液压泵输入油缸的油液流量为 q、压力为 p。当压力油输入油缸左腔时，工作台向右的运动速度为

$$v_1 = \frac{q}{A_1} = \frac{4q}{\pi D^2} \tag{5-14}$$

当压力油输入油缸右腔时，工作台向左的运动速度为

$$v_2 = \frac{q}{A_2} = \frac{4q}{\pi(D^2 - d^2)} \tag{5-15}$$

由于 $A_1 > A_2$，可见 $v_2 > v_1$。如果 $A_1 = 2A_2$，则 $v_2 = 2v_1$。

单活塞杆液压缸工作时，工作台往复运动速度不相等这一特点常被用于实现机床的工作进给及快速退回。

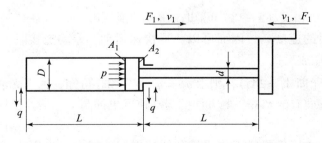

图 5-9　双作用式单活塞杆液压缸工作原理

（2）活塞两个方向的作用力不相等。

压力油输入无活塞杆的油缸左腔时，油液对活塞的作用力（产生的推力）为

$$F_1 = pA_1 = p\frac{\pi D^2}{4} \qquad (5-16)$$

压力油输入有活塞杆的油缸右腔时，油液对活塞的作用力（产生的推力）为

$$F_2 = pA_2 = p\frac{\pi(D^2 - d^2)}{4} \qquad (5-17)$$

由式（5-16）和式（5-17）可知，$F_1 > F_2$，即单活塞杆液压缸工作中，工作台做慢速运动时，活塞获得的推力大；工作台做快速运动时，活塞获得的推力小。

（3）液压缸的运动范围较小。

无论是缸体固定还是活塞杆固定，液压缸的运动范围都是工作行程 L 的 2 倍。

3. 差动液压缸

如图 5-10 所示，改变管路连接方法，使单活塞杆液压缸左、右两油腔同时输入压力油。由于活塞两侧的有效作用面积 A_1、A_2 不相等，因此作用于活塞两侧的推力不等，存在推力差。在此推力差的作用下，活塞向有活塞杆一侧方向运动，而有活塞杆一侧油腔排出的油液不流回油箱，而是同液压泵输出的油液一起进入无活塞杆一侧油腔，使活塞向有活塞杆一侧方向运动速度

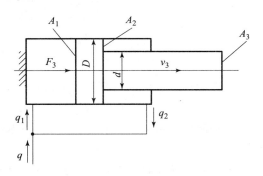

图 5-10 差动液压缸

加快。这种两腔同时输入压力油，利用活塞两侧有效作用面积差进行工作的单活塞杆液压缸称为差动液压缸。

由图 5-10 可知，进入差动液压缸无活塞杆一侧油腔的流量 q_1，除包括液压泵输出流量 q 外，还有来自活塞杆一侧油腔的流量 q_2，即 $q_1 = q + q_2$。设差动液压缸活塞的运动速度为 v_3，作用于活塞上的推力为 F_3，则

$$q = q_1 - q_2 = A_1 v_3 - A_2 v_3 = A_3 v_3 = v_3 \frac{\pi d^2}{4}$$

即

$$v_3 = \frac{4q}{\pi d^2} \qquad (5-18)$$

$$F_3 = pA_3 = p\frac{\pi d^2}{4} \qquad (5-19)$$

比较式（5-14）和式（5-18）可知：在差动液压缸中，活塞（工作台）的运动速度 v_3 大于非差动连接时的速度 v_1，因而可以获得快速运动。差动连接时，活塞运动的速度 v_3 与活塞杆的截面积 A_3 成反比。

如果使 $D = \sqrt{2}d$（即 $A_1 = 2A_3$），则由 $q_2 = q$、$q_1 = 2q_2$ 可知，输入无活塞杆一侧油腔的流量增加 1 倍，使活塞向有活塞杆一侧方向的运动速度也提高了 1 倍。这样，活塞的往返运动速度相同（$v_3 = v_2$）。

单活塞杆液压缸常用于慢速工作进给和快速退回的场合。采用差动连接时可实现快进（v_3）、工进（v_1）、快退（v_2）的工作循环。

二、柱塞式液压缸

活塞式液压缸应用较广，但缸筒内孔精度要求高，行程较长时加工困难，此时宜采用柱塞式液压缸。如图 5-11（a）所示，柱塞式液压缸由缸筒、柱塞、导向套和缸盖等零件组成。柱塞和缸筒内壁不接触，运动时由缸盖上的导向套来导向，因此缸筒内孔无须精加工，且工艺性好、结构简单、成本低，常用于行程很长的龙门刨床、导轨磨床和大型拉床等设备的液压系统中。

柱塞式液压缸是单作用液压缸，它的回程要靠自重力（垂直放置时）或其他外力（如弹簧力）来完成。为了获得双向运动，柱塞式液压缸常成对使用，如图 5-11（c）所示。

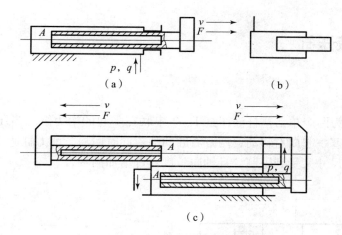

图 5-11 柱塞式液压缸
（a）工作原理；（b）图形符号；（c）成对使用的柱塞式液压缸

三、摆动式液压缸

摆动式液压缸是一种输出转矩并实现往复摆动的液压执行元件，又称摆动式液压马达或回转液压缸，有单叶片式摆动液压缸和双叶片式摆动液压缸两种结构形式，如图 5-12 所示。它由叶片轴、缸体、定子块和回转叶片等组成，定子块固定在缸体上，叶片和叶片轴（转子）连接在一起。当油口 A、B 交替输入压力油时，叶片带动叶片轴做往复摆动，输出转矩和角速度。

摆动式液压缸结构紧凑、输出转矩大，但密封性较差，一般只用于机床和工夹具的夹紧装置、送料装置、转位装置、周期性进给机构等中低压系统以及工程机械中。

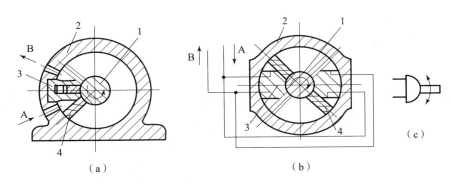

图 5-12 摆动式液压缸
(a) 单叶片式摆动液压缸；(b) 双叶片式摆动液压缸；(c) 图形符号
1—叶片轴；2—缸体；3—定子块；4—回转叶片

四、其他液压缸

1. 增力缸

图 5-13 所示为两个单活塞杆液压缸 1、2 串联在一起的增力缸。当压力油进入两缸左腔时，推动串联活塞一起向右移动，两缸右腔的油液同时回油。增力缸适用于液压推力要求很大，而径向安装尺寸又受到限制，且轴向长度允许增加的场合。

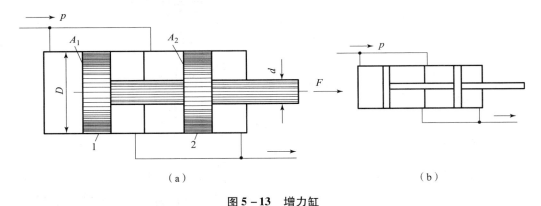

图 5-13 增力缸
(a) 工作原理；(b) 图形符号
1，2—单活塞杆液压缸

2. 增压缸

增压缸又称增压器，它能将输入的低压液体转换为高压或超高压液体输出，供液压系统中的高压支路使用。它有单作用和双作用两种结构形式。图 5-14 所示为单作用增压缸的工作原理。它由大缸 1、小缸 3 和连成一体的大小活塞 2 组成。大缸为低压缸，小缸为高压缸，在工作行程时，低压液体由 A 口进入大缸推动增压缸的大活塞，大活塞带动与其连成一体的小活塞向右运动，C 口回油，使小缸中预先充满的待增压液体增压后，经 B 口输出流入高压支路；在返回行程时，低压液体由 C 口进入、A 口回油，活塞向左运动，使待增压液体经单向阀 4 吸入高压腔，以备再次输出。

单作用增压缸结构简单，但只能在活塞一次行程中连续地输出高压液体。

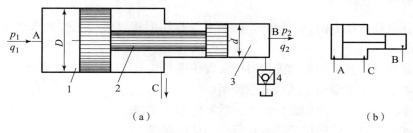

图 5-14　单作用增压缸

(a) 工作原理；(b) 图形符号

1—大缸；2—大小活塞；3—小缸；4—单向阀

3. 齿轮液压缸

齿轮液压缸，又称无杆活塞缸，由带有齿条杆的双活塞缸 1 和齿轮齿条机构 2 组成，如图 5-15 所示。活塞的往复移动经齿轮齿条机构变为齿轮轴的转动。其多用于机械手、磨床的进给机构、回转工作台的转位机构和回转夹具。

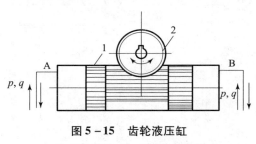

图 5-15　齿轮液压缸

1—双活塞缸；2—齿轮齿条机构

思考与练习

一、填空题

1. 液压马达和液压缸的功用是将液压泵提供的液体压力能转变为_____，驱动工作机构做功。

2. 液压马达按其结构形式分为齿轮式液压马达、_____和柱塞式液压马达。

3. 液压马达的主要性能参数有转速 n、_____和效率 η。

4. 液压缸按运动形式的不同可分为直线往复运动式液压缸和_____，按其作用方式的不同分为_____和双作用液压缸，按结构来分有活塞式液压缸、柱塞式液压缸和_____。

5. 两腔同时输入压力油，利用活塞两侧有效作用面积差进行工作的_____液压缸称为差动液压缸。

二、判断题

1. 两腔同时输入压力油，利用活塞两侧有效作用面积差进行工作的单活塞杆液压缸称为差动液压缸。（　　）
2. 单活塞杆液压缸采用差动连接时可实现快进与快退速度相等的工作循环。（　　）
3. 所有的液压泵都能当作液压马达使用。（　　）
4. 作用于液压缸活塞上的推力越大，活塞运动速度越快。（　　）
5. 柱塞式液压缸主要适用于短行程设备的液压系统。（　　）

三、填写下列液压元件图形符号的名称

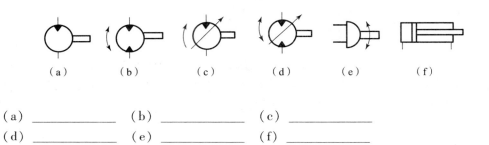

(a)　　　(b)　　　(c)　　　(d)　　　(e)　　　(f)

(a) _____　(b) _____　(c) _____
(d) _____　(e) _____　(f) _____

项目6　液压马达与液压缸的拆装

📖 项目导读

本项目通过齿轮式液压马达及双作用单活塞杆式液压缸的拆装训练达到以下目标。

📖 项目目标

(1) 知道典型液压马达、液压缸的结构原理。
(2) 认识典型液压马达、液压缸主要零部件的结构及功用。

📖 能力目标

通过对齿轮式液压马达及双作用单活塞杆式液压缸的拆装训练，不仅能增加对液压马达和液压缸结构、工作原理、主要零部件形状的感性认识，更能增强动手操作能力。

任务1　齿轮式液压马达的拆装

一、结构

图6-1所示为某典型齿轮式液压马达的外观图和立体分解图。该齿轮式液压马达为外啮合齿轮马达，其主要由壳体、从动齿轮轴、输出齿轮轴、薄壁轴承和定位销等组成。

二、拆装步骤

齿轮式液压马达的结构如图6-1所示，现以这种齿轮式液压马达为例说明液压马达的拆装步骤和方法。

液压马达的拆装步骤和方法：
(1) 准备好内六角扳手1套、耐油橡胶板1块、油盘1个及钳工工具一套。
(2) 卸下4个螺钉10。
(3) 卸下壳体1。
(4) 卸下键4、卡簧9、垫圈7和8及轴封6。

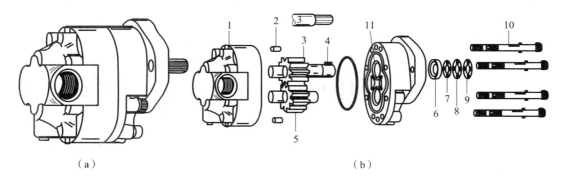

图 6-1 齿轮式液压马达的外观图和立体分解图
（a）外观图；（b）立体分解图
1—壳体；2—定位销；3—输出齿轮轴；4—键；5—从动齿轮轴；6—轴封；
7，8—垫圈；9—卡簧；10—螺钉；11—薄壁轴承

(5) 卸下定位销 2。

(6) 卸下输出齿轮轴 3 和从动齿轮轴 5。

(7) 观察主要零件的作用和结构。

(8) 按拆卸的相反顺序装配液压马达。装配前清洗各零部件，在轴与端盖之间、齿轮与壳体之间的配合表面涂润滑液，并注意各处密封的装配。

三、拆装注意事项

(1) 拆卸过程中注意观察液压马达壳体与齿轮轴的相互连接关系，卡键的位置及其与周围零件的装配关系，齿轮轴的密封部位、密封原理、结构的形式和工作原理。

(2) 拆卸下来的全部零件同样必须用煤油或柴油清洗。注意检查密封元件、弹簧卡圈等是否损坏，必要时应予以更换。

(3) 装配时要注意调整密封圈的压紧装置，使之松紧合适，保证齿轮轴能用手来回转动，而且在使用时不能有过多泄漏（允许有微量的泄漏）。

(4) 在拆装壳体时应注意密封圈是否因过度磨损、老化而失去弹性，唇边有无损伤；检查齿轮轴零件表面有无拉痕或单边过大磨损并予以修整。

任务 2　双作用单活塞杆式液压缸的拆装

一、结构

图 6-2 所示为某典型液压缸的外观图和立体分解图，其结构主要由缸体、活塞、活塞杆、双头螺杆、缸盖、导向装置及缓冲装置等组成。

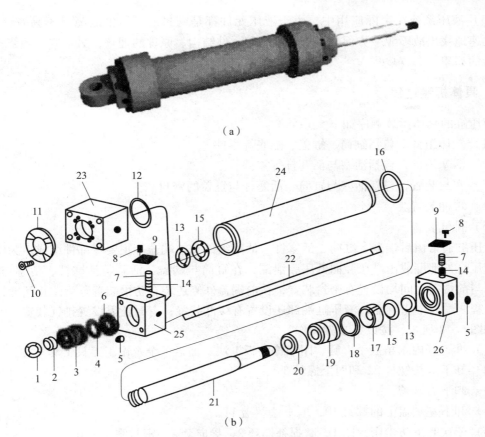

图 6-2 液压缸外观图和立体分解图
(a) 外观图；(b) 立体分解图

1—防尘密封圈；2—磨损补偿环；3—导向套；4,6,12,14,16—密封圈；5—螺母；7—缓冲节流阀；
8,10—螺钉；9—支承板；11—法兰盖；13—减振垫；15—卡簧；17—活塞补偿环；18—活塞密封；19—活塞；
20—缓冲套；21—活塞杆；22—双头螺杆；23,25—左缸盖；24—缸体；26—右缸盖

二、拆装步骤

1. 液压元件拆装的一般步骤

在拆装液压元件的过程中，要注意遵守安全操作规程，一般按照以下步骤进行拆装：

(1) 拆卸液压元件之前必须分析液压元件的产品铭牌，了解所选取的液压元件的型号和基本参数，查阅产品目录等资料，分析该元件的结构特点，制定出拆卸工艺过程。

(2) 按照制定的拆卸工艺过程，将液压元件解体，分析故障原因。在解体过程中应特别注意关键零件的位置关系并记录拆卸顺序。

(3) 拆卸下来的全部零件必须用煤油或柴油清洗，干燥后用不起毛的布擦拭干净，检查各个零件，进行必要的修复，并更换已损坏的零件。

(4) 按照与拆卸相反的顺序重新组装液压元件。

（5）液压系统在实际应用中，由于液压元件都是密封的，发生故障时不易查找原因，能否迅速地找出故障源一方面取决于对系统和元件结构、原理的理解，另一方面还依赖于实践经验的积累。

2. 具体拆装过程

液压缸的具体拆装顺序如下：
（1）缸体组件，包括缸筒、缸盖、缸底等零件。
（2）活塞组件，包括活塞与活塞杆等零件。
（3）密封装置，包括活塞与缸筒、活塞杆与缸盖的密封。
（4）缓冲装置。
（5）排气装置。

液压缸通常由后端盖、缸筒、活塞杆、活塞组件和前端盖等主要零部件组成。为防止油液向液压缸外泄漏或由高压腔向低压腔泄漏，在缸筒与端盖、活塞与活塞杆、活塞与缸筒、活塞杆与前端盖之间均设置有密封装置，在前端盖外侧还装有防尘装置。为防止活塞快速退回到行程终端时撞击缸盖，液压缸端部还设置有缓冲装置；有时还需设置排气装置。

如图6-2所示，按以下步骤操作：
（1）准备好内六角扳手1套、耐油橡胶板1块、油盘1个及钳工工具1套。
（2）卸下双头螺杆22和两个螺母5。
（3）卸下右端盖。
（4）卸下左端盖上的螺钉10，取下法兰盖11。
（5）依次卸下防尘密封圈1、磨损补偿环2、导向套3、密封圈4和6。
（6）卸下左端盖。
（7）卸下左、右端盖上的螺钉8，取下支承板9、缓冲节流阀7、密封圈14。
（8）卸下密封圈12、减振垫13。
（9）卸下活塞和活塞杆组件。
（10）卸下卡簧15，取下活塞补偿环17、活塞密封18、活塞19、缓冲套20和密封圈16。
（11）观察液压缸主要零件的作用和结构。
①观察所拆卸液压缸的类型和安装形式。
②观察活塞与活塞杆的连接形式。
③观察缸盖与缸体的连接形式。
④观察液压缸中所用密封圈的位置和形式。
（12）按拆卸时的反向顺序进行装配。

三、拆装注意事项

（1）拆卸过程中注意观察导向套、活塞、缸体的相互连接关系，卡键的位置及其与周围零件的装配关系，油缸的密封部位、密封原理，以及液压缸缓冲结构的形式和工作原理。

（2）拆卸下来的全部零件同样必须用煤油或柴油清洗。注意检查密封元件、弹簧卡圈等是否损坏，必要时应予以更换。

（3）装配时要注意调整密封圈的压紧装置，使之松紧合适，保证活塞杆能用手来回拉动，而且在使用时不能有过多泄漏（允许有微量的泄漏）。

（4）在拆装液压缸时应注意密封圈是否因过度磨损、老化而失去弹性，唇边有无损伤；检查缸筒、活塞杆、导向套等零件表面有无纵向拉痕或单边过大磨损，并予以修整。

项目 7　认识液压控制阀

项目导读

液压控制阀的功用在于控制工作液体的方向、压力和流量，满足执行元件所需要的启动、停止、运动方向、力或力矩、速度或转速、动作顺序和克服负载等要求，从而使系统按照指定的要求协调地工作。液压控制阀的种类繁多，功能各异，是组成液压系统的重要元件。本项目通过液压控制阀的学习达到以下目标。

项目目标

（1）知道液压控制阀的作用、分类和性能特点。
（2）认识液压控制阀的结构、工作原理及图形符号。

能力目标

（1）能够合理选择液压控制阀的类型。
（2）能够正确地识别和绘制液压控制阀的图形符号。
（3）能够正确地分析液压控制阀的功用。

任务 1　认识液压控制阀的分类、性能要求及特点

一、液压控制阀的分类

1. 按用途分类

液压控制阀根据用途可分为方向控制阀、压力控制阀和流量控制阀三大类。这三类阀还可根据需要组合成组合阀，如单向顺序阀、单向节流阀、电磁溢流阀等，这样使得其结构紧凑、连接简单，并提高了效率。

2. 按操纵方式分类

液压控制阀按操纵方式分有手动控制阀、机动控制阀、电动控制阀、液动控制阀和电液动控制阀等多种。

3. 按控制方式分类

液压控制阀按控制方式可分有定值控制（或开关）阀、比例控制阀、伺服控制阀和电液数字控制阀四大类。

定值控制（或开关）阀借助于手轮、手柄、凸轮、电磁铁、压缩气体、压力液体等来控制流体的通路，定值地控制流体的流动方向、压力和流量，统称为开关阀。

比例控制阀用与输入输出成比例的电信号来控制流体的通路，使其按一定的规律成比例地控制系统中流体的流动方向、压力和流量。

伺服控制阀能将微小的电气信号转换成大的功率输出，以控制系统中流体的流动方向、压力和流量。

电液数字控制阀是用数字信息直接控制的阀，用以控制系统中流体的流动方向、压力和流量。

4. 按结构形式分类

液压控制阀按结构形式分有滑阀（或转阀）、锥阀、球阀、喷嘴挡板阀和射流管阀。

5. 按连接方式分类

液压控制阀按连接方式分有管式连接阀、板式连接阀、法兰连接阀、集成连接阀、叠加式安装连接阀和插装式安装连接阀。

管式连接阀的连接口用螺纹管接头与管道及其他元件连接，其适用于简单系统。

板式连接阀的各油口均布置在同一安装面上，并用螺钉固定在与阀有对应油口的连接板上，再用管接头与管道及其他元件连接；或者，把几个阀用螺钉固定在一个具有连接孔道的集成块的不同侧面上，沟通各阀组成回路。由于拆卸时无须拆卸与之相连的其他元件，故这种安装连接方式应用较广。

法兰连接阀和管式连接阀相似，只是用法兰代替了螺纹管接头，通常用于通径32mm以上的大流量系统，它的强度高，连接可靠。

集成连接阀是把几个阀用螺钉固定在一个集成块的不同侧面上，在集成块上打孔，来沟通各阀的孔道组成回路。由于拆卸阀时不用拆卸与它们相连的其他元件，因此这种安装连接方式应用较广。

叠加式安装连接阀的上下面为连接接合面，各连接口分别在这两个面上，并且同规格阀的连接口连接尺寸相同，每个阀除其自身功能外，还起通道作用。阀相互叠装构成回路，不用管道连接，因此结构紧凑，沿程损失很小。

插装式安装连接阀没有单独的阀体，由阀芯、阀套等组成的单元体插装在插装块的预制孔中，用连接螺纹或盖板固定，并通过插装块内通道把各插装式阀连通组成回路。插装块起到阀体和管路的作用，它是适应系统集成化而发展起来的一种新型安装连接方式。

二、对液压控制阀的性能要求

液压系统中所用的阀，应满足以下要求：
(1) 动作灵敏，工作平稳可靠，冲击、振动和噪声尽可能小。
(2) 油液流经控制阀时的阻力损失要小。
(3) 密封性能好，泄漏量要少。
(4) 结构简单紧凑，体积小。
(5) 保养和维修方便，通用性好，寿命长。

三、液压控制阀的基本共同点

一个形状相同的阀，可以因为应用的不同，而具有不同的功能。压力控制阀和流量控制阀利用通流截面的节流作用控制系统的压力和流量，而方向控制阀则利用流体通路的更换控制流体的流动方向。也就是说，尽管阀存在着各种各样的类型，但它们之间还是保持着一些基本共同之处。

(1) 在结构上，所有的阀都由阀体、阀芯和驱使阀芯动作的元件（如弹簧、电磁铁）组成。

(2) 在工作原理上，所有阀的开口大小，进、出口之间的压差以及流过阀的流量之间的关系都符合孔口流量特性，仅是各种阀控制的参数各不相同而已。

任务 2 认识方向控制阀

【提示】方向控制阀是用于控制液压系统中油路的接通、切断或改变液体流动方向的液压控制阀，主要用以实现对执行元件的启动、停止或运动方向的控制。方向控制阀的工作原理是利用阀芯和阀体之间相对位置的改变来实现油路的接通或断开，以满足系统对油液流动方向的不同要求。

常用方向控制阀按其功能分为单向阀和换向阀两大类。

一、单向阀

单向阀按其功能分为普通单向阀和液控单向阀两种。

1. 普通单向阀

普通单向阀常称为单向阀，它是控制工作液体只能正向流动，不允许反向流动的阀，因此又可称为逆止阀或止回阀。对它的性能要求是正向流通阻力小，而反向关闭严密。

单向阀由阀芯、弹簧、阀体等组成,如图 7-1 所示。当工作液体沿正向流动时,液体压力克服弹簧力和摩擦力将阀芯顶开,然后经阀口流出。当工作液体反向流动时,液体压力和弹簧力将阀芯压紧在阀座上,使阀口截止。

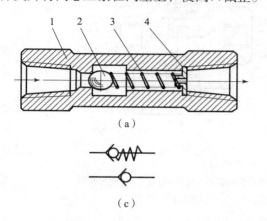
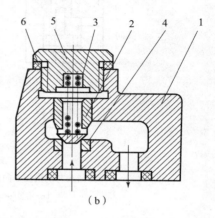

图 7-1 单向阀
(a) 直通式单向阀;(b) 直角式单向阀;(c) 图形符号
1—阀芯;2—阀体;3—弹簧;4—阀座;5—阀盖;6—密封圈

常用的单向阀的阀芯有球形阀芯和锥形阀芯两种。球形阀芯结构简单,但易产生振动和噪声,密封性能不如锥形阀芯,常用于低压小流量系统。锥形阀芯有导向结构,工作比较平稳,密封性好,适于高压大流量系统。

单向阀按阀体的结构形式分为直通式单向阀(见图 7-1(a))和直角式单向阀(见图 7-1(b))两种。直通式单向阀体积较小,结构简单,通常采用管式连接方式,但其流通阻力较大,并且更换弹簧不便。直角式单向阀恰好与其相反,通常采用板式连接,如图 7-1(b)所示的直角式单向阀采用铸造通道以减小压力损失,若阀体为铸铁,则需加装一个钢制阀座。图 7-1(c)所示为单向阀的图形符号。

单向阀的弹簧仅用来克服阀芯移动时的惯性力和摩擦力,使其阀芯可靠地复位关闭,通常刚度较小,其开启压力一般为 0.035~0.05MPa,通过额定流量时,压力损失不应超过 0.1~0.3MPa。如将单向阀换上刚度较大的弹簧则成为背压阀,作用是使系统回液保持一定压力,其弹簧刚度根据背压大小而定,一般为 0.2~0.6MPa。

2. 液控单向阀

液控单向阀是经过液控可反向通液的单向阀。其结构和工作原理如图 7-2 所示。它是由一个直角式单向阀和液控活塞组成的,如图 7-2(a)所示。当工作液体沿正向流动时,其工作原理与单向阀相同;当需要反向流动时,可从控制口 X 通入压力液体,推动控制活塞上移顶开阀芯,解除单向阀的反向截止作用。

液控单向阀有不带卸荷阀芯的液控单向阀(见图 7-2(a))和带卸荷阀芯的液控单向阀(见图 7-2(b))两种。

带卸荷阀芯的液控单向阀又称双级卸载液控单向阀,多用于高压密封工作腔的卸荷回液场合。如果采用不带卸荷阀芯的液控单向阀,当控制活塞推开单向阀阀芯时,高压密封腔液

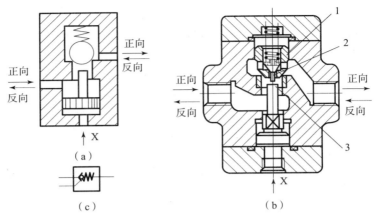

图 7-2 液控单向阀

(a) 不带卸荷阀芯的液控单向阀；(b) 带卸荷阀芯的液控单向阀；(c) 图形符号
1—锥阀；2—卸荷阀芯；3—控制活塞推杆

体所储存的压力突然释放，会产生很大的液压冲击，并伴随很响的释压声。采用带卸荷阀芯的液控单向阀，当控制活塞动作时，先推开卸荷阀芯，使高压密封腔部分先泄液释压，接着再推开单向阀阀芯，使高压密封腔完全卸载回液，形成两级卸载过程，可使冲击和噪声大为减小。此结构还可以减小控制活塞的面积，缩小阀垫的结构尺寸。

3. 双向液压锁

双向液压锁实际上是由两个液控单向阀组合而成的。它主要用于要求双向运动并能双向锁紧的执行机构中，利用单向阀的反向截止作用来实现两管路的封闭，保证执行机构在双向负载作用下都能停留在所需位置不动。

双向液压锁工作原理如图 7-3 所示。当 P_1 口通入压力液体时，直接推开左单向阀阀芯从 P_2 口流至执行机构；同时压力液体向右推动控制活塞顶开右单向阀阀芯，解除其截止作用，使通路口 P_4 和 P_3 连通，执行机构回液。由此可见，当一个油口正向流动（P_1 连通 P_2）时，另一个油口反向导通（P_4 连通 P_3），反之亦然。当 P_1、P_3 口没有压力油时，左、右单向阀阀芯均在弹簧作用下关闭，通路口 P_2、P_4 被封闭，执行机构停留在所需位置。

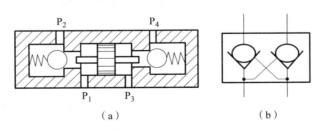

图 7-3 双向液压锁工作原理

(a) 结构原理；(b) 图形符号

二、换向阀

换向阀通过改变阀芯和阀体间的相对位置，接通或关闭油路，从而改变液压系统中工作液体的流动方向。

换向阀按其结构形式可分为滑阀式换向阀、座阀式换向阀（锥阀式换向阀、球阀式换向阀等）和转阀式换向阀三种。座阀式换向阀泄漏少；滑阀式换向阀由于在阀芯和阀体之间有配合间隙，泄漏是不可避免的；转阀式换向阀与滑阀式换向阀类似，其主要区别为阀芯和阀体之间的动作是移动还是转动。

滑阀式换向阀阀芯在阀体内做往复滑动，称为滑阀。

滑阀是一个有多段环形槽的圆柱体，其直径大的部分称为台肩，台肩与阀体内孔相配合。阀体内孔中加工有若干段环形槽，阀体上有若干个与外部相通的通路口，并与相应的环形槽相通，如图 7-4 所示。

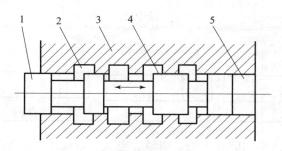

图 7-4 滑阀结构

1—阀芯；2—环形槽；3—阀体；4—台肩；5—内孔

滑阀有许多优点，如结构简单、压力均衡、操纵力小和控制功能强等，故应用非常广泛，特作重点介绍。

1. 换向阀的工作原理

图 7-5 所示为滑阀式换向阀的换向工作原理。换向阀有 3 个工作位置（滑阀在中间和左右两端）和 4 个通路口（压力油口 P、回油口 T 和通往执行元件两端的油口 A 和 B）。当滑阀处于中间位置时（见图 7-5（a）），滑阀的两个台肩将 A、B 油口封死，并隔断进油口 P 和回油口 T，换向阀阻止向执行元件供压力油，执行元件不工作；当滑阀处于右位时（见图 7-5（b）），压力油从 P 口进入阀体，经 A 口通向执行元件，而从执行元件流回的油液经 B 口进入阀体，并由回油口 T 流回油箱，执行元件在压力油的作用下向某一规定方向运动；当滑阀处于左位时（见图 7-5（c）），压力油经 P、B 口通向执行元件，回油则经 A、T 口流回油箱，执行元件在压力油的作用下反向运动。控制时滑阀在阀体内做轴向移动，通过改变各油口间的连接关系，实现油液流动方向的改变，这就是滑阀式换向阀的工作原理。

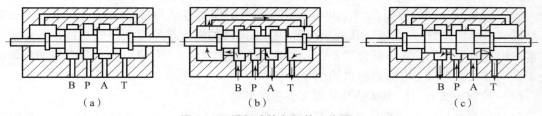

图 7-5 滑阀式换向阀的工作原理

(a) 滑阀处于中位；(b) 滑阀处于右位；(c) 滑阀处于左位

换向阀滑阀的工作位置数称为"位",与液压系统中油路相连通的油口数称为"通"。

常用的换向阀种类有:二位二通、二位三通、二位四通、二位五通、三位三通、三位四通、三位五通和三位六通等。常用换向阀的图形符号见表7-1。

表7-1 常用换向阀的图形符号

二位二通	二位三通	二位四通	二位五通
常闭　常开	带中间过渡位置		

三位三通	三位四通	三位五通	三位六通

控制滑阀移动的方法常用的有人力、机械、电气、直接压力和先导控制等。常用控制滑阀移动的方法的图形符号示例见表7-2。

表7-2 常用控制滑阀移动的方法的图形符号示例

人力控制	机械控制	电气控制	直接压力控制	先导控制
一般符号	弹簧控制	单作用电磁铁	加压或卸压控制	液压先导控制

一个换向阀的完整图形符号应具有表明工作位置数、油口数及在各工作位置上油口的连通关系、控制方法以及复位、定位方法的符号。

2. 换向阀图形符号的规定和含义

(1) 用方框表示阀的工作位置数,有几个方框就是几位阀。

(2) 在一个方框内,箭头"↑"或堵塞符号"⊤"或"⊥"与方框相交的点数就是通路数,有几个交点就是几通阀。箭头"↑"表示阀芯处在这一位置时两油口相通,但不一定表示油液的实际流向,"⊤"或"⊥"表示此油口被阀芯封闭(堵塞)不通流。

(3) 三位阀中间的方框及两位阀画有复位弹簧的那个方框为常态位置(即未施加控制信号以前的原始位置)。在液压系统原理图中,换向阀的图形符号与油路的连接,一般应画在常态位置上。工作位置应符合"左位"画在常态位的左面、"右位"画在常态位的右面的规定。同时在常态位上应标出油口的代号。

(4) 控制方式和复位弹簧的符号画在方框的两侧。

(5) 各种油口的表示符号及含义是:A-工作油油口、B-工作油油口、P-泵供油口、T-工作油回油口、X-先导控制油油口、Y-先导式泄油油口。

三、三位四通换向阀的中位滑阀机能

三位换向阀的滑阀在阀体中有左、中、右三个工作位置。左、右工作位置是使执行元件获得不同的运动方向；中间位置则可利用不同形状及尺寸的阀芯结构，得到多种不同的油口连接方式，除使执行元件停止运动外，还具有其他一些功能。三位阀在中间位置时油口的连接关系称为滑阀机能。三位四通换向阀中位滑阀机能的图形符号如图7-6所示，其中常用几种滑阀机能的特点见表7-3。

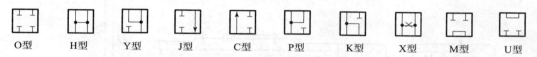

图7-6 三位四通换向阀中位滑阀机能的图形符号

表7-3 常用三位四通换向阀的滑阀机能特点

型式	中位符号	性能特点
O	![O型]	各阀口全部关闭，P口保持压力
H	![H型]	各接口全部接通，泵卸荷
Y	![Y型]	A、B、T连通，P口保持压力
P	![P型]	A、B、P连通，T封闭，可实现液压泵的差动连接
M	![M型]	A、B封闭，P、T连通，泵卸荷
U	![U型]	A、B连通，执行机构浮动，P、T封闭，P口保持压力

四、换向阀的典型结构

1. 手动换向阀

手动换向阀是指用手操纵杠杆推动滑阀阀芯相对阀体移动，改变工作位置，从而改变油路的通断。按换向定位方式的不同，手动换向阀有钢球定位式手动换向阀和弹簧复位式手动换向阀两种，如图7-7所示。当操纵手柄的外力取消后，前者因钢球卡在定位沟槽中，可保持阀芯处于换向位置，后者则在弹簧力作用下使阀芯自动回复到初始位置。手动换向阀的结构简单，动作可靠，有的还可人为地控制阀口的大小，从而控制执行元件的速度。使用中须注意定位装置或弹簧腔的泄漏油需单独用油管接入油箱，否则漏油积聚会产生阻力，以至于不能换向，甚至造成事故。

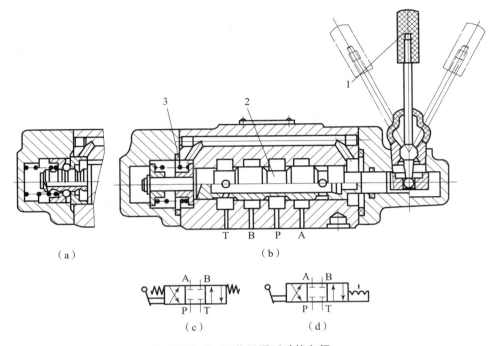

图 7-7 三位四通手动换向阀

(a) 钢球定位式结构；(b) 弹簧复位式结构；(c) 弹簧复位式图形符号；(d) 钢球定位式图形符号

1—操纵杆；2—阀芯；3—弹簧

2. 机动换向阀

机动换向阀又称行程换向阀，是用机械控制方法改变阀芯工作位置的换向阀，常用的有二位二通（常闭和常通）、二位三通、二位四通和二位五通等多种。图 7-8 所示为二位二通常闭式行程换向阀的结构原理及图形符号。阀芯的移动通过挡铁（或凸轮）推压阀杆 2 顶部的滚轮 1，使阀杆推动阀芯 3 下移实现。挡铁移开时，阀芯靠其底部的弹簧 4 复位。

3. 电磁换向阀

电磁换向阀简称电磁阀，是用电气控制方法改变阀芯工作位置的换向阀。

图 7-9 所示为二位三通电磁换向阀的结构

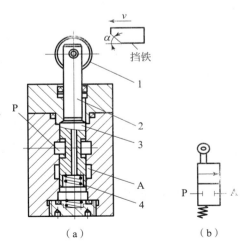

图 7-8 二位二通行程换向阀的
结构原理及图形符号

(a) 结构原理；(b) 图形符号

1—滚轮；2—阀杆；3—阀芯；4—弹簧

原理及图形符号。当电磁铁通电时,衔铁通过推杆1将阀芯2推向右端,进油口P与油口B接通,油口A被关闭。当电磁铁断电时,弹簧3将阀芯推向左端,油口B被关闭,进油口P与油口A接通。

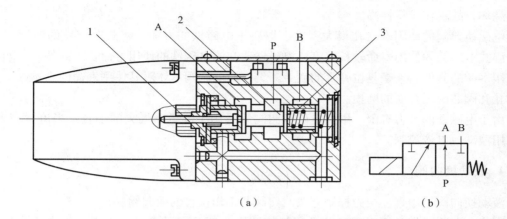

图7-9 二位三通电磁换向阀的结构原理及图形符号
(a)结构原理;(b)图形符号
1—推杆;2—阀芯;3—弹簧

图7-10所示为三位四通电磁换向阀的结构原理图及图形符号。

当右侧的电磁线圈4通电时,吸合衔铁5将阀芯2推向左位,这时进油口P和油口B接通,油口A与回油口T相通;当左侧的电磁铁通电时(右侧电磁铁断电),阀芯被推向右位,这时进油口P和油口A接通,油口B经阀体内部管路与回油口T相通,实现执行元件的换向;当两侧电磁铁都不通电时,阀芯在两侧弹簧3的作用下处于中间位置,这时4个油口均不相通。

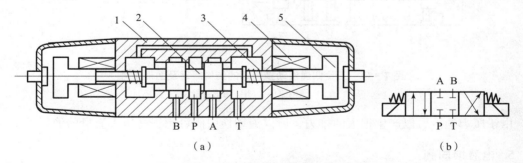

图7-10 三位四通电磁换向阀的结构原理及图形符号
(a)结构原理;(b)图形符号
1—阀体;2—阀芯;3—弹簧;4—电磁线圈;5—衔铁

电磁换向阀的电磁铁可用按钮开关、行程开关、压力继电器等电气元件控制,无论位置远近,控制均很方便,且易于实现动作转换的自动化,因而得到广泛的应用。电磁铁按所接电源的不同,分交流和直流两种基本类型。根据电磁铁的衔铁是否浸在油里,电磁铁又分为干式和湿式两种。干式电磁铁不允许油液进入电磁铁内部,因而在推杆处要有可靠地密封,密封处摩擦阻力大,影响了换向可靠性。交流电磁阀使用方便,启动力大,但换向时间短

（为 0.13~0.15s），换向冲击大，噪声大，换向频率低，而且当阀芯被卡住或由于电压低等原因吸合不上时，线圈易烧坏。直流电磁阀需直流电源或整流装置，但换向时间长（为 0.1~0.3s），换向冲击小，换向频率允许较高，而且有恒电流特性，当电磁铁吸合不上时，线圈不会烧坏，故工作可靠性高。

电磁换向阀的使用寿命在很大程度上取决于电磁铁的寿命。干式电磁铁的使用寿命较短，湿式电磁铁的使用寿命较长；直流电磁铁比交流电磁铁的使用寿命长。此外，影响电磁阀使用寿命的其他因素是复位弹簧的疲劳断裂，而电磁阀本体对其使用寿命的影响则主要是阀体孔和阀芯两配合面的磨损。

由于电磁铁的吸力有限，因此电磁换向阀只适用于流量不太大的场合。当流量较大时，应采用液动或电液控制。

4. 液动换向阀

液动换向阀是用直接压力控制方法改变阀芯工作位置的换向阀。

图 7-11 所示为三位四通液动换向阀的结构原理及图形符号。它是靠压力油液推动阀芯，从而改变工作位置实现换向的。当控制油路的压力油从阀右边控制油口 X_2 进入右控制油腔时，推动阀芯左移，使进油口 P 与油口 B 接通，油口 A 与回油口 T 接通；当压力油从阀左边控制油口 X_1 进入左控制油腔时，推动阀芯右移，使进油口 P 与油口 A 接通，油口 B 与回油口 T 接通，实现换向；当两控制油口 X_1 和 X_2 均不通控制压力油时，阀芯在两端弹簧的作用下居中，恢复到中间位置。

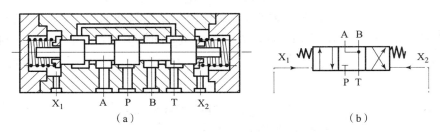

图 7-11 三位四通液动换向阀的结构原理及图形符号
（a）结构原理；（b）图形符号

由于压力油液可以产生很大的推力，所以液动换向阀可用于高压大流量的液压系统中。

5. 电液换向阀

在大中型液压设备中，当通过阀的流量较大时，作用在滑阀上的摩擦力和液动力较大，此时电磁换向阀的电磁铁推力相对太小，需要用电液换向阀来代替电磁换向阀。电液换向阀是由电磁滑阀和液动滑阀组合而成的，电磁滑阀起先导作用，它可以改变液流的方向，从而改变液动滑阀阀芯的位置。由于操纵液动滑阀的液压推力可以很大，所以主阀芯的尺寸可以做得很大，允许有较大的油液流量通过。这样用较小的电磁铁就能控制较大的液流。

图 7-12 所示为弹簧对中型三位四通电液换向阀的结构原理及图形符号，当先导电磁阀左边的电磁铁通电后使其阀芯向右边位置移动，来自主阀 P 口或外接油口的控制压力油可经先导电磁阀的 A′口和左单向阀进入主阀左端容积空腔，并推动主阀阀芯向右移动，这时主

阀阀芯右端容积空腔中的控制油液可通过右边的节流阀经先导电磁阀的 B′口和 T′口，再从主阀的 T 口或外接油口流回油箱（主阀阀芯的移动速度可由右边的节流阀调节），使主阀 P 与 A、B 和 T 的油路相通；反之，由先导电磁阀右边的电磁铁通电，可使 P 与 B、A 与 T 的油路相通；当先导电磁阀的两个电磁铁均不带电时，先导电磁阀阀芯在其对中弹簧作用下回到中位，此时来自主阀 P 口或外接油口的控制压力油不再进入主阀芯的左、右两容积空腔，主阀芯左、右两腔的油液通过先导电磁阀中间位置的 A′、B′两油口与先导电磁阀 T′口相通（见图 7-12（b）），再从主阀的 T 口或外接油口流回油箱。主阀阀芯在两端对中弹簧预压力的推动下，依靠阀体定位，准确地回到中位，此时主阀的 P、A、B 和 T 油口均不通。

电液换向阀除了上述的弹簧对中形式以外还有液压对中的，在液压对中的电液换向阀中，先导式电磁阀在中位时，A′、B′两油口均与油口 P 连通，而 T′则封闭，其他方面与弹簧对中的电液换向阀相似。

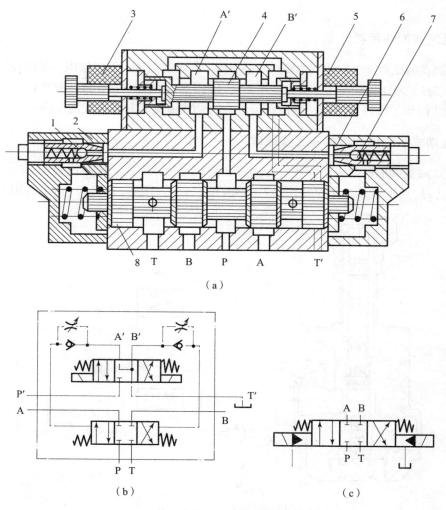

图 7-12　电液换向阀的结构原理及图形符号
(a) 结构原理；(b) 详细图形符号；(c) 简化图形符号
1, 6—节流阀；2, 7—单向阀；3, 5—电磁铁；4—电磁阀阀芯；8—主阀阀芯

任务3 认识压力控制阀

【提示】压力控制阀简称压力阀，其功能是控制液压系统压力或利用压力信号去控制其他元件的动作。按功能可分为溢流阀、减压阀、顺序阀和压力继电器等。压力控制阀的共同之处是利用作用在阀芯上的液压力和弹簧力相平衡实现控制。

一、溢流阀

1. 溢流阀的功用和分类

溢流阀在液压系统中的功用主要有两个方面：一是起溢流和稳压作用，保持液压系统的压力恒定；二是起限压保护作用，防止液压系统过载。溢流阀通常接在液压泵出口处的油路上。根据结构和工作原理不同，溢流阀可分为直动式溢流阀和先导式溢流阀两类。

2. 直动式溢流阀的结构和工作原理

先导式溢流阀的阀芯有锥阀式、球阀式和滑阀式三种形式。先导式溢流阀的结构原理如图7－13（a）所示，其工作原理如图7－13（b）所示。图7－13（a）所示为用于液压系统

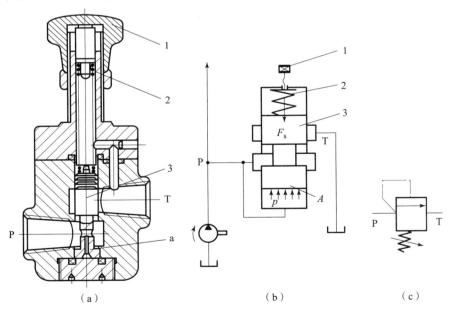

图7－13 直动式溢流阀
（a）结构原理；（b）工作原理；（c）图形符号
1—调节螺母；2—调压弹簧；3—阀芯

中的低压直动式溢流阀，其滑阀式阀芯的下端有径向孔，压力油从 P 口进入，经阀芯下端的径向孔、轴向阻尼孔 a 进入滑阀的底部，形成一个向上的油压作用力。当进口压力较低时，阀芯在弹簧力的作用下被压在图 7-13 所示的最低位置。阀口（即进油口 P 和回油口 T 之间的阀内通道）被阀芯封闭，阀不溢流。当阀的进口压力升高，使作用于阀芯下端的油压作用力足以克服弹簧力时，阀芯向上移动，使 P 口与 T 口相通，阀口打开，将多余的油液排出。这样，被控制的油液压力就不再升高。弹簧对阀芯的作用力可通过调节螺母来调节，即调节溢流阀的入口压力。

这种溢流阀因压力油直接作用于阀芯，故称直动式溢流阀。直动式溢流阀的特点是结构简单，反应灵敏。但在工作时易产生振动和噪声，压力波动大，一般用于小流量、压力较低的场合。因控制较高压力或较大流量时，需要装刚度较大的硬弹簧，不但手动调节困难，而且阀口开度（弹簧压缩量）略有变化，以致引起较大的压力波动，因而不易稳定。系统压力较高时需要采用先导式溢流阀。

3. 先导式溢流阀

先导式溢流阀的结构原理如图 7-14（a）所示，其由先导阀和主阀两部分组成。先导阀实际上是一个小流量的直动式溢流阀，阀芯是锥阀，用来控制压力；主阀芯是滑阀，用来控制溢流流量。其工作原理如图 7-14（c）所示，压力油 p 经进油口 P、通道 a 进入主阀芯 5 底部油腔 A，并经阻尼孔 b 进入上部油腔，再经通道 c 进入先导阀右侧油腔 B，给锥阀 3 以向左的作用力，调压弹簧 2 给锥阀以向右的弹簧力。在稳定状态下，当油液压力 p 较小时，作用于锥阀上的液压作用力小于弹簧力，先导阀关闭。此时，没有油液流过阻尼孔 b，油腔 A、B 的压力相同，在主阀弹簧 4 的作用下，主阀阀芯处于最下端位置，回油口 T 关闭，没有溢油。当油液压力 p 增大，使作用于锥阀上的液压作用力大于调压弹簧 2 的弹簧力时，先导阀开启，油液经通道 e、回油口 T 流回油箱。这时，压力油流经阻尼孔 b 时产生压

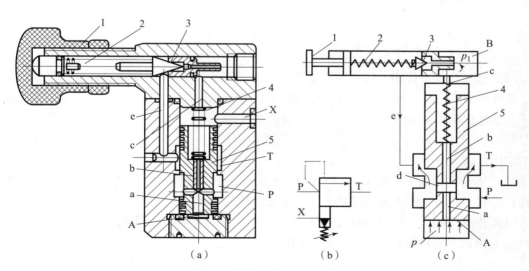

图 7-14 先导式溢流阀
（a）结构原理；（b）图形符号；（c）工作原理
1—调节螺母；2—调压弹簧；3—锥阀；4—主阀弹簧；5—主阀芯

力降，使 B 腔油液压力 p_1 小于油腔 A 中油液压力 p，当此压力差 $(p-p_1)$ 产生的向上作用力超过主阀弹簧 4 的弹簧力并克服主阀芯自重和摩擦力时，主阀芯向上移动，接通进油口 P 和回油口 O，溢流阀溢油，使油液压力 p 不超过设定压力。当压力 p 随溢流而下降，p_1 也随之下降，直到作用于锥阀上的液压作用力小于弹簧 2 的弹簧力时，先导阀关闭，阻尼孔 b 中没有油液流过，$p_1 = p$，主阀芯在主阀弹簧 4 的作用下往下移动，关闭回油口 T，停止溢流。这样，在系统压力超过调定压力时，溢流阀溢油，不超过时则不溢油，起到限压和溢流作用。

先导式溢流阀设有远程控制口 X（见图 7-14（a）），可以实现远程调压（与远程调压阀接通）或卸荷（与油箱接通），不用时封闭。

先导式溢流阀压力稳定、波动小，主要用于中压及高压液压系统中。

4. 溢流阀的应用

（1）起稳压溢流作用，维持液压系统压力恒定，如图 7-15（a）所示。在定量泵进油或回油节流调速系统中，溢流阀和节流阀配合使用，液压缸所需流量由节流阀调节，液压泵输出的多余流量由直动式溢流阀 3 溢回油箱。在系统正常工作时，直动式溢流阀阀口始终处于开启状态溢流，维持液压泵的输出压力恒定不变。

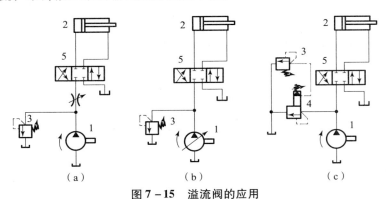

图 7-15 溢流阀的应用

1—液压泵；2—液压缸；3—直动式溢流阀；4—先导式溢流阀；5—换向阀

（2）起安全保护作用，防止液压系统过载，如图 7-15（b）所示。在变量泵液压系统中，系统正常工作时，其工作压力直动式低于溢流阀的开启压力阀口关闭不溢流。当系统工作压力超过直动式溢流阀的开启压力时，直动式溢流阀开启溢流，使系统工作压力不再升高（限压），以保证系统的安全。这种情况直动式溢流阀的开启压力，通常应比液压系统的最大工作压力高 10%~20%。

（3）实现远程调压，如图 7-15（c）所示。装在控制台上的直动式溢流阀 3（远程调压阀）与先导式溢流阀 4 的外控口连接，便能实现远程调压。

（4）作背压阀用，将溢流阀连接在系统的回油路上，在回油路中形成一定的回油阻力（背压），以改善液压执行元件运动的平稳性。

二、减压阀

减压阀是一种利用压力液体流过阀口缝隙产生压降的原理来使出口压力低于进口压力的

压力控制阀。

1. 减压阀的功用和分类

减压阀的作用是降低液压系统中某一分支油路的压力,使之低于液压泵的供油压力,以满足执行机构(如夹紧、定位油路,制动、离合油路,系统控制油路等)的需要,并保持基本恒定。在液压系统中,当一台液压泵同时向几个执行元件供液,而某一个执行元件所需的工作压力低于液压泵的供液压力时,可在该执行元件供液支路上串联一个减压阀,即使用一个压力源配合减压阀能同时提供两个或几个不同压力的输出。

减压阀按结构分为直动式减压阀和先导式减压阀两种,作为国产标准系列产品都为先导式减压阀,直动式减压阀一般与其他阀组合使用。按作用不同,减压阀分为定值减压阀、定差减压阀和定比减压阀。通常所说的减压阀是指定值减压阀,它可以保持出口压力恒定,不受进口压力变化的影响,应用较广;定差减压阀是保持阀的进、出口压力差恒定;定比减压阀是保持阀的进、出口压力之比恒定。

2. 直动式定值减压阀

图 7-16 所示为直动式定值减压阀的结构原理及图形符号。当阀芯处在原始位置上时,它的阀口是打开的,阀的进、出油口相通。这个阀的阀芯是由出口处的压力 p_2 控制的,当出口压力达到调定压力时,阀芯上移,阀口关小,使整个阀处于工作状态。如忽略其他阻力,仅考虑阀芯上的液压力和弹簧力相平衡,则可认为减压阀出口压力基本上维持在某一调定值上。这时如果出口压力减小,则阀芯下移,阀口开大,阀口处阻力减小,压降减小,使减压阀出口压力回升到调定值上。反之,如果减压阀出口压力增大,则阀芯上移,阀口关小,阀口处阻力加大,压降增大,使减压阀出口压力下降到调定值上。调节弹簧预压缩量,可以调节减压阀出口压力 p_2 值的大小,其能使出口压力降低并保持恒定,故称为定值输出减压阀。

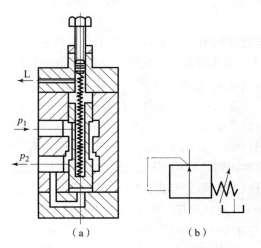

图 7-16 直动式定值减压阀的结构原理及图形符号
(a) 结构原理;(b) 图形符号

3. 先导式定值减压阀

先导式定值减压阀的结构原理如图 7-17（a）所示，其结构与先导式溢流阀的结构相似，也是由先导阀和主阀两部分组成的。其与先导式溢流阀的主要区别是：减压阀的进、出油口位置与溢流阀相反；减压阀的先导阀控制出口油液压力，而溢流阀的先导阀控制进口油液压力。由于减压阀的进、出油口油液均有压力，所以先导阀的泄油不能像溢流阀一样流入回油口，而必须设有单独的泄油口。减压阀主阀芯结构上中间多一个台肩（即三节杆），在正常情况下，减压阀阀口开得很大（常开），而溢流阀阀口则关闭（常闭）。

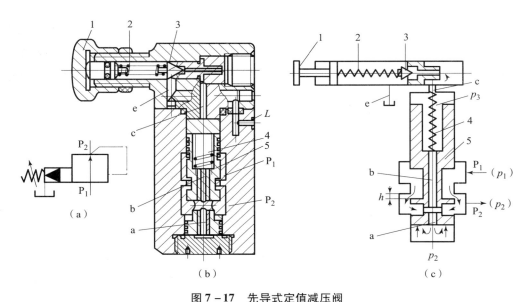

图 7-17 先导式定值减压阀
（a）图形符号；（b）结构原理；（c）工作原理
1—调节螺母；2—调压弹簧；3—锥阀；4—主阀弹簧；5—主阀阀芯

先导式减压阀的工作原理如图 7-17（c）所示，液压系统主油路的高压油液从进油口 P_1 进入减压阀，经减压口（节流缝隙）h 减压后，低压油液从出油口 P_2 输出，经分支油路送往执行机构。同时低压油液 p_2 经通道 a 进入主阀芯 5 下端油腔，又经阻尼孔 b 进入主阀阀芯上端油腔，且经通道 c 进入先导阀锥阀 3 右端油腔，给锥阀一个向左的液压力。该液压力与调压弹簧 2 的弹簧力相平衡，从而控制低压油压力 p_2 基本保持调定压力。当出油口的低压油压力 p_2 低于调定压力时，锥阀关闭，主阀阀芯上端油腔油液压力 $p_3=p_2$，主阀弹簧 4 的弹簧力克服摩擦阻力将主阀阀芯推向下端，减压口 h 增大，减压阀处于不工作状态。当分支油路负载增大时，p_2 升高，p_3 随之升高，在 p_3 超过调定压力时，锥阀打开，少量油液经锥阀口、通道 e，由泄油口 L 流回油箱。由于此时有油液流过阻尼孔 b，故产生压力降，使 $p_3 < p_2$。当此压力差所产生的向上的作用力大于主阀阀芯重力、摩擦力、主阀弹簧的弹簧力之和时，主阀阀芯向上移动，使减压口 h 减小，节流加剧，p_2 随之下降，直到作用在主阀阀芯上诸力相平衡，主阀阀芯便处于新的平衡位置，减压口 h 保持一定的开启量。

4. 定差减压阀

定差减压阀是使进、出油口之间的压力差恒定或近似于不变的减压阀,其结构原理如图 7-18(a)所示。高压油 p_1 经减压口减压后以低压 p_2 流出,同时,低压油经阀芯中心孔将压力传至阀芯上腔,则其进、出油液压力在阀芯有效作用面积上的压力差与弹簧力相平衡。

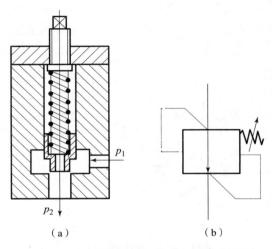

图 7-18 定差减压阀的结构原理及图形符号
(a)结构原理;(b)图形符号

5. 定比减压阀

定比减压阀能使进、出油口压力的比值维持恒定。图 7-19(a)所示为其结构原理,阀芯在平衡时忽略弹簧力(刚度较小)、阀芯的自重和摩擦力,故可得减压比为

$$p_2/p_1 = A_1/A_2$$

由此可见,选定阀芯的作用面积 A_1 和 A_2,便可得到所要求的压力比,且比值近似恒定。

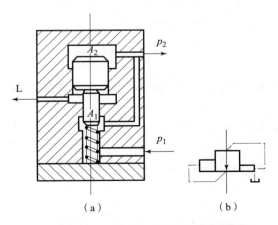

图 7-19 定比减压阀的结构原理及图形符号
(a)结构原理;(b)图形符号

6. 减压阀的应用

定值减压阀的功用是减压和稳压。图 7-20 所示为减压阀用于夹紧油路的原理图。液压泵输出的压力油由溢流阀 2 调定压力，以满足主油路系统的要求。在换向阀 3 处于图示位置时，液压泵 1 经减压阀 4、单向阀 5 供给夹紧液压缸 6 压力油。夹紧工件所需夹紧力的大小，由减压阀 4 来调节。当工件夹紧后，换向阀换位，液压泵向主油路系统供油。单向阀的作用是当液压泵向主油路系统供油时，使夹紧缸的夹紧力不受液压系统中压力波动的影响。

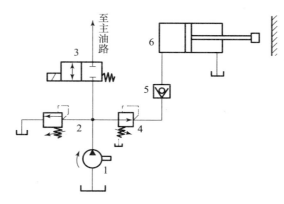

图 7-20　减压阀的应用

1—液压泵；2—溢流阀；3—换向阀；4—减压阀；5—单向阀；6—夹紧液压缸

减压阀还用于将同一油源的液压系统构成不同压力的油路，如控制油路、润滑油路等。为使减压油路正常工作，减压阀最低调定压力应大于 0.5MPa，最高调定压力至少应比主油路系统的供油压力低 0.5MPa。

三、顺序阀

顺序阀是以压力作为控制信号，自动接通或切断某一油路的压力阀。由于它经常被用来控制执行元件动作的先后顺序，故称顺序阀。

1. 分类

顺序阀是控制液压系统各执行元件先后顺序动作的压力控制阀，实质上是一个由压力油液控制其启闭的二通阀。

依控制压力的不同，顺序阀分为内控式顺序阀和外控式顺序阀两种。前者用阀的进口压力控制阀芯的启闭，后者用外来的控制压力油控制阀芯的启闭（即液控顺序阀）。顺序阀也有直动式顺序阀和先导式顺序阀两种，目前直动式顺序阀应用较多。

2. 直动式顺序阀

图 7-21（a）所示为直动式内控顺序阀的结构原理。由于顺序阀的出口处不接油箱，而是通向二次油路，因此它的泄油口 L 必须单独接回油箱。为了减小调压弹簧 3 的刚度，顺序阀底部设置了控制柱塞 1。外控口 X 用螺塞堵住，外泄油口 L 通油箱。

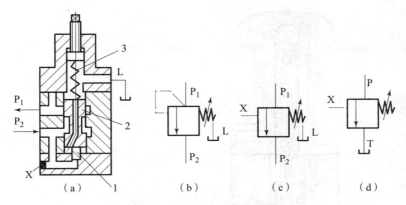

图 7-21　直动式内控顺序阀
(a) 结构原理；(b) 内控式；(c) 外控式；(d) 卸荷阀
1—控制柱塞；2—阀芯；3—调压弹簧

压力油自进油口 P_1 通入，经阀体上的孔道和下盖上的孔流到控制活塞的底部，当其推力能克服阀芯 2 上的调压弹簧 3 的阻力时，阀芯上升，使进、出油口 P_1 和 P_2 连通，压力油便从阀口流过。调节弹簧的预压缩量可以调节顺序阀的开启压力。经阀芯与阀体间的缝隙进入弹簧腔的泄漏油从外泄口 L 泄回油箱，这种油口相连通的顺序阀，称为内控式顺序阀，其图形符号如图 7-21 (b) 所示。内控式顺序阀在进油路压力达到阀的开启压力之前，阀口一直是关闭的，达到阀的开启压力之后，使压力油进入二次油路，驱动其他液压执行元件。

将图 7-21 (a) 中的下盖旋转 90°或 180°安装，切断进油流往控制活塞下腔的通路，并去除外控口 X 的螺塞，接入引自其他处的压力油（称控制油），便成为外控式顺序阀，符号如图 7-21 (c) 所示。这时外控式顺序阀阀口的开启与一次油路进口压力没有关系，只决定于控制压力的大小。

若在结构可能的情况下将上端盖旋转 180°安装，还可使弹簧腔与出油口 P_2 相连（在阀体上开有沟通孔道），并将外泄口 L 堵塞，便成为外控内泄式顺序阀，符号如图 7-21 (d) 所示。外控内泄式顺序阀只用于出口接油箱的场合，常用以使液压泵卸荷，故又称为卸荷阀。

直动式顺序阀的工作压力和通过阀的流量都有一定的限制，最高控制压力也不太高。对性能要求较高的高压大流量系统，需采用先导式顺序阀。

图 7-22 所示为先导式顺序阀的结构原理和图形符号，先导式顺序阀与先导式溢流阀的结构大体相似，其工作原理也基本相同，这里不再详述。

3. 顺序阀与溢流阀的主要区别

将先导式顺序阀和先导式溢流阀进行比较，它们之间有以下不同之处：

(1) 溢流阀的进口压力在通流状态下基本不变。而顺序阀在通流状态下其进口压力由出口压力而定，如果出口压力 p_2 比进口压力 p_1 低较多，p_1 基本不变，当 p_2 增大到一定程度时，p_1 也随之增加，则 $p_1 = p_2 + \Delta p$，Δp 为顺序阀上的损失压力。

(2) 溢流阀为内泄漏，而顺序阀需单独引出泄漏通道，为外泄漏。

(3) 溢流阀的出口必须通油箱，顺序阀出口可接负载。

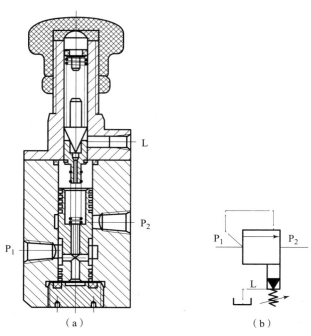

图 7-22 先导式顺序阀的结构原理及图形符号
（a）结构原理；（b）图形符号

4. 顺序阀的应用

1）顺序动作回路

图 7-23 所示为顺序动作回路，要求液压缸 B 后动作，所以在其支路上串联了一个顺序阀。当换向阀处于左位时，液压泵供给的压力液体经换向阀直接进入液压缸 A 的左腔，推动活塞伸出。在活塞停止运动后，回路压力升高，当达到顺序阀调定压力时，顺序阀开启，压力液体方能进入液压缸 B，使活塞伸出。当换向阀处于右位时，压力液体进入两缸右腔，活塞缩回，无顺序动作要求，此时液压缸 B 左腔经单向阀回液。为保证顺序阀动作可靠，顺序阀的调定压力应比先动作的液压缸最大工作压力高 0.5~0.8MPa。

2）卸荷回路

图 7-24 所示为将顺序阀改装成卸荷阀使用的回路，当系统压力达到卸荷阀的调定压力时，阀口开启通流，液压泵卸荷，此时单向阀关闭，蓄能器作为压力源使主回路保压。

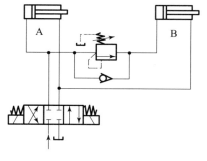

图 7-23 顺序动作回路

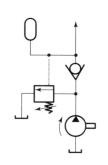

图 7-24 卸荷回路

顺序阀还可以串联在立式液压缸回路上,作平衡阀使回液产生背压,防止立式液压缸在工作部件的自重作用下超速下滑。

四、压力继电器

压力继电器是一种将油液的压力信号转换成电信号的电液控制元件,当油液压力达到压力继电器的调定压力时,即发出电信号,以控制电磁铁、电磁离合器、继电器等元件动作,使油路卸压、换向及执行元件实现顺序动作,或关闭电动机,使系统停止工作,起安全保护作用等。

1. 压力继电器的结构原理

图 7-25 所示为常用柱塞式压力继电器的结构原理和图形符号,当从压力继电器下端进油口 P 通入的油液压力达到调定压力值时,推动柱塞 1 上移,此位移通过杠杆 2 放大后推动开关 4 动作,改变弹簧 3 的压缩量即可以调节压力继电器的动作压力。

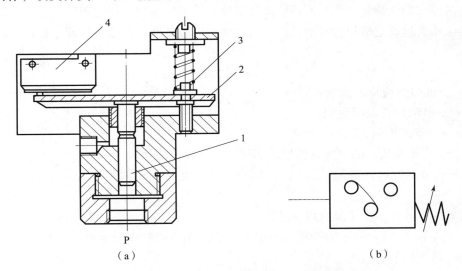

图 7-25 压力继电器的结构原理及图形符号
(a) 结构原理;(b) 图形符号
1—柱塞;2—杠杆;3—弹簧;4—开关

2. 压力继电器的应用举例

图 7-26 所示为采用压力继电器控制液压泵卸荷的回路。当系统压力升高到压力继电器调定值时,它随即动作接通二位二通阀电磁铁线圈控制电路,使阀移至通路位置,液压泵经过二位二通阀卸荷,此时单向阀关闭,蓄能器作为压力源使系统保压。

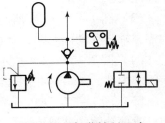

图 7-26 卸荷控制回路

任务4　认识流量控制阀

> 【提示】在液压系统中，控制工作液体流量的阀称为流量控制阀，简称流量阀。常用的流量控制阀有节流阀、调速阀等。其中节流阀是最基本的流量控制阀。流量控制阀通过改变节流口的开口大小来调节通过阀口的流量，从而改变执行元件的运动速度，通常用于定量液压泵液压系统中。

一、流量控制的工作原理

油液流经小孔、狭缝或毛细管时，会产生较大的液阻，通流面积越小，油液受到的液阻越大，通过阀口的流量就越小。所以，改变节流口的通流面积，使液阻发生变化，就可以调节流量的大小，这就是流量控制的工作原理。大量实验证明，节流口的流量特性可以用下式表示，即

$$q = CA(\Delta p)^m \tag{7-1}$$

式中　q——通过节流口的流量；

A——节流口的通流面积；

Δp——节流口前、后的压力差；

C——流量系数，随节流口的形式和油液的黏度而变化；

m——节流口形式参数，一般为 0.5~1，节流路程短时取小值，节流路程长时取大值。

节流口的形式很多，主要有以下几种：

（1）图 7-27（a）所示为针阀式节流口，针阀阀芯做轴向移动时，改变环形通流截面积的大小，从而调节了流量。

（2）图 7-27（b）所示为偏心式节流口，在阀芯上开有一个截面为三角形（或矩形）的偏心槽，当转动阀芯时，就可以调节通流截面积大小，从而调节流量。

针阀式和偏心式节流口的结构简单，制造容易，但节流口容易堵塞，流量不稳定，适用于性能要求不高的场合。

（3）图 7-27（c）所示为轴向三角槽式节流口，在阀芯端部开有一个或两个斜的三角沟槽，轴向移动阀芯时，就可以改变三角槽通流截面积的大小，从而调节流量。

（4）图 7-27（d）所示为周向缝隙式节流口，阀芯上开有狭缝，油液可以通过狭缝流入阀芯内孔，然后由左侧孔流出，转动阀芯就可以改变缝隙的通流截面积。

（5）图 7-27（e）所示为轴向缝隙式节流口，在套筒上开有轴向缝隙，轴向移动阀芯即可改变缝隙的截通流面积大小，以调节流量。

这几种节流口性能较好，尤其是轴向缝隙式节流口，其节流通道厚度可薄到 0.07~0.09mm，可以得到较小的稳定流量。

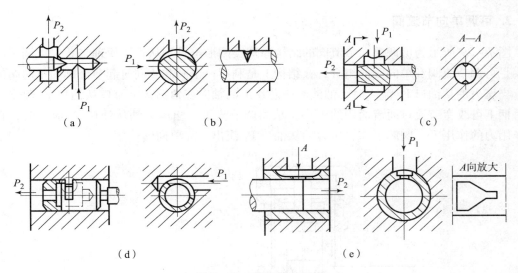

图 7-27 节流口的形式

(a) 针阀式；(b) 偏心式；(c) 轴向三角槽式；(d) 周向缝隙式；(e) 轴向缝隙式

二、节流阀

常用的节流阀的类型有可调节流阀和可调单向节流阀等。

1. 可调节流阀

图 7-28 所示为可调节流阀的结构原理及图形符号。节流口采用轴向三角槽式，压力油从进油口 P_1 流入，经阀芯 3 右端的节流沟槽从出油口 P_2 流出。转动手柄 1，通过推杆 2 使阀芯做轴向移动，可改变节流口通流截面积，实现流量的调节。弹簧 4 的作用是使阀芯向左抵紧在推杆上。这种节流阀结构简单，制造容易，体积小，但负载和温度的变化对流量的稳定性影响较大，因此只适用于负载和温度变化不大或执行机构速度稳定性要求较低的液压系统。

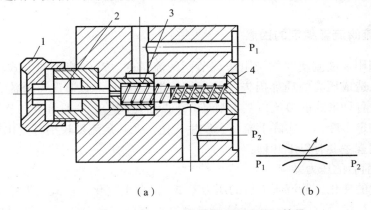

图 7-28 可调节流阀的结构原理及图形符号

(a) 结构原理；(b) 图形符号

1—手柄；2—推杆；3—阀芯；4—弹簧

2. 可调单向节流阀

图 7-29 所示为可调单向节流阀的结构原理及图形符号。从作用原理来看，可调单向节流阀是可调节流阀和单向阀的组合，在结构上是利用一个阀芯 4 同时起节流阀和单向阀的作用。当压力油从油口 P_1 流入时，油液经阀芯 4 上的轴向三角槽式节流口从油口 P_2 流出，旋转手柄 1 可改变节流口通流面积的大小，从而调节流量。当压力油从油口 P_2 流入时，在油压作用力的作用下，阀芯下移，压力油从油口 P_1 流出，起单向阀作用。

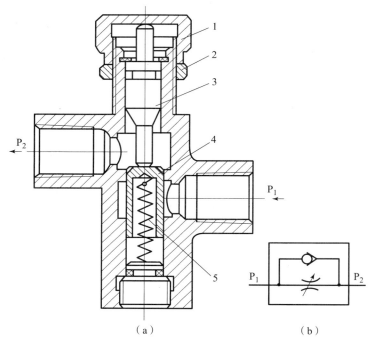

图 7-29 可调单向节流阀的结构原理及图形符号

(a) 结构原理；(b) 图形符号

1—手柄；2—锁紧螺母；3—推杆；4—阀芯；5—弹簧

3. 影响节流阀流量稳定的因素

节流阀是利用油液流动时的液阻来调节阀的流量的。产生液阻的方式：一种是薄壁小孔、缝隙节流，造成压力的局部损失；另一种是细长小孔（毛细管）节流，造成压力的沿程损失。实际上各种形式的节流口基本都是介于两者之间的。一般希望在节流口通流截面积调好后，流量稳定不变，但实际上流量会发生变化，尤其是流量较小时变化更大。影响节流阀流量稳定的因素主要有以下几种：

1) 节流阀前后的压力差

随外部负载的变化，节流阀前后的压力差 Δp 将发生变化，由式（7-1）可知，流量 q 也随之变化而不稳定。

2) 节流口的形式

节流口的形式将影响流量系数 C 和参数 m。

3) 节流口的堵塞

当节流口的通流截面积很小时,在其他因素不变的情况下,通过节流口的流量不稳定(周期性脉动),甚至出现断流的现象,称为堵塞。由于油液中的杂质,油液因高温氧化而析出的胶质、沥青等析出物,以及油液老化或受到挤压后产生的带电极化分子等,对金属表面的吸附,在节流口表面会逐步形成附着层,造成节流口的部分堵塞,其不断堆积又不断被高速液流冲掉,使节流口的通流截面积大小发生变化,从而引起流量变化,严重时附着层会完全堵塞节流口而出现断流现象。

4) 油液的温度

压力损失的能量通常转换为热能,油液的发热会使油液黏度发生变化,导致流量系数 C 变化,最终导致流量变化。

由于上述因素的影响,使用节流阀调节执行元件运动速度时,其速度将随负载和温度的变化而波动。在速度稳定性要求高的场合,则要使用流量稳定性好的调速阀。

三、调速阀

调速阀是由定差减压阀和可调节流阀串联组合而成的流量控制阀。用定差减压阀来保证可调节流阀前、后的压力差 Δp 不受负载变化的影响,从而使通过节流阀的流量保持稳定。

图 7-30 所示为调速阀的工作原理。压力油液 p_1 经节流减压后以压力 p_2 进入节流阀,然后以压力 p_3 进入执行机构。节流阀前、后的压力差 $\Delta p = p_2 - p_3$。定差减压阀阀芯 1 上端的油腔 b 经通道 a 与节流阀出油口相通,其油液压力为 p_3;其肩部油腔 c 和下端油腔 d 经通道 f 和 e 与节流阀进油口(即减压阀出油口)相通,其油液压力为 p_2,当作用于执行机构的负载增大时,压力 p_3 也增大,作用于定差减压阀阀芯上端的液压力也随之增大,使定差减压阀阀芯下移,定差减压阀进油口处的开口量加大,压力降减小,因而使减压阀出口(节流阀进口)处压力 p_2 增大,结果保持了节流阀前、后的压力差 $\Delta p = p_2 - p_3$ 基本不变。当负载减小时,压力 p_3 减小,定差减压阀阀芯上端油腔压力减小,阀芯在油腔 c 和 d 中压力油(压力为 p_2)的作用下上移,使减压阀进油口处开口量减小,压力降增大,因而使 p_2 随之减小,结果仍保持了节流阀前、后压力差 $\Delta p = p_2 - p_3$ 基本不变。

因为减压阀阀芯上端油腔 b 的有效作用面积 A 与下端油腔 c 和 d 的有效作用面积相等,所以在稳定工作时,不计阀芯的自重及摩擦力的影响,减压阀阀芯上的力平衡方程为

$$p_2 A = p_3 A + F_s$$

或
$$p_2 - p_3 = F_s / A \tag{7-2}$$

式中 p_2——节流阀前(即减压阀后)的油液压力,Pa;

p_3——节流阀后的油液的压力,Pa;

F_s——定差减压阀弹簧的弹簧作用力,N;

A——定差减压阀阀芯大端的有效作用面积,m^2。

因为减压阀阀芯弹簧很软(刚度很低),当阀芯上下移动时其弹簧作用力 F_s 变化不大,所以节流阀前、后的压力差 $\Delta p = p_2 - p_3$ 基本不变,为一常量,也就是说当负载变化时,通过调速阀的油液流量基本不变,液压系统执行元件的运动速度保持稳定。

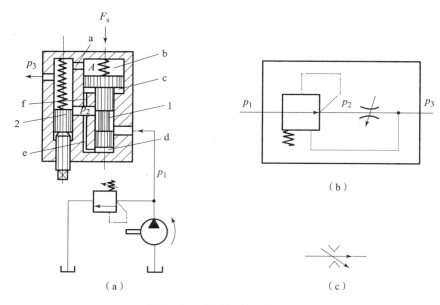

图 7-30 调速阀的工作原理
（a）工作原理；（b）详细图形符号；（c）简化图形符号
1—定差减压阀阀芯；2—节流阀阀芯

任务 5　认识其他液压控制阀

【提示】电液比例控制阀、电液数字控制阀和插装阀是近些年来发展较快的几种新型控制元件。

一、电液比例控制阀

电液比例控制阀是一种输出量与输入信号（电压或电流）成比例的液压阀，它可按给定的输入信号连续、按比例地控制压力油的方向、压力和流量。

电液比例控制阀由直流比例电磁铁与液压阀两部分组成。直流比例电磁铁代替了液压阀的手动调节机构，使液压阀的控制参数和给定的电信号连续地、成比例地变化。比例阀主要用于实现液压系统中压力、流量等参数的遥控和自动控制。

电液比例控制阀按其用途可分为电液比例溢流阀、电液比例换向阀和电液比例调速阀等。

1. 电液比例溢流阀

用比例电磁铁取代直动式溢流阀的手调装置，便成为直动式比例溢流阀。直动式比例溢流阀的结构原理和图形符号如图7-31所示。比例电磁铁的推杆通过弹簧座对调压弹簧施加推力。随着输入电信号强度的变化，比例电磁铁的电磁力将随之变化，从而改变调压弹簧的压缩量，使顶开锥阀的压力随输入信号的变化而变化。若输入信号连续、按比例或按一定程序变化，则比例溢流阀所调节的系统压力也连续、按比例或按一定程序变化。因此，比例溢流阀多用于系统的多级调压或实现连续的压力控制。把直动式比例溢流阀作为先导阀与其他普通的压力阀的主阀相配，便可组成先导式比例溢流阀、比例顺序阀和比例减压阀。

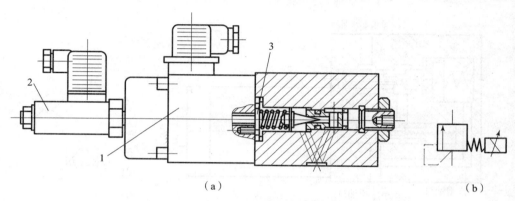

图7-31 直动式比例溢流阀的结构原理及图形符号
（a）结构原理；（b）图形符号
1—比例电磁铁；2—位移传感器；3—弹簧座

2. 电液比例换向阀

用比例电磁铁取代电磁换向阀中的普通电磁铁，便构成直动式比例换向阀。直动式比例换向阀的结构原理和图形符号如图7-32所示。由于使用了比例电磁铁，阀芯不仅可以换位，而且换位的行程可以连续或按比例地变化，因而连通油口间的通流面积也可以连续或按比例地变化，所以比例换向阀不仅能控制执行元件的运动方向，而且能控制其速度。

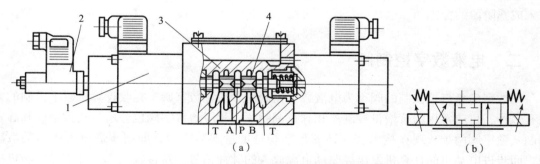

图7-32 直动式比例换向阀的结构原理及图形符号
（a）结构原理；（b）图形符号
1—比例电磁铁；2—位移传感器；3—阀体；4—阀芯

3. 电液比例调速阀

用比例电磁铁取代节流阀或调速阀的手调装置，以输入电信号控制节流口开度，便可连续或按比例地远程控制其输出流量，实现执行部件的速度调节。电液比例调速阀的结构原理和图形符号如图 7-33 所示。图中的节流阀阀芯由比例电磁铁的推杆操纵，输入的电信号不同，则电磁力不同，推杆受力不同，与阀芯左端弹簧力平衡后，便有不同的节流口开度。

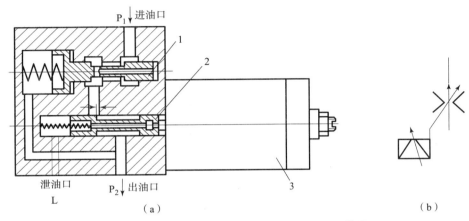

图 7-33 电液比例调速阀的结构原理及图形符号
（a）结构原理；（b）图形符号
1—定差减压阀阀芯；2—节流阀阀芯；3—比例电磁铁

由于定差减压阀已保证了节流口前、后压差为定值，所以一定的输入电流就对应一定的输出流量，不同的输入信号变化，就对应着不同的输出流量变化。

在图 7-31 和图 7-32 中，比例电磁铁前端都附有位移传感器（或称差动变压器），这种电磁铁称为行程控制比例电磁铁。位移传感器能准确地测定电磁铁的行程，并向放大器发出电反馈信号。电放大器将输入信号和反馈信号加以比较后，再向电磁铁发出纠正信号以补偿误差，这样便能消除液动力等干扰因素，保持准确的阀芯位置或节流口面积。这是比例阀进入成熟阶段的标志。

二、电液数字控制阀

用数字信息直接控制的阀称为电液数字控制阀，简称数字阀。接收计算机数字控制的方法有多种，目前常用的有增量控制法和脉宽调制法，相应地数字阀也分增量式数字阀和脉宽调制式数字阀两类。现在技术较成熟的数字阀是增量式数字阀，即用步进电动机驱动液压阀，而步进电动机的计算机发出经驱动电源放大的脉冲信号。每接收一个脉冲信号，步进电动机便转动一定角度。步进电动机的转动又通过丝杠或凸轮机构转换为直线位移量，从而推动阀芯或压缩弹簧，实现液压阀对方向、压力和流量的控制。现已有数字流量阀、数字压力阀和数字方向流量阀等系列产品。

图 7-34 所示为数字流量控制阀。它由步进电动机 1、滚珠丝杠 2、阀芯 3、阀套 4、连杆 5、零位移传感器 6 等组成。计算机发出信号后，步进电动机转动，通过滚珠丝杠转化为

轴向移动，带动节流阀阀芯移动。阀套上有两组节流口，其开度由阀芯位移量决定。调节阀芯位移量便可改变节流口的开度，达到调节流量的目的。零位移传感器可使每个控制周期终了时，控制阀芯回到零位，保证每个工作周期都在相同的位置开始，使阀有较高的重复精度。

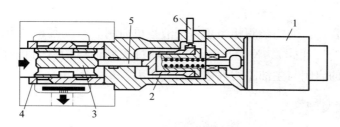

图 7-34　数字流量控制阀

1—步进电动机；2—滚珠丝杠；3—阀芯；4—阀套；5—连杆；6—零位移传感器

三、插装阀

插装阀是一种采用插装连接方式的，由插件、控制盖板、先导元件和插装块体组成的，用来控制液流方向、压力和流量的二通液压阀。

插装阀通流能力大，密封性好，在大流量系统具有较好的经济性。目前在冶金、锻压、塑料成型及船舶等机械中得到了越来越广泛的应用。

1. 结构原理

图 7-35 所示为插装阀的结构原理及图形符号。阀体中的插装主阀（插装单元）由阀芯、阀套、弹簧和密封件等构成。控制盖板与阀体用螺钉固定。插装主阀用于控制主油路的通、断。控制盖板具有按需要加工的控制流道或装有先导元件（图中未画出），起控制作用，配置不同的盖板就可实现不同的工作功能。

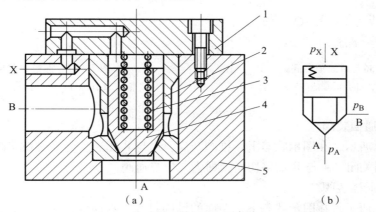

图 7-35　插装阀的结构原理及图形符号

（a）结构原理；（b）图形符号

1—控制盖板；2—阀套；3—弹簧；4—阀芯；5—阀体

根据不同的需要，阀芯 4 的锥端可开阻尼孔或节流三角槽，也可以是圆柱形阀芯。盖板 1 将插装主阀封装在阀体 5 内，并沟通先导阀和主阀。通过插装主阀阀芯 4 的启、闭，可对主油路的通、断起控制作用。使用不同的先导阀可进行压力控制、方向控制或流量控制，并可组成复合控制。若干个不同控制功能的二通插装阀组装在一个或多个插装块体内，便组成液压回路。

就工作原理而言，二通插装阀相当于一个液控单向阀。A 口和 B 口为主油路仅有的两个工作油口（所以称为二通阀），X 为控制油口。通过控制油口的启闭和对压力大小的控制，即可控制主阀阀芯的启闭与主油路的液体流向和压力。

2. 方向控制插装阀

1) 单向插装阀

如图 7-36 所示，将 X 口与 A 或 B 口连通，即成为单向阀。连通方法不同，其导通方向也不同。前者当 $p_A > p_B$ 时，锥阀关闭，A 与 B 不通；当 $p_B > p_A$ 且达到开启压力时，锥阀打开，油从 B 流向 A。后者可类似分析得出结论。

2) 液控单向插装阀

如果在控制盖板上接一个二位三通液动换向阀来变换 X 口的压力，即成为液控单向阀，如图 7-37 所示。若 X 处无液压作用，则处于图示位置，当 $p_A > p_B$ 时，A 与 B 导通，由 A 流向 B；当 $p_B > p_A$ 时，A 与 B 不通。若 X′ 处有液压作用，则二位三通液控阀换向，使 X 口接油箱，A 与 B 相通，油的流向视 A、B 口的压力大小而定。

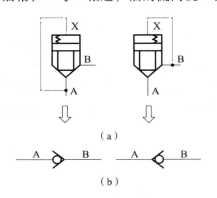

图 7-36 单向插装阀

(a) 工作原理；(b) 同功能的液压元件

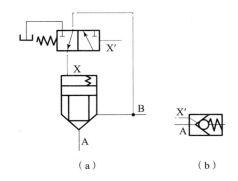

图 7-37 液控单向插装阀

(a) 工作原理；(b) 同功能的液压元件

3) 二位二通插装阀

如图 7-38 所示，在图示状态下，锥阀开启，A 与 B 相通。当电磁换向阀通电换向，且 $p_A > p_B$ 时，锥阀关闭，A 与 B 油路切断，即为二位二通阀。

4) 二位三通插装阀

如图 7-39 所示，在图示状态下，左面的锥阀打开，右面的锥阀关闭，即 A 与 T 相通，P 与 A 不通。当电磁阀通电时，P 与 A 相通、A 与 T 不通，即为二位三通阀。

项目7 认识液压控制阀

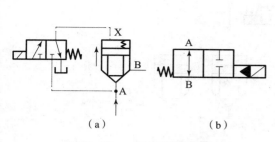

图7-38 二位二通插装阀
(a) 工作原理；(b) 同功能的液压元件

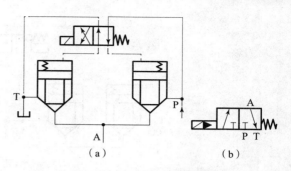

图7-39 二位三通插装阀
(a) 工作原理；(b) 同功能的液压元件

5) 二位四通插装阀

如图7-40所示，在图示状态，左1及右2锥阀打开，实现A与T相通、B与P相通。当电磁阀通电时，左2及右1锥阀打开，实现A与P相通、B与T相通，即为二位四通阀。

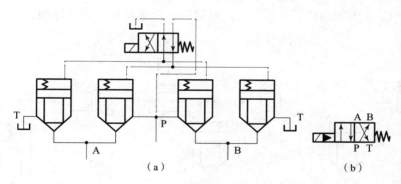

图7-40 二位四通插装阀
(a) 工作原理；(b) 同功能的液压元件

6) 三位四通插装阀

如图7-41所示，在图示状态，4个锥阀全关闭，A、B、P、T不相通。当左边电磁铁通电时，左2及右1锥阀打开，实现A与P相通、B与T相通。当右边电磁铁通电时，左1及右2锥阀打开，实现A与T相通、B与P相通，即为三位四通阀。如果用多个先导阀和多个主阀相配，可构成复杂位通组合的二通插装换向阀，这是普通换向阀做不到的。

3. 压力控制插装阀

在插装阀的控制口配上不同的先导压力阀，便可得到各种不同类型的压力控制阀。图7-42 (a) 所示为用直动式溢流阀作先导阀来控制主阀用作溢流阀的原理图。A口压力油经阻尼小孔进入控制腔和先导阀，并将B口与油箱相通。这样锥阀的开启压力可由先导阀来调节，其原理与先导式溢流阀相同。如果在此图中，B口不接油箱而接负载，即为顺序

109

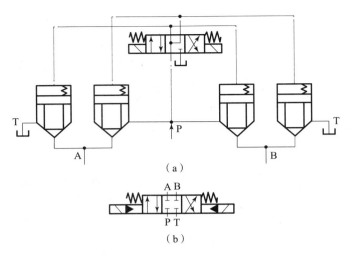

图 7-41 三位四通插装阀
(a) 工作原理；(b) 同功能的液压元件

阀。在图 7-42（b）中，若二位二通电磁换向阀通电，则作为卸荷阀用。在图 7-42（c）中，B 为进油口，A 为出油口，A 口压力经阻尼小孔后通控制腔和先导阀，其原理与先导式减压阀相同。

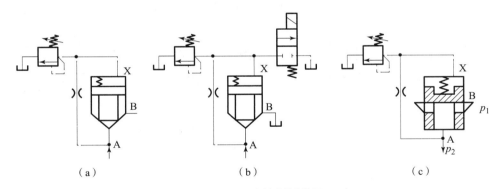

图 7-42 压力控制插装阀
(a) 溢流阀；(b) 卸荷阀；(c) 减压阀

此外，若以比例溢流阀作先导阀，代替图中的直动式溢流阀，则可构成二通插装电液比例溢流阀。

4. 流量控制插装阀

如图 7-43 所示，在插装阀的控制盖板上增加阀芯行程调节器，以调节阀芯开度，则锥阀可起流量控制阀的作用。若在二通插装节流阀前串联一个定差减压阀，则可组成二通插装调速阀。若用比例电磁铁取代节流阀的手调装置，则可组成二通插装电液比例节流阀。

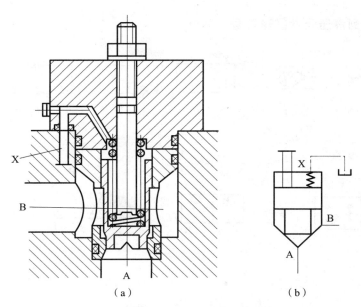

图 7-43　流量控制插装阀的结构原理及图形符号
（a）结构原理；（b）图形符号

思考与练习

一、填空题

1. 液压控制阀根据用途可以分为_____、_____和_____三大类。
2. 常用方向控制阀按其功能可分为_____和_____两大类。
3. 压力控制阀按其功能可分为_____、_____、_____、压力继电器等。
4. 常用的流量控制阀有_____、_____等。
5. 调速阀是由_____和_____串联组合而成的流量控制阀。

二、判断题

1. 在结构上，液压阀的基本共同点是：所有的阀都由阀体、阀芯和驱使阀芯动作的元件（如弹簧、电磁铁）组成。（　　）
2. 在工作原理上，液压阀的基本共同点是：所有阀的开口大小，进、出口之间的压差以及流过阀的流量之间的关系都符合孔口流量公式。（　　）
3. 将单向阀换上刚度较大的弹簧可成为背压阀。（　　）
4. 换向阀的图形符号与油路的连接，一般均不画在常态位置上。（　　）
5. 比例阀是一种输出量与输入信号（电压或电流）成比例的液压阀，它可按给定的输入信号连续、按比例地控制压力油的方向、压力和流量。（　　）

三、填写下列液压元件图形符号的名称

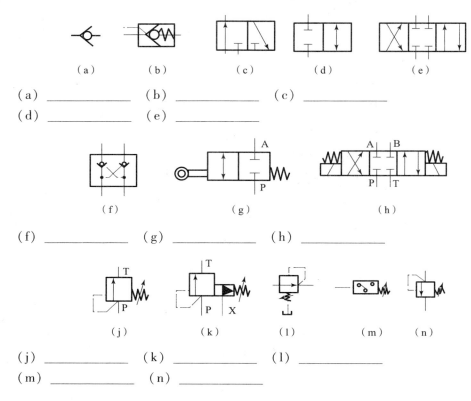

(a) _____ (b) _____ (c) _____
(d) _____ (e) _____

(f) _____ (g) _____ (h) _____

(j) _____ (k) _____ (l) _____
(m) _____ (n) _____

四、分析题

在如图 7-44 所示的回路中，溢流阀的调整压力为 5.0MPa，减压阀的调整压力为 2.5MPa，试分析下列各情况，并说明减压阀阀口处于什么状态。

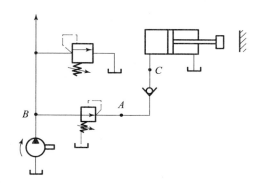

图 7-44 分析题

(1) 当泵压力等于溢流阀调定压力时，夹紧缸使工件夹紧后，A、C 点的压力各为多少？

(2) 当泵压力由于工作缸快进而降到 1.5MPa 时（工件原先处于夹紧状态），A、C 点的压力为多少？

(3) 夹紧缸在夹紧工件前做空载运动时，A、B、C 三点的压力各为多少？

项目8　液压控制阀的拆装

项目导读

本项目通过管式普通单向阀、Y型先导式溢流阀及L-10B型单向节流阀的拆装训练达到以下目标。

项目目标

(1) 知道典型方向控制阀、压力控制阀及流量控制阀的结构原理。
(2) 认识典型方向控制阀、压力控制阀及流量控制阀主要零部件的结构及功用。

能力目标

通过对方向控制阀、压力控制阀及流量控制阀的拆装训练，不仅增加对方向控制阀、压力控制阀及流量控制阀结构、工作原理、主要零部件形状的感性认识，更增强动手操作能力。

任务1　管式普通单向阀的拆装

一、结构原理

图8-1所示为管式普通单向阀的外观图及分解图。管式普通单向阀由阀体、阀芯、弹簧等组成。压力油从阀体1的进油口流入并作用在阀芯2上，克服弹簧3的作用力，推动阀芯2，使油路接通，经阀芯2上的径向孔、轴向孔，从阀体右端油口流出。但压力油从右端的油口流入时，液压力和弹簧力一起将阀芯2压紧在阀体上，油液不能通过。

二、拆装步骤

1. 拆卸

(1) 准备好内六角扳手1套、耐油橡胶

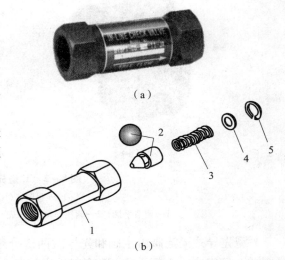

图8-1　管式普通单向阀
(a) 外观图；(b) 分解图
1—阀体；2—阀芯；3—弹簧；4—垫；5—卡簧

板 1 块、油盘 1 个及钳工工具 1 套。

（2）观察管式普通单向阀的外部形状，确定进油口和出油口。

（3）从出油口端用卡簧钳卸下卡簧 5。

（4）依次从阀体 1 中取出垫 4、弹簧 3 和阀芯 2 等零件。

（5）观察单向阀的阀体、阀芯、弹簧等主要零件的结构和作用。

2. 装配

按拆卸的反向顺序进行装配，即后拆的零件先装配、先拆的零件后装配。

（1）装配前应认真清洗各零件，并在配合零件表面涂润滑油。

（2）检查各零件的油孔、油路是否畅通、是否有尘屑，若有应重新清洗。

在液压系统中，方向控制阀占有较大的数量，由于它的工作原理是利用改变阀体与阀芯的相对位置以控制油的流向，因此，在拆装时，应着重了解其操纵方式和连通形式等。

任务 2　Y 型先导式溢流阀的拆装

一、结构原理

溢流阀是一种压力控制阀，在液压设备中主要起稳压溢流、系统卸荷和安全保护作用。图 8-2 所示为 Y 型先导式溢流阀的外观图和结构示意图。

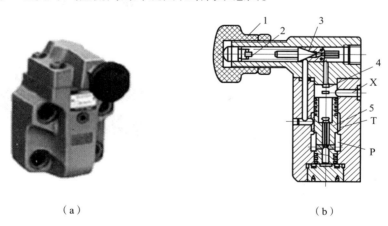

图 8-2　Y 型先导式溢流阀
（a）外观图；（b）结构示意图
1—调节手柄；2—调压弹簧；3—先导阀芯；4—主阀弹簧；5—主阀芯

Y 型先导式溢流阀由主阀和先导阀两部分组成，先导阀由调节手柄 1、调压弹簧 2、先导阀芯 3 等组成，主阀由主阀弹簧 4、主阀芯 5 等组成。当进油口 P 压力较低时，作用在先导阀阀芯上的液压作用力不足以克服调压弹簧力，先导阀关闭，阀内液体处于静止状态，故主阀芯上、下两端的液压作用力相等，主阀芯在主弹簧作用下处于关闭位置。当系统压力升高使作用在先导阀阀芯上的液压作用力大于调压弹簧力时,先导阀打开,阀内液体处于流动状态,主阀阀芯下端的液压作用力大于上端的液压作用力,使主阀阀芯打开而实现稳压溢流。

二、拆装步骤

1. 拆卸

拆卸前清洗阀的外表面,观察阀的外形,转动调节手柄。
(1) 拧下螺钉,拆开主阀和先导阀的连接,取出主阀弹簧和主阀阀芯。
(2) 拧下先导阀上的调节手柄1和远程控制口 X 处的螺塞。
(3) 旋下阀盖,从先导阀体内取出弹簧座、调压弹簧和先导阀阀芯。用光滑的挑针把密封撬出,并检查弹性和尺寸精度。
(4) 观察先导阀阀芯和主阀阀芯的结构、主阀阀芯阻尼孔的大小。

2. 装配

装配前清洗各零件,在配合零件表面涂润滑油,然后按拆卸的反向顺序进行装配,即后拆的零件先装配、先拆的零件后装配。

三、拆装注意事项

(1) 检查各零件的油孔、油路是否畅通,且需无尘屑。
(2) 将调压弹簧放在先导阀阀芯的圆柱面上,然后一起推入先导阀体。
(3) 主阀阀芯装入阀体后,应运动自如。
(4) 先导阀体与主阀体的止口、平面应完全贴合后才能用螺钉连接。螺钉要分两次拧紧,并按对角线进行。

任务 3　L–10B 型节流阀的拆装

一、结构原理

图 8–3 所示为 L–10B 型节流阀的立体分解图。
L–10B 型节流阀由节流阀和单向阀并联而成,用于需要单方向控制流量的系统中,从而实现执行机构在正向以可调的速度工作,而反向时可快速退回。当压力油从进油口流入时,可经阀内节流口从出油口流出,这时节流阀起节流作用,而单向阀阀芯关闭不起作用。当压力油反向进入时,单向阀阀芯打开而使油反向通过,这时节流阀不起节流作用,从而实现执行机构在反向工作时可快速退回。

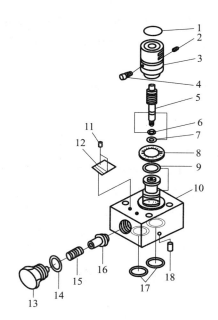

图 8-3　L-10B 型节流阀立体分解

1—防滑垫；2，4—锁紧螺钉；3—调节手轮；5—节流阀阀芯；6，7，9，14，17—密封圈；8—刻度盘；10—阀体；11，18—柱销；12—标牌；13—螺塞；15—弹簧；16—单向阀阀芯

二、拆装步骤

1. 拆卸

（1）准备好内六角扳手 1 套、耐油橡胶板 1 块、油盘 1 个及钳工工具 1 套。
（2）松开调节手轮 3 上的锁紧螺钉 2、4，取下调节手轮 3。
（3）卸下刻度盘 8，取下节流阀阀芯 5 和密封圈 6、7、9。
（4）卸下螺塞 13，取下密封圈 14、弹簧 15 和单向阀阀芯 16。
（5）观察节流阀阀芯及单向阀阀芯、阀体等主要零件的结构和作用。

2. 装配

（1）按拆卸的相反顺序装配，即后拆的零件先装配、先拆的零件后装配。装配时，如有零件被弄脏，应该用煤油将其清洗干净后方可装配。装配阀芯时，可在其台肩上涂抹液压油，以防止阀芯卡住。装配时严禁遗漏零件。
（2）将节流阀的外表面擦拭干净，整理工作台。
（3）转动手轮 3，通过推杆使阀芯做轴向移动，从而调节节流阀的通流截面积，使流经节流阀的流量发生变化。

三、拆装注意事项

(1) 观察节流阀的外观,找出进油口和出油口。
(2) 在取下节流阀阀芯时注意不要损伤阀芯。
(3) 在装配阀芯时,要注意防止阀芯卡死。
(4) 注意拆装中弄脏的零部件应用煤油清洗后方可装配。

项目 9　认识液压辅助元件

项目导读

液压辅助元件包括蓄能器、滤油器、油箱、热交换器、密封装置、仪表、油管、管接头等。各种辅助元件的图形符号见表 9-1。

项目目标

（1）知道液压辅助元件的作用、分类和性能特点。
（2）认识液压辅助元件的结构、工作原理及图形符号。

能力目标

（1）能够合理选择液压辅助元件的类型。
（2）能正确识别和绘制液压辅助元件的图形符号。
（3）能正确分析液压辅助元件的功用。

表 9-1　各种辅助元件的图形符号

名称	符号	名称	符号
管端在液面以上的油箱		污染指示过滤器	
管端在液面以下的油箱		蓄能器	
管端连接于油箱底部		加热器	
密闭油箱		冷却器	水冷式　风冷式
带单向阀快换接头		流量计	
不带单向阀快换接头		压力计	

续表

名称	符号	名称	符号
过滤器		液位计	
磁芯过滤器		温度计	

任务1　认识蓄能器

蓄能器是液压系统的一种能量储存装置，其基本功能是将液压能储存起来，在需要的时候又重新放出。

蓄能器在液压系统中的主要作用如下：

（1）作辅助动力源。

在液压系统的一个工作循环中，若只有在短时间内需要大流量，则可采用蓄能器作辅助动力源与液压泵联合使用，这样就可以用较小流量的液压泵使执行元件获得较快的运动速度，从而减少系统发热和提高效率。

（2）作保压装置。

若液压缸需要在较长时间内保持压力而无动作（如机床夹具夹紧工件），则可使液压泵卸荷，用蓄能器提供液压油补偿泄漏而起保压作用。

（3）作应急动力源。

当液压泵发生故障或停电时，可用蓄能器作应急动力源释放液压油，避免可能引起的事故。

（4）吸收压力脉动和液压冲击。

液压泵输出的液压油存在压力脉动现象，执行元件在启动、停止或换向时易引起液压冲击，必要时可在脉动和冲击部位设置蓄能器，以起缓冲作用。

蓄能器的类型有重锤式蓄能器、弹簧式蓄能器和充气式蓄能器，具体的结构种类较多，目前应用最广泛的是气囊式蓄能器。

图9-1所示为气囊式蓄能器的结构图。气囊式蓄能器主要由充气阀、壳体、气囊、托阀等组成。气囊用特殊耐油橡胶制成，气体（氮气）从充气阀冲入气囊。壳体由高强度无缝钢管制造。压力液体从蓄能器通液口进入，液压能转变为气体的压缩势能储存，当系统需要时，气囊膨胀，输出压力液体。托阀的作用是压力液体全部排出后，防止气囊膨胀到壳体外。托阀弹簧具有足够的刚度，当蓄能器高速排液时，托阀也不致关闭。

气囊式蓄能器的气囊惯性小，反应灵敏，与其他蓄能器相比，它的质量轻、尺寸小、安装维护方便，但气囊制造要求高。

液压与气压传动

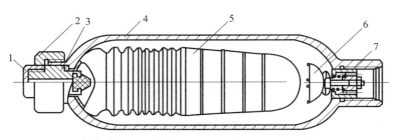

图 9-1　气囊式蓄能器

1—螺盖；2—压帽；3—充气阀；4—壳体；5—气囊；6—托阀；7—阀座

任务 2　认识过滤器

【提示】过滤器的作用是过滤混在液压油液中的杂质，降低进入系统中油液的污染度，保证系统正常工作。

过滤器的工作原理是利用工作液体流经具有无数微小间隙或小孔的滤芯（如网式、线隙式、纸芯式等），将其中的固体杂质滤除。另外，还利用吸附和磁性过滤方式，对工作液体进行净化。

一、过滤器的结构原理

过滤器按过滤精度分为粗滤油器、普通滤油器、精滤油器和特精滤油器四种类型。过滤精度是指过滤器所能滤除的最小杂质颗粒大小，以颗粒直径的公称尺寸表示。

根据滤芯材料和结构的不同，常用的过滤器分为网式过滤器、线隙式过滤器和纸芯式过滤器等几种类型。

1. 网式过滤器

网式过滤器的结构如图 9-2 所示。网式过滤器主要由黄铜滤网、金属骨架和上、下端盖组成，利用滤网滤除杂质，过滤精度随滤网规格而定。网式过滤器结构简单，过滤能力强，多为粗滤，压力损失小（小于 0.02MPa），一般安装于液压泵的吸液管路上，以保护液压泵。

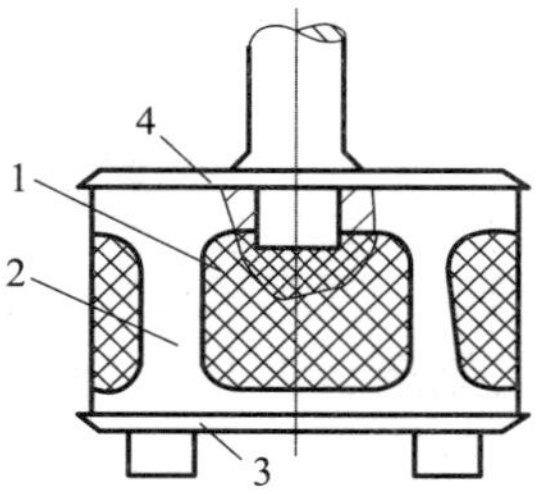

图 9-2　网式过滤器的结构

1—黄铜滤网；2—金属骨架；3—下端盖；4—上端盖

2. 线隙式过滤器

线隙式过滤器的结构如图 9-3 所示。线隙式过滤器的滤芯 1 由铜线或铝线绕在筒形骨架 2 上而形成（骨架上有许多纵向槽 a 和径向孔 b），是依靠金属线间 0.02~0.1mm 的缝隙过滤。其特点是结构简单，通油能力大，过滤精度比网式滤油器高，但不易清洗，滤芯强度较低。

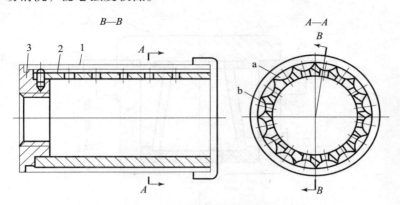

图9-3 线隙式过滤器的结构
1—滤芯；2—筒形骨架；3—外壳

3. 纸芯式过滤器

纸芯式过滤器的结构如图9-4所示。纸芯式过滤器的滤芯1由微孔滤纸组成，滤纸制成折叠式，以增大过滤面积。滤纸由骨架2支撑，以增大滤芯强度。其特点是过滤精度高，压力损失小，质量轻，成本低，但不能清洗，需定期更换滤芯。纸芯式过滤器一般用于精过滤。

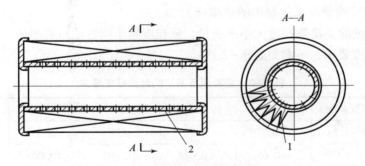

图9-4 纸芯式过滤器的结构
1—滤芯；2—骨架

4. 烧结式过滤器

烧结式过滤器的结构如图9-5所示。烧结式过滤器的滤芯3通常由青铜等颗粒状金属烧结而成，它装在壳体2中，并由上盖1固定。油液从A孔进入，经滤芯3过滤，从油口B流出。烧结式过滤器利用颗粒间的微孔进行过滤，过滤精度高，抗腐蚀性能好，能在较高油温下工作。缺点是易堵塞，难清洗，烧结的颗粒易脱落。

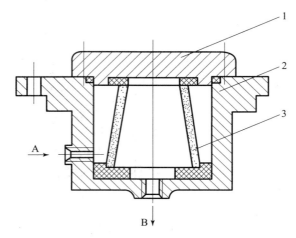

图 9-5 烧结式过滤器的结构
1—上盖；2—壳体；3—滤芯

二、过滤器的选用与安装

1. 选用过滤器时应考虑的因素

（1）过滤精度应满足系统提出的要求

过滤精度以滤除杂质颗粒度大小来衡量，颗粒度越小则过滤精度越高。不同的液压系统有不同的过滤精度要求，可参照表9-2选择。

表9-2 各种液压系统的过滤精度要求

系统类别	润滑系统	传动系统			伺服系统	特殊要求系统
压力/MPa	0~2.5	≤7	>7	≤35	≤21	≤35
颗粒度/mm	≤0.1	≤0.05	≤0.025	≤0.005	≤0.005	≤0.001

研究表明，由于液压元件相对运动表面间的间隙较小，如果采用高精度过滤器可有效地控制0.001~0.005mm的污染颗粒，液压泵、液压马达、各种液压阀及液压油的使用寿命均可大大延长，液压故障也会明显减少。

（2）要有足够的通流能力。

通流能力是指在一定压力降下允许通过过滤器的最大流量，应结合过滤器在液压系统中的安装位置来选取。

（3）滤芯应有足够的强度。

过滤器的工作压力应小于许用压力。

（4）滤芯抗腐蚀性能好，能在规定的温度下长时间地工作。

（5）滤芯的更换、清洗及维护方便。

对于不能停机的液压系统，必须选择有切换式结构的过滤器，可以不停机更换滤芯；对于需要滤芯堵塞报警的场合,则可选择带发信装置的过滤器。

2. 过滤器的安装

过滤器在液压系统中有以下几种安装位置,如图9-6所示。

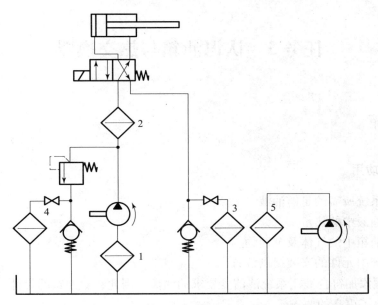

图9-6 过滤器在液压系统中的几种安装位置
1,2,3,4,5—过滤器

(1) 安装在泵的吸油管路上。

过滤器安装在液压泵的吸油管路上,并浸没在油箱液面以下,以防止大颗粒杂质进入液压泵内,同时又有较大的通流能力,防止空穴现象产生,如图9-6所示的过滤器1。

(2) 安装在泵的出口。

如图9-6所示的过滤器2安装在液压泵的出口,可保护液压泵以外的元件,但需选择过滤精度高、能承受油路上工作压力和冲击压力的过滤器,压力损失一般小于0.35MPa。此种方式常用于过滤精度要求高的系统及伺服阀和调速阀前,以确保它们的正常工作。为保护过滤器本身,应选用带堵塞发信装置的过滤器。

(3) 安装在系统的回油路上。

安装在回油路可以滤去油液回油箱前侵入系统或系统生成的污染物。由于回油压力低,故可采用滤芯强度低的过滤器,其压力降对系统影响不大。为了防止过滤器堵塞,一般与过滤器并联一个安全阀或安装堵塞发信装置,如图9-6所示的过滤器3。

(4) 安装在系统的旁路上。

如图9-6所示的过滤器4,将过滤器与阀并联,使系统中的油液不断净化。

(5) 安装在独立的过滤系统上。

在大型液压系统中,可专设液压泵和过滤器组成的独立过滤系统,专门滤去液压系统油箱中的污染物,通过不断循环,提高油液清洁度。专用过滤器是一种独立的过滤系统,如图9-6所示的过滤器5。

当系统中有重要元件（如伺服阀、微量节流等），要求过滤精度高时，应在这些元件的前面安装单独的特精过滤器。

使用过滤器时还应注意过滤器只能单向使用，按规定液流方向安装，以利于滤芯清洗和安全。清洗或更换滤芯时，要防止外界污染物混入液压系统。

任务 3　认识油箱与热交换器

一、油箱

1. 油箱的功用

（1）储存系统所需的足够油液。
（2）散发油液中的热量。
（3）分离油箱中的气体及沉淀物。
（4）为系统中元件的安装提供位置。

油箱中必须添加符合液压系统清洁度要求的油液，因此，对油箱的设计、制造、使用和维护等方面提出了更高的要求。

2. 油箱的结构

油箱的结构如图 9-7 所示。

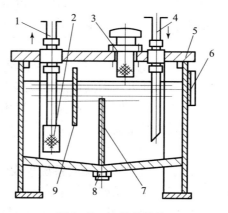

图 9-7　油箱的结构
1—吸油管；2—加油滤网；3—空气过滤器；4—回油管；5—顶盖；6—油面指示器；7，9—隔板；8—放油塞

（1）总体式结构。
利用设备机体空腔作油箱，结构紧凑，散热性不好，维修不方便，散热条件不好，且使主机易产生热变形。

（2）分离式结构。

油箱单独设置，与主机分开，维修保养方便。可减少油箱发热和液压振动对工作精度的影响，应用广泛。

此外根据油液液面是否和大气相通，又有开式油箱和闭式油箱之分。开式油箱是指油液液面与大气相通，应用最广；闭式油箱是指油液液面与大气隔绝，其顶部有一充气管，送入 0.05~0.07MPa 过滤纯净的压缩空气，空气或直接和油液接触，或输入到皮囊内对油液施压。其优点是改善了液压泵的吸收条件，但回油管、泄油管要承受背压。油箱必须配上安全阀、电接触压力表以稳定充气压力，因此只在特殊场合使用。

3. 油箱的容量

油箱的容量必须保证液压设备停止工作，系统中的全部油液流回油箱时不会溢出，而且还有一定的预备空间，即油箱液面不超过油箱高度的 80%。液压设备管路系统内充满油液工作时，油箱内应有足够的油量，使液面不致太低，以防止液压泵吸油管处的滤油器吸入空气。通常油箱的有效容量为液压泵额定流量的 2~6 倍。

4. 油箱设计时注意的问题

（1）箱壁在保证强度和刚度的情况下要尽量薄，以利于散热，通常油箱用 2.5~5mm 的钢板焊接而成。箱盖、箱底可适当加厚，且箱底有适当的倾斜，并设有放油孔。

（2）吸油管和回油管的安装距离应尽量远，并加隔板隔开，以利于冷却、沉淀杂质和释放气体。

（3）吸油管端应设有过滤器，过滤能力应为油泵流量的 2 倍。吸油、回油管距箱底要大于 2 倍内径，距箱壁要大于 3 倍内径，且管端成 45°坡口，面对箱壁。

（4）箱盖上设有加油孔、通气孔和安放温度计的孔。

（5）根据需要可在油箱的适当部位安装冷却器和加热器。

二、热交换器

热交换器用于控制液压系统的工作温度。液压系统的工作温度一般应保持在 30℃~50℃，最高不超过 65℃，最低不低于 15℃。液压系统如依靠自然冷却仍不能使油温控制在上述范围内，则须安装冷却器；反之，若环境温度太低无法使液压泵启动或正常运转，则可在油箱内设置加热器。

1. 冷却器

1）蛇管式冷却器

蛇管式冷却器（见图 9-8）安装于油箱内，是最简单的冷却装置。冷却水从蛇形铜管中流过，将油液中的热量带走，靠系统回液造成油液中液体扰动产生对流进行散热冷却，其冷却效果较差，水耗量大。

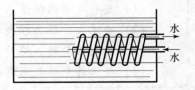

图 9-8 蛇管式冷却器

2）列管式冷却器

列管式冷却器是一种强制对流的冷却器,如图9-9所示。冷却水从进水口进入,经多根铜制水管的内部从出水口流出;工作液体从进油口进入,在水管外部通过,从出油口流出。挡板用来增加工作液体的流动路途和紊流程度,提高热交换效果,其冷却效率比蛇管式高。

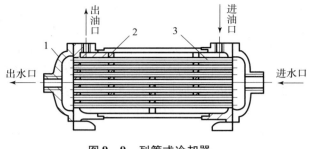

图9-9 列管式冷却器
1—壳体;2—隔板;3—水管

3) 翅片管式冷却器

图9-10所示为翅片管式冷却器的一种形式,它是在圆管或椭圆管外嵌套上许多径向翅片,其散热面积可达光滑管的8~10倍。椭圆管的散热效果一般比圆管更好。

2. 加热器

一般在油箱的最低液面上装设电加热器或通入蒸汽的蛇形管来进行加热。一般多采用电加热器,如图9-11所示。这种加热器的安装方式是用法兰盘横装在箱壁上,发热部分全部浸在油液内。加热器应安装在箱内油液流动处,以利于热量的交换。由于油液是热的不良导体,故单个加热器的功率容量不能太大,以免其周围油液过度受热后发生变质。

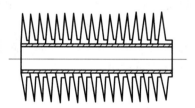

图9-10 翅片管式冷却器

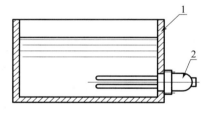

图9-11 电加热器
1—油箱;2—加热器

任务4 认识油管和管接头

【提示】油管和管接头统称为管件。液压系统对管件的要求如下:
(1) 要有足够的强度。一般限制所承受的最大静压和动态冲击压力。
(2) 液流大,压力损失要小。一般通过限制流量或流速予以保证。
(3) 密封性要好。绝对不允许有外泄漏存在。
(4) 与工作介质之间有良好的相容性,耐油、抗腐蚀性好。

一、油管

油管分硬管和软管两类。

1. 硬管

硬管用于连接无相对运动的液压元件，常用的有无缝钢管和紫铜管。

（1）无缝钢管承受压力高，价格便宜，但装配时不易弯曲，主要用于中、高压系统。

（2）紫铜管容易弯曲，装配方便，而且管壁光滑，摩擦阻力小，但耐压低，不超过10MPa，其抗振能力也比较弱，价格昂贵，在高温工作时会加速油液的氧化变质。紫铜管主要用于中低压系统，机床中应用较多，常配以扩口管接头。

2. 软管

软管主要用于连接有相对运动的液压元件。通常为耐油橡胶软管，包括高压橡胶软管和低压橡胶软管两种。

（1）高压橡胶软管由内胶层、钢丝编织层、中间胶层和外胶层组成。常用高压软管的钢丝编织层为单层和双层，有多种通径规格，单层软管可承受 6~20MPa 的压力，双层软管可承受 11~60MPa 的压力，软管通径越小，承压越高。

（2）低压橡胶软管是由夹有帆布层的耐油橡胶组成的，适于压力小于 1.5MPa 的低压管路。

软管装配方便，能吸收液压系统的冲击和振动，但高压软管制造工艺复杂，寿命短，成本高，刚性差。因此在固定元件的连接中，一般不采用高压软管。

二、管接头

管接头是油管与油管、油管与液压元件之间的可拆装的连接件。常用的金属管的接头种类有扩口式管接头、焊接式管接头、卡套式管接头、扣压式管接头等，如图 9-12 所示。

图 9-12（a）所示为扩口式管接头，适用于中、低压的铜管和薄壁钢管的连接。

图 9-12（b）所示为焊接式管接头，适用于中低压系统的管壁较厚的钢管的连接。

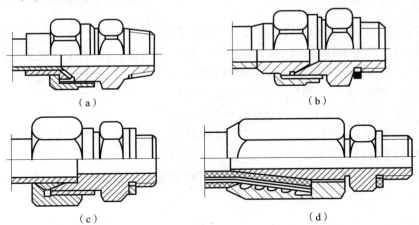

图 9-12　管接头

(a) 扩口式管接头；(b) 焊接式管接头；(c) 卡套式管接头；(d) 扣压式管接头

图 9-12（c）所示为卡套式管接头，优点是拆装方便，在高压系统中已被广泛使用，缺点是对油管的尺寸精度要求较高。

图 9-12（d）所示为扣压式管接头，用来连接高压软管。

需要经常装拆的软管，在连接时常使用快换管接头，如图 9-13 所示。图 9-13 所示为油路接通时的工作位置。当要断开油路时，可用力把外套 4 向左推，在拉出接头体 5 后，钢球 3 即从接头体中退出。与此同时，单向阀的锥形阀阀芯 2 和 6 分别在弹簧 1 和 7 的作用下将两个阀口关闭，油路即断开。

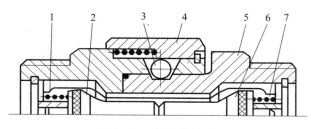

图 9-13 快换管接头

1，7—弹簧；2，6—锥形阀阀芯；3—钢球；4—外套；5—接头体

任务 5　认识密封装置

【提示】密封装置的作用是防止工作液体泄漏和外部杂质侵入，良好的密封是液压系统正常工作的必要条件。密封方式分间隙密封和接触密封两大类。

一、间隙密封

间隙密封是利用相对运动零件表面之间的微小间隙来实现密封的，常用于柱塞、活塞或阀的圆柱配合副中。如图 9-14 所示，活塞与缸体间的配合间隙为 0.02~0.05mm，同时活塞的圆柱表面开有几个宽度为 0.2~0.5mm、深度为 0.1~0.3mm 的环形沟槽，来增加油液流经间隙时的阻力，有助于增加密封效果。间隙密封属于非接触式密封，结构简单、摩擦阻力小、使用寿命长，但密封效果较差，难以完全消除泄漏，磨损后不能自动补偿。因此，它只适用于低压、小直径、快速运动的场合。

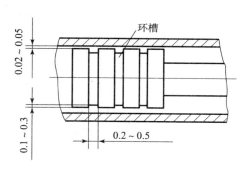

图 9-14 间隙密封

二、接触密封

接触密封是利用密封元件来密封，也就是在需要密封的配合表面之间装置专门的弹性密

封元件以实现密封。接触密封还可分为动密封和静密封两种。动密封是指密封处有相对运动，如液压缸的活塞与缸筒之间。静密封的密封处固定不动，如液压泵泵体与端盖的结合面。

接触密封所用的弹性密封元件一般称为密封圈，密封圈常用耐油橡胶、尼龙等材料制成，其主要有 O 形密封圈、Y 形密封圈和 V 形密封圈等多种类型。

1. O 形密封圈

O 形密封圈的截面为圆形，如图 9–15 所示。O 形密封圈一般用耐油橡胶制成，它是靠橡胶的初始变形及油液压力作用引起的变形来消除间隙而实现密封的。其结构简单，制造容易，密封可靠，摩擦力小，因此应用广泛，但密封处的精度要求高。

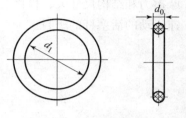

图 9–15　O 形密封圈

2. Y 形密封圈

Y 形密封圈的截面为 Y 形，其结构简单，密封效果好，适应性很广。Y 形密封圈的密封作用来自其唇边对耦合面的紧密接触，并在压力油作用下产生较大的接触压力，以达到密封目的。当液压力升高时，唇边与耦合面贴得更紧、接触压力更高、密封性能更好。图 9–16（a）所示为 Y 形密封圈的自由状态，图 9–16（b）所示为 Y 形密封圈安装和工作时的截面形状。

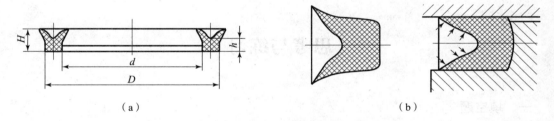

图 9–16　Y 形密封圈
(a) 自由状态；(b) 安装和工作时截面形状

目前，液压缸中普遍使用如图 9–17 所示的小 Y 形（又称高低唇 Y 形）密封圈作为活塞和活塞杆的密封。其中图 9–17（a）所示为轴用密封圈，图 9–17（b）所示为孔用密封圈。这种密封圈的特点是两个唇边不等高，增加了底部支撑宽度，可以避免摩擦力造成密封圈的翻转和扭曲。

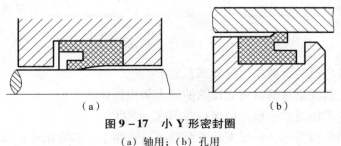

图 9–17　小 Y 形密封圈
(a) 轴用；(b) 孔用

3. V形密封圈

V形密封圈的截面形状为V形,其结构形式如图9-18所示。它由支撑环1、密封环2和压环3组合而成。当压环压紧密封环时,支撑环使密封环变形而起到密封作用。安装时,V形环的唇边应面向压力高的一侧。V形密封圈密封可靠、耐高压、寿命长,但密封装置的摩擦力和结构尺寸大,检修、拆换不方便。它主要用于大直径、高压、高速柱塞或活塞和低速运动的活塞杆的密封。

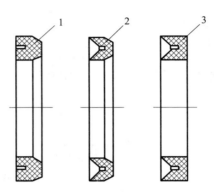

图9-18 V形密封圈
1—支撑环;2—密封环;3—压环

思考与练习

一、填空题

1. 液压辅助元件包括_____、_____、油箱、_____、密封装置、仪表、油管和管接头等。

2. 过滤器按过滤精度分为_____、普通滤油器、_____和特精滤油器四种类型。

3. 油管分_____和_____两类。

4. 密封方式分_____和_____两大类。

5. 密封圈主要有_____、_____、_____等多种类型。

二、判断题

1. 目前应用最广泛的蓄能器是气囊式蓄能器。   (   )

2. 过滤器过滤精度是过滤器所能滤除的最大杂质颗粒的大小。   (   )

3. 液压系统的工作温度一般希望保持在30℃~50℃。   (   )

4. 网式滤油器结构简单,一般安装于泵的吸液管路上,多为粗滤,以保护液压泵。
                                                                             (   )

5. 利用相对运动零件表面之间的微小间隙来实现密封的密封方式是间隙密封。（   ）

三、填写下列液压元件图形符号的名称

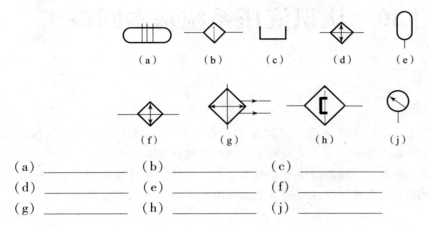

(a) _____　　(b) _____　　(c) _____
(d) _____　　(e) _____　　(f) _____
(g) _____　　(h) _____　　(j) _____

四、简答题

1. 简述蓄能器在液压系统中的主要作用。
2. 简述过滤器的工作原理。
3. 简述选用过滤器时应考虑的因素。

项目 10 认识液压系统基本回路

项目导读

任何一个液压系统，无论多么复杂，实际上都是由一些基本回路组成的。所谓基本回路，就是由有关的液压元件组成，用来完成特定功能的典型回路。

常用液压基本回路的类型，按其功能可分为压力控制回路、速度控制回路、方向控制回路和多缸动作控制回路等。本项目通过对液压基本回路的介绍达到以下目标。

项目目标

（1）知道基本回路的类型、组成及作用。
（2）掌握液压基本回路工作过程的分析方法。

能力目标

（1）能根据执行元件的动作要求正确选择液压元件，设计满足要求的液压回路。
（2）能对给定的液压回路图的功能及各液压元件的作用进行分析。

任务 1 认识压力控制回路

【提示】压力控制回路是利用压力控制阀来控制系统中油液的压力，以满足执行元件对力或转矩的要求。压力控制回路主要包括调压回路、减压回路、增压回路、卸荷回路、保压回路和平衡回路等多种控制回路。

一、调压回路

调压回路的功用是使液压系统整体或某一部分的压力保持恒定或不超过某个数值。

常见的调压回路有单级调压回路、多级调压回路和无级调压回路三种型式，如图 10-1 所示。

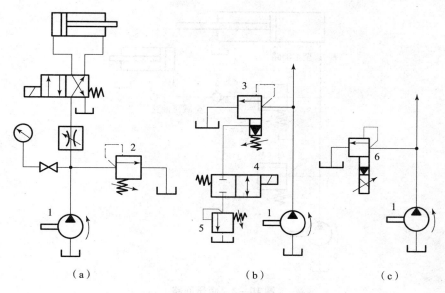

图 10-1 调压回路
(a) 单级调压回路；(b) 多级调压回路；(c) 无级调压回路
1—单向定量泵；2，5—溢流阀；3—先导式溢流阀；4—二位二通换向阀；6—比例溢流阀

1. 单级调压回路

如图 10-1 (a) 所示，在单向定量泵 1 的出口处设置并联的溢流阀 2 来控制系统的最高压力。

2. 多级调压回路

如图 10-1 (b) 所示，先导式溢流阀 3 的遥控口串接二位二通换向阀 4 和溢流阀（远程调压阀）5。当两个压力阀的调定压力符合 $p_5 < p_3$ 时，液压系统可通过换向阀的左位和右位得到 p_3 和 p_5 两种压力。如果在先导式溢流阀的遥控口处通过多位换向阀的不同通口并联多个远程调压阀，即可构成多级调压回路。

3. 无级调压回路

如图 10-1 (c) 所示，可通过改变比例溢流阀 6 的输入电流来实现无级调压，这样可使压力切换平稳，而且容易使系统实现远距离控制或程序控制。

二、减压回路

减压回路的功用是使系统中的某一部分油路具有较低的稳定压力，如图 10-2 所示。回路中单向阀 3 的作用是主油路压力降低（低于定值减压阀 2 的调整压力）时防止油液倒流，而起短时保压作用。

除此之外，也可采用类似两级或多级调压的方法获得两级或多级减压，或采用比例减压阀来实现无级减压。

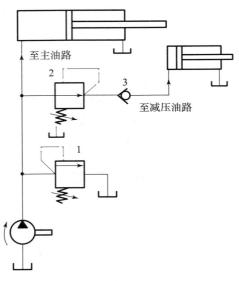

图 10-2 减压回路
1—溢流阀；2—定值减压阀；3—单向阀

为了使减压回路工作可靠，减压阀的最低调整压力应不低于 0.5MPa，最高调整压力至少比系统压力低 0.5MPa。当减压回路中的执行元件需要调速时，调速元件应放在减压阀的下游，以避免减压阀泄漏（指由减压阀泄油口流回油箱的油液）对执行元件速度产生影响。

三、增压回路

增压回路的功用是提高系统中局部油路中的压力。它能使局部压力远远高于油源的压力。采用增压回路比选用高压大流量泵要经济得多。

1. 单作用增压器的增压回路

如图 10-3（a）所示，当系统处于图示位置时，压力为 p_1 的油液进入增压器的大活塞腔，此时在小活塞腔即可得到压力为 p_2 的高压油液，增压的倍数等于增压器大、小活塞的工作面积之比。当二位四通电磁换向阀右位接入系统时，增压器的活塞返回，油箱中的油液经单向阀流入小活塞腔。这种回路只能间断增压。

2. 双作用增压器的增压回路

如图 10-3（b）所示，泵输出的压力油经换向阀 5 和单向阀 1 进入增压器左端大、小活塞腔，右端经大活塞腔的回油通油箱，经小活塞腔增压后的高压油由单向阀 4 输出，此时单向阀 2、3 被关闭；当活塞移到右端时，换向阀得电换向，活塞向左移动，左端小活塞腔输出的高压油经单向阀 3 输出。这样，增压缸的活塞不断往复运动，两端便交替输出高压油，实现了连续增压。

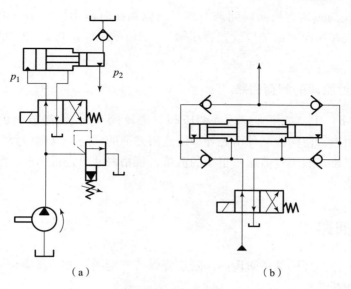

(a)　　　　　　　　　　　　　(b)

图 10-3　增压回路

(a) 单作用增压器的增压回路；(b) 双作用增压器的增压回路

四、卸荷回路

卸荷回路的功用是在液压泵的驱动电动机不频繁启闭，且液压泵接近零压的情况下运转，以减少功率损失和系统发热，延长泵和电动机的使用寿命。

1. 用换向阀的卸荷回路

图 10-4（a）所示为利用二位二通换向阀使泵卸荷。如图 10-4（b）所示，当 M（或 H、K）型换向阀处于中位时，可使泵卸荷，但切换压力冲击大，适用于低压、小流量的系统。对于高压、大流量系统，可采用 M（或 H、K）型电液换向阀对泵进行卸荷（见图 10-4

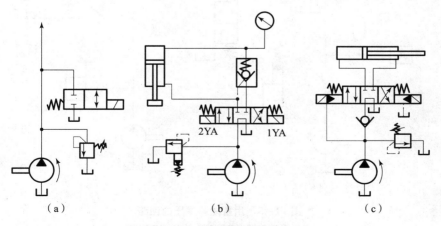

(a)　　　　　　　　　(b)　　　　　　　　　(c)

图 10-4　用换向阀的卸荷回路

(a) 二位二通换向阀卸荷；(b) M（或 H、K）型换向阀中位卸荷；(c) M（或 H、K）型电液换向阀卸荷

（c）），由于这种换向阀装有换向时间调节器，所以切换时压力冲击小，但必须在换向阀前面设置单向阀（或在换向阀回油口设置背压阀），以使系统保持 0.2~0.3MPa 的压力，供控制油路用。

2. 用先导型溢流阀的卸荷回路

在图 10-1（b）中，如果去掉远程调压阀（溢流阀）5，使溢流阀的遥控口直接与二位二通换向阀 4 相连，便构成一种由先导型溢流阀卸荷的回路。这种回路的卸荷压力小，切换时冲击也小，二位二通阀只需通过很小的流量，规格尺寸可选得小些，所以这种卸荷方式适合流量大的系统。

五、保压回路

执行元件在工作循环的某一阶段内，若需要保持规定的压力，就应采用保压回路。

1. 利用蓄能器保压的回路

图 10-5（a）所示为单缸保压回路，当主换向阀在左位工作时，液压缸推进压紧工件，进油路压力升高至调定值，压力继电器发出信号使二通阀通电，泵即卸荷，单向阀自动关闭，液压缸则由蓄能器保压。当蓄能器的压力不足时，压力继电器复位使泵重新工作。保压时间的长短取决于蓄能器的容量，调节压力继电器的通断区间即可调节缸中压力的最大值和最小值。图 10-5（b）所示为多缸保压回路，进给缸快进时，液压泵 1 压力下降，但单向阀 3 关闭，将夹紧油路和进给油路隔开。蓄能器 4 用来给夹紧缸保压并补充泄漏；压力继电器 5 的作用是当夹紧缸压力达到预定值时发出信号，使进给缸动作。

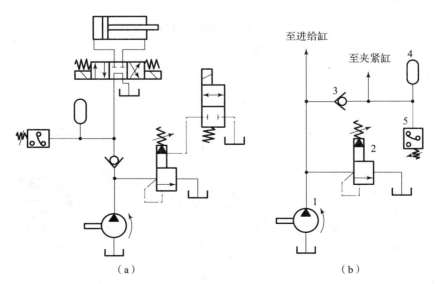

图 10-5 用蓄能器保压的回路
（a）单缸保压回路；（b）多缸保压回路
1—液压泵；2—先导式溢流阀；3—单向阀；4—蓄能器；5—压力继电器

2. 用泵保压的回路

如图 10-6 所示，当系统压力较低时，低压大泵 1 和高压小泵 2 同时向系统供油，当系统压力升高到卸荷阀 4 的调定压力时，泵 1 卸荷。此时高压小泵 2 使系统压力保持为溢流阀 3 的调定值。高压小泵 2 的流量只需略高于系统的泄漏量，以减少系统发热。

除此之外，也可采用限压式变量泵来保压，它在保压期间仅输出少量足以补偿系统泄漏的油液，效率较高。

3. 用液控单向阀保压的回路

图 10-4（b）所示为采用液控单向阀和电接触式压力表的自动补油式保压回路。当 1YA 得电时，换向阀右位接入回路；当缸上腔压力升至电接触式压力表上触点调定的压力值时，上触点接通，1YA 失电，换向阀切换成中位，泵卸荷，液压缸由液控单向阀保压；当缸上腔压力下降至下触点调定的压力值时，压力表又发出信号，使 1YA 得电，换向阀右位接入回路，泵给缸上腔补油使压力上升，直至上触点的调定值。

六、平衡回路

为了防止立式液压缸及其工作部件因自重而自行下落，或在下行运动中由于自重而造成失控、失速的不稳定运动，可设置平衡回路。图 10-7 所示为用单向节流阀限速、液控单向阀锁紧的平衡回路。

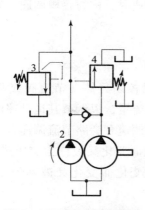

图 10-6 用泵保压的回路
1—低压大泵；2—高压小泵；3—溢流阀；4—卸荷阀

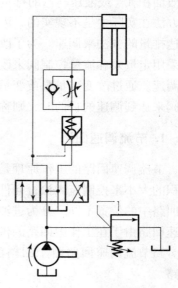

图 10-7 平衡回路

任务 2　认识速度控制回路

用来控制执行元件运动速度的回路称为速度控制回路。液压系统执行元件的速度控制包括速度的调节和变换。速度控制回路通常包括调速回路、快速运动回路和速度换接回路。

一、调速回路

调速的目的是满足液压执行元件对工作速度的要求。在不考虑液压油的压缩性和泄漏的情况下,液压缸的运动速度为

$$v = \frac{q}{A} \tag{10-1}$$

液压马达的转速为

$$n = \frac{q}{V_M} \tag{10-2}$$

式中　q——输入液压执行元件的流量;
　　　A——液压缸的有效面积;
　　　V_M——液压马达的排量。

由式(10-1)和式(10-2)可知,改变输入液压执行元件的流量 q 或改变液压缸的有效面积 A(或液压马达的排量 V_M)均可以达到改变速度的目的。但改变液压缸工作面积的方法在实际中是不现实的,因此,只能用改变进入液压执行元件的流量或用改变变量液压马达排量的方法来调速。为了改变进入液压执行元件的流量,可采用变量液压泵来供油,也可采用定量泵和流量控制阀来改变通过流量阀的流量。用定量泵和流量阀来调速时,称为节流调速。通过改变变量泵或变量液压马达的排量来调速时,称为容积调速。通过变量泵和流量阀来达到调速的目的时,则称为容积节流调速。

1. 节流调速回路

节流调速回路的工作原理是通过改变回路中流量控制元件(节流阀或调速阀)通流截面积的大小来控制流入执行元件或自执行元件流出的流量,以调节其运动速度。根据流量阀在回路中的位置不同,分为进油节流调速、回油节流调速和旁路节流调速三种回路,前两种调速回路由于在工作中回路的供油压力不随负载变化而变化又被称为定压式节流调速回路;而旁路节流调速回路由于回路的供油压力随负载的变化而变化又被称为变压式节流调速回路。

1)进油节流调速回路

图 10-8 所示为进油节流调速回路。回路工作时,液压泵输出的油液(压力 p 由溢流阀调定)经可调节流阀进入液压缸右腔,推动活塞向左运动,左腔的油液则流回油箱。液压缸右腔的油液压力 p_1 由作用在活塞上的负载阻力 F 的大小决定,液压缸左腔的油液压力 $p_2 \approx 0$。进入液压缸油液的流量 q_1 由可调节流阀调节,多余的油液 q_2 经溢流阀回油箱。由于

溢流阀有溢流，故泵的出口压力 p 就是溢流阀的调整压力并基本保持恒定，这种调速方式又称为定压式节流调速。调节节流阀的通流截面积，即可调节通过节流阀的流量，从而调节液压缸的运动速度。

当活塞带动执行机构以速度 v 向右做匀速运动时，作用在活塞两个方向上的力互相平衡，即

$$p_1 A_0 = F + p_2 A_0$$

式中 p_1——液压缸左腔油液压力；
p_2——液压缸右腔油液压力（俗称背压力），本例中可视为 $p_2 = 0$；
F——作用在活塞上的负载阻力，如切削力、摩擦力等；
A_0——活塞的有效作用面积。

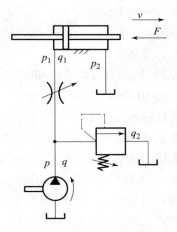

图 10-8 进油节流调速回路

整理得

$$p_1 = \frac{F}{A_0}$$

设可调节流阀前后的压力差为 Δp，则

$$\Delta p = p - p_1 = p - \frac{F}{A_0}$$

由式 $q = CA(\Delta p)^m$ 可得经可调节流阀流入液压缸右腔的流量

$$q_1 = CA(\Delta p)^m = CA\sqrt{\Delta p} \qquad （取 m = 0.5）$$

所以活塞的运动速度

$$v = \frac{q_1}{A_0} = \frac{CA}{A_0}\sqrt{\Delta p} = \frac{CA}{A_0}\sqrt{p - \frac{F}{A_0}}$$

进油节流调速回路的特点如下：

（1）结构简单，使用方便。

由于活塞运动速度 v 与可调节流口通流截面积 A 成正比，故调节 A 即可方便地调节活塞的运动速度。

（2）速度稳定性差。

由上述可知，液压泵工作压力经溢流阀调定后近于恒定，可调节流阀调定后 A 也不变，活塞有效作用面积 A_0 为常量，所以活塞运动速度 v 将随负载 F 的变化而波动，致使液压缸的速度稳定性差。

（3）运动平稳性差。

由于回油腔没有背压力（回油路压力为零），当负载突然变小、为零或为负值时，活塞会突然前冲，因此运动平稳性差。为了提高运动的平稳性，通常在回油路中串联背压阀，弹簧刚度较大的单向阀或溢流阀均可作背压阀使用。

（4）效率较低。

因液压泵输出的流量和压力在系统工作时经调定后均不变，所以液压泵的输出功率为定值。当执行元件在轻载低速下工作时，液压泵输出功率中有很大部分消耗在溢流阀（流量损耗）和可调节流阀（压力损耗）上，系统效率很低。功率损耗会引起油液发热，使进入

液压缸的油液温度升高,导致泄漏增加。

进油节流调速回路一般应用于功率较小、负载变化不大的液压系统中。

2) 回油节流调速回路

图 10-9 所示为回油节流调速回路,节流阀串联在液压缸的回油路上,借助于节流阀控制液压缸的排油量 q_2 来实现速度调节。由于进入液压缸的流量 q_1 受到回油路上排出流量 q_2 的限制,故用节流阀来调节液压缸的排油量 q_2 也就调节了进油量 q_1,定量泵多余的油液仍经溢流阀流回油箱,溢流阀调整压力基本稳定,所以这种调速方式又称为定压式节流调速。

回油节流调速回路与进油节流调速回路相比,其特点如下:

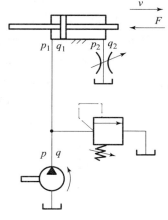

图 10-9 回油节流调速回路

(1) 回路的实际效率较低。

在回油节流调速回路中,液压缸工作腔和回油腔的压力都比进油节流调速回路高,在负载变化大,尤其是 $F=0$ 时,回油腔的背压有可能比液压泵的供油压力还要高,这样会使节流功率损失大大提高,且加大泄漏,因而其回路效率实际上比进油调速回路要低。

(2) 承受负值负载的能力较强。

回油节流调速回路的节流阀使液压缸回油腔形成一定的背压,在负值负载时,背压能阻止工作部件的前冲,即能在负值负载下工作,而进油节流调速由于回油腔没有背压力,因而不能在负值负载下工作。

(3) 停车后的启动性能较差。

长期停车后液压缸油腔内的油液会流回油箱,当液压泵重新向液压缸供油时,在回油节流调速回路中,由于进油路上没有节流阀控制流量,会使活塞前冲;而在进油节流调速回路中,由于进油路上有节流阀控制流量,故活塞前冲很小,甚至没有前冲。

(4) 实现压力控制的可靠性较差。

进油节流调速回路中,进油腔的压力将随负载而变化,当工作部件碰到止挡块而停止后,其压力将升到溢流阀的调定压力,利用这一压力变化来实现压力控制是很方便的;但在回油节流调速回路中,只有回油腔的压力才会随负载而变化,当工作部件碰到止挡块后,其压力将降至零,虽然也可以利用这一压力变化来实现压力控制,但其可靠性差,一般均不采用。

(5) 发热及泄漏的影响较小。

在进油节流调速回路中,经过节流阀发热后的液压油将直接进入液压缸的进油腔;而在回油节流调速回路中,经过节流阀发热后的液压油将直接流回油箱冷却。因此,发热和泄漏对进油节流调速的影响均大于对回油节流调速的影响。

(6) 运动平稳性较好。

在回油节流调速回路中,由于有背压力存在,其可以起到阻尼作用,同时空气也不易渗入,而在进油节流调速回路中则没有背压力存在,因此,可以认为回油节流调速回路的运动平稳性好一些。但是,从另一个方面讲,在使用单出杆液压缸的场合,无杆腔的进油量大于有杆腔的回油量,故在缸径、缸速均相同的情况下,进油节流调速回路的节流阀通流面积较大,低速时不易堵塞。因此,进油节流调速回路能获得更低的稳定速度。

为了提高节流调速回路的综合性能,一般常采用进油节流调速,并在回油路上加背压阀,使其兼具两者的优点。

3)旁路节流调速回路

图10-10所示为采用节流阀的旁路节流调速回路,节流阀调节了液压泵溢回油箱的流量,从而控制了进入液压缸的流量,调节节流阀的通流面积即可实现调速。由于溢流已由节流阀承担,故溢流阀实际上是安全阀,常态时关闭,过载时打开,其调定压力为最大工作压力的1.1~1.2倍,故液压泵工作过程中的压力完全取决于负载,其并不恒定,这种调速方式又称变压式节流调速。

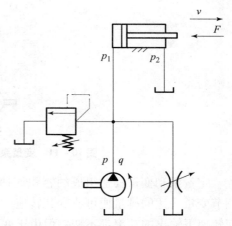

图10-10 旁路节流调速回路

旁路节流调速回路只有节流损失而无溢流损失,泵的输出压力随负载而变化,即节流损失和输入功率随负载而变化,所以旁通节流调速回路比进油节流调速回路及回油节流调速回路效率高。

旁路节流调速回路与进油节流调速回路及回油节流调速回路相比,其运动平稳性差,低速承载能力差,故其应用比前两种回路少,只用于高速、重载及对速度平稳性要求不高的较大功率系统中,如牛头刨床主运动系统和输送机械液压系统等。

2. 容积调速回路

通过改变泵或马达的排量来实现调速的回路称为容积调速回路。其主要优点是没有节流损失和溢流损失,因而效率高,油液温升小,适用于高速、大功率调速系统。其缺点是变量泵和变量马达的结构较复杂,成本较高。

根据油路的循环方式,容积调速回路可以分为开式回路或闭式回路。在开式回路中液压泵从油箱吸油,液压执行元件的回油直接回油箱,这种回路结构简单,油液在油箱中能得到充分冷却,但油箱体积较大,空气和脏物易进入回路。在闭式回路中,执行元件的回油直接与泵的吸油腔相连,结构紧凑,只需很小的补油箱,且空气和脏物不易进入回路;但油液的冷却条件差,需附设辅助泵补油、冷却和换油。补油泵的流量一般为主泵流量的10%~15%,压力通常为0.3~1.0MPa。

容积调速回路通常有三种基本形式:由变量泵和定量液压执行元件组成的容积调速回路;由定量泵和变量马达组成的容积调速回路;由变量泵和变量马达组成的容积调速回路。

由变量泵和定量液压缸组成的容积调速回路如图10-11所示,改变变量泵的排量即可调节活塞的运动速度v。液压缸需要多少流量,变量泵就供应多少。在图10-11中,溢流阀为安全阀,限制回路中的最大压力。这种回路为恒推力(转矩)调速回路,其最大输出推力(转矩)不随速度的变化而变化,适用于执行元件运动要求负载转矩变化不大的液压系统,如磨床、拉床、插床、刨床的主运动,以及钻床、镗床的进给运动。

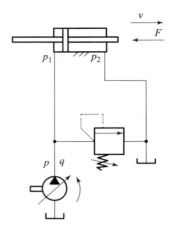

图 10-11　变量泵和定量液压缸组成的容积调速回路

定量泵和变量马达组成的容积调速回路如图 10-12 所示。定量泵 1 输出的流量不变，调节变量马达的排量便可改变其转速。这种回路称恒功率调速回路，其特点是变量马达在任何转速下输出的功率都不变，但由于变量马达的最高工作速度受到限制且换向易出故障，所以很少单独使用。

变量泵和变量马达组成的容积调速回路如图 10-13 所示。改变变量泵和变量马达的排量，即可实现无级调速，大大扩大了变速范围。在图 10-13 中，双向变量泵 3 既能改变流量，供变量马达 4 的转速需要，又能反向供油，实现变量马达反向旋转。定量泵 1 通过单向阀 6 和 7 实现向系统双向泄漏补油，通过单向阀 8 和 9 使安全阀 5 在两个方向上都起到安全作用。这种回路的调速范围大、效率高、速度稳定性好，常用于龙门刨床的主运动和铣床的进给运动等大功率液压系统。

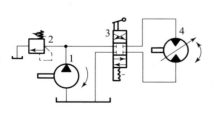

图 10-12　定量泵和变量马达
组成的容积调速回路
1—定量泵；2—溢流阀；
3—换向阀；4—变量马达

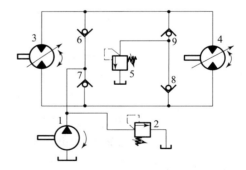

图 10-13　变量泵和变量马达
组成的容积调速回路
1—定量泵；2，5—安全阀；3—变量泵；
4—变量马达；6，7，8，9—单向阀

3. 容积节流调速回路

容积节流调速回路的原理是采用压力补偿型变量泵供油，用流量控制阀调定进入液压缸或由液压缸流出的流量来调节液压缸的运动速度，并使变量泵的输油量自动地与液压缸所需的流量相适应，这种调速回路没有溢流损失，效率较高，速度稳定性也比单纯的容积调速回路好，常用在速度范围大、中小功率的场合。

由限压式变量泵和调速阀组成的容积节流调速回路如图 10-14 所示。该系统由限压式变量泵 1 供油，压力油经调速阀 3 进入液压缸工作腔，回油经背压阀 4 返回油箱，液压缸运动速度由调速阀中节流阀的通流面积 A 来控制。设液压泵的流量为 q，则稳态工作时 $q=q_1$。但是在关小调速阀的一瞬间，q_1 减小，而此时液压泵的输油流量还未来得及改变，于是出现 $q>q_1$，因回路中没有溢流（阀 2 为安全阀），多余的油液使液压泵和调速阀间的油路压力升高，也就使液压泵的出口压力升高，从而使限压式变量泵的输出流量减小，直至 $q=q_1$。反之，开大调速阀的瞬间，将出现 $q<q_1$，从而会使限压式变量泵出口压力降低，输出流量自动增加，直至 $q=q_1$。

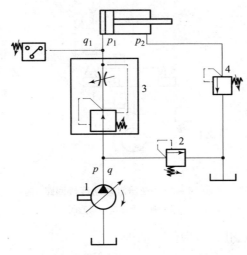

图 10-14 限压式变量泵和调速阀组成的容积节流调速回路
1—限压式变量泵；2—安全阀；3—调速阀；4—背压阀

由此可见，调速阀不仅能保证进入液压缸的流量稳定，而且可以使泵的供油流量自动地和液压缸所需的流量相适应，因而也可使泵的供油压力基本恒定（该调速回路也称定压式容积节流调速回路）。这种回路中的调速阀也可装在回油路上，它的承载能力、运动平稳性、速度刚性等与对应的节流调速回路相同。

二、快速运动回路

快速运动回路又称增速回路，其功用在于使液压执行元件获得所需的高速，以提高系统的工作效率或充分利用功率。实现快速运动视方法不同有多种结构方案，下面介绍几种常用的快速运动回路。

1. 液压缸差动连接回路

如图 10-15 所示的回路是利用二位三通换向阀实现的液压缸差动连接回路，在这种回路中，当换向阀 1 和换向阀 3 在左位工作时，液压缸差动连接做快进运动，当换向阀 3 通电时,差动连接即被切除,液压缸回油经过调速阀,实现工进,换向阀1切换至右位后,液压缸快退。这种连接方式,可在不增加液压泵流量的情况下提高液压执行元件的运动速度,但液压泵的流量和有杆腔排出的流量合在一起流过的阀和管路应按合成流量来选择,否则会使压力损失过大,液压泵的供油压力过大,致使液压泵的部分压力油从溢流阀溢回油箱而达不到差动快进的目的。

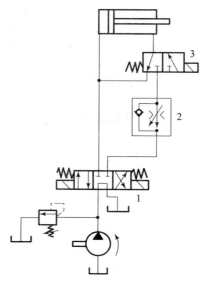

图 10-15 液压缸差动连接回路
1,3—换向阀;2—调速阀

液压缸的差动连接也可用 P 型中位机能的三位换向阀来实现。

2. 采用蓄能器的快速运动回路

图 10-16 所示为采用蓄能器的快速运动回路,采用蓄能器的目的是可以用流量较小的液压泵。当系统中短期需要大流量时,换向阀 5 的阀芯处于左端或右端位置,由液压泵 1 和蓄能器 4 共同向液压缸 6 供油;当系统停止工作时,换向阀 5 处在中间位置,这时液压泵便经单向阀 3 向蓄能器供油。蓄能器压力升高后,控制卸荷阀 2,打开阀口,使液压泵卸荷。

3. 双泵供油回路

图 10-17 所示为双泵供油快速运动回路,图中 1 为大流量泵,用以实现快速运动;2 为小流量泵,用以实现工作进给。在快速运动

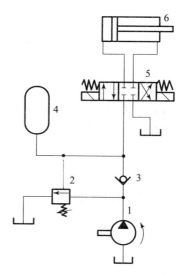

图 10-16 采用蓄能器的快速运动回路
1—液压泵;2—卸荷阀;3—单向阀;
4—蓄能器;5—换向阀;6—液压缸

时，大流量泵 1 输出的油液经单向阀 4 与小流量泵 2 输出的油液共同向系统供油，工作行程时，系统压力升高，卸荷阀 3 打开使大流量泵 1 卸荷，由小流量泵 2 向系统单独供油。这种系统的压力由溢流阀 5 调整，单向阀 4 在系统压力油作用下关闭。这种双泵供油回路的优点是功率损耗小，系统效率高，应用较为普遍，但系统稍复杂一些。

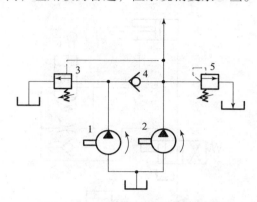

图 10-17　双泵供油快速运动回路

1—大流量泵；2—小流量泵；3—卸荷阀；4—单向阀；5—溢流阀

4. 用增速缸的快速运动回路

图 10-18 所示为采用增速缸的快速运动回路，在这个回路中，当三位四通换向阀左位得电而工作时，压力油经增速缸中柱塞 1 的孔进入 B 腔，使活塞 2 快速伸出，A 腔中所需的油液经液控单向阀 3 从辅助油箱中吸入，活塞 2 伸出到工作位置时由于负载加大，故压力升高，从而打开顺序阀 4，高压油进入 A 腔，同时关闭单向阀。此时活塞杆 B 在压力油的作用下继续外伸，但因有效面积加大、速度变慢而使推力加大，这种回路常被用于液压机系统中。

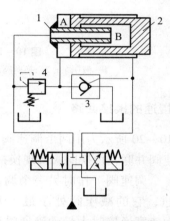

图 10-18　采用增速缸的快速运动回路

1—柱塞；2—活塞；3—液控单向阀；4—顺序阀

三、速度换接回路

速度换接回路的功能是使液压执行机构在一个工作循环中从一种运动速度变换到另一种运动速度，因而这个转换不仅包括液压执行元件快速到慢速的换接，而且也包括两个慢速之间的换接。实现这些功能的回路应该具有较高的速度换接平稳性。

1. 快速与慢速的换接回路

能够实现快速与慢速换接的方法很多，图 10-19 所示为用行程阀来实现快慢速换接的回路。在图 10-19 所示的状态下，液压缸快进，当活塞所连接的挡块压下行程阀 6 时，行程阀关闭，液压缸右腔的油液必须通过节流阀 5 才能流回油箱，活塞运动速度转变为慢速工进；当换向阀左位接入回路时，压力油经单向阀 4 进入液压缸右腔，活塞快速向右返回。这种回路的快慢速换接过程比较平稳，换接点的位置比较准确。其缺点是行程阀的安装位置不能任意布置，管路连接较为复杂。若将行程阀改为电磁阀，则安装连接比较方便，但速度换接的平稳性、可靠性以及换向精度都较差。

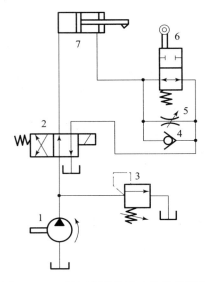

图 10-19 用行程阀的速度换接的回路
1—液压泵；2—换向阀；3—溢流阀；4—单向阀；5—节流阀；6—行程阀

2. 慢速的换接回路

图 10-20 所示为用两个调速阀来实现不同工进速度的换接回路。图 10-20（a）中的两个调速阀并联，由换向阀实现换接。两个调速阀可以独立地调节各自的流量，互不影响；但是，一个调速阀工作时另一个调速阀内无油通过，它的减压阀处于最大开口位置，因而速度换接时大量油液通过该处将使机床工作部件产生突然前冲现象。因此，它不宜用于在工作过程中的速度换接，只可用在速度预选的场合。

图 10-20（b）所示为两调速阀串联的速度换接回路。当主换向阀 D 左位接入系统时，调速阀 B 被换向阀 C 短接；输入液压缸的流量由调速阀 A 控制。当阀 C 右位接入回路时，由于通过调速阀 B 的流量调得比 A 小，所以输入液压缸的流量由调速阀 B 控制。在这种回路中的调速阀 A 一直处于工作状态，它在速度换接时限制着进入调速阀 B 的流量，因此它的速度换接

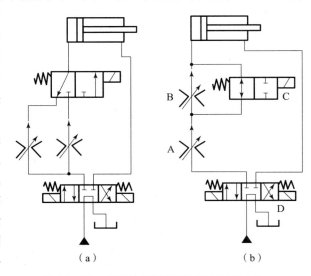

图 10-20 用两个调速阀的速度换接回路
（a）两调速阀并联；（b）两调速阀串联

平稳性较好。但由于油液经过两个调速阀,所以能量损失较大。

任务 3 认识方向控制回路

> 【提示】方向控制回路是用来控制液压系统中各条油路油流的接通、切断或改变流向,从而使有关的执行元件按照需要相应地做出启动、停止(包括锁紧)或换向等动作的回路。

一、换向回路

换向回路的功能是改变执行元件的运动方向,一般可采用各种换向阀来实现,在闭式容积调速回路中也可利用双向变量泵来实现。

1. 电磁换向阀换向回路

用电磁换向阀来实现执行元件换向最方便,但电磁换向阀动作快,换向时会有冲击,不宜用作频繁换向的场合。采用电液换向阀换向时,虽然其液动换向阀的阀芯移动速度可调节,换向冲击较小,但仍不能适用于频繁换向的场合。即使这样,电磁换向阀换向回路仍是应用最广泛的回路,尤其是在自动化程度要求较高的组合液压系统中被普遍采用。

2. 机动换向阀换向回路

机动换向阀可做频繁换向,换向精度高,冲击较小,且换向可靠性较高(这种换向回路的执行元件换向,是通过工作台侧面固定的挡块和杠杆直接作用换向阀来实现的,而电磁换向阀换向,需要通过电气行程开关、继电器和电磁铁等中间环节),但机动换向阀必须安装在执行元件附近,不如电磁换向阀安装灵活,一般用于速度和惯性较大的系统中。

二、锁紧回路

为了保证执行元件能在任意位置上停止,并防止在停止后因受外界影响(包括自重)而产生窜动,可采用锁紧回路。利用三位四通换向阀的 O 型或 M 型中位机能可以实现锁紧,但因阀的泄漏影响,锁紧效果较差。在要求定位准确的设备中,大多采用液控单向阀锁紧。

1. 单向阀锁紧回路

图 10-21 所示为单向阀锁紧回路,单向阀 3 能对活塞起锁紧作用。在图 10-21 所示状态,活塞只能向右运动,向左则由单向阀锁紧,切换换向阀 4,活塞向左运动、向右锁紧。当活塞运动到液压缸终端时,则能双向锁紧。此外,单向阀 3 还能在液压泵停止工作时,防

止空气渗入液压系统，以及防止执行元件或管路等处的液压冲击影响液压泵。这种锁紧回路不够精确，因为换向滑阀 4 可能泄漏。

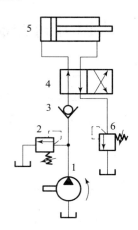

图 10-21 单向阀锁紧回路

1—液压泵；2,6—溢流阀；3—单向阀；4—换向阀；5—液压缸

2. 液控单向阀锁紧回路

图 10-22 所示为液控单向阀单向锁紧回路，图 10-23 所示为双液控单向阀双向锁紧回路。由于双液控单向阀的密封性能好，即使在外力作用下，这种回路也能使执行元件长时间锁紧。

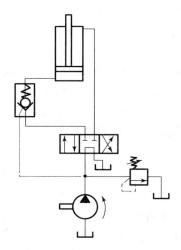 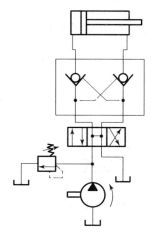

图 10-22 液控单向阀　　　　　　　图 10-23 双液控单向阀
　　单向锁紧回路　　　　　　　　　　双向锁紧回路

应该指出，采用双液控单向阀的锁紧回路，换向阀的中位机能应使双液控单向阀的控制油口通油箱，以保证双液控单向阀能及时关闭。

三、定向回路

图 10-24 所示为定向回路。当需要定量泵 3 正反转时，为保证供油方向不变，采用了由四个单向阀组成的整流阀 8 从而实现定向吸、排油的回路。同样，当变量泵 1 的流向改变时，为了保证补油和安全阀 9 动作，设置了两组单向阀 4 与 5 及 6 与 7 组成的定向回路。

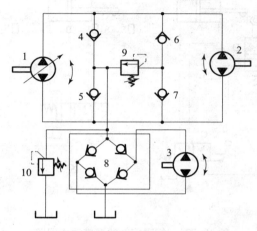

图 10-24　定向回路

1—变量泵；2—定量马达；3—定量泵；4，5，6，7—单向阀；8—整流阀；9—安全阀；10—背压阀

任务 4　认识多缸工作控制回路

【提示】在液压系统中，如果由一个油源给多个液压缸输送压力油，这些液压缸会因压力和流量的彼此影响而在动作上相互牵制，故必须使用一些特殊的回路才能实现预定的动作要求。常见的多缸工作控制回路主要类型有顺序动作回路、同步回路和多缸快慢速互不干扰回路三种。

一、顺序动作回路

顺序动作回路的功用是使多缸液压系统中的各个液压缸严格地按规定的顺序动作。按控制方式不同，可分为行程控制和压力控制两大类。

1. 行程控制的顺序动作回路

图 10-25 所示为行程控制的顺序动作回路。其中图 10-25（a）所示为行程阀控制的

顺序动作回路，在图示状态下，A、B 两液压缸活塞均在右端。当推动手柄，使阀 C 左位工作时，液压缸 A 左行，完成动作①；挡块压下行程阀 D 后，液压缸 B 左行，完成动作②；手动换向阀复位后，液压缸 A 先复位，实现动作③；随着挡块后移，阀 D 复位，液压缸 B 退回实现动作④。至此，顺序动作全部完成。这种回路工作可靠，但动作顺序一经确定，再改变就比较困难，同时管路长，布置较麻烦。

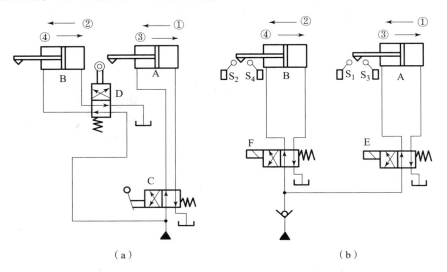

图 10-25　行程控制的顺序动作回路
(a) 行程阀控制的顺序动作回路；(b) 行程开关控制的顺序动作回路

图 10-25（b）所示为由行程开关控制的顺序动作回路，当阀 E 得电换向时，液压缸 A 左行完成动作①后，触动行程开关 S_1，使阀 F 得电换向，控制液压缸 B 左行完成动作②；当液压缸 B 左行至触动行程开关 S_2，使阀 E 失电时，液压缸 A 返回，实现动作③后，触动开关 S_3 使阀 F 断电，液压缸 B 返回，完成动作④；最后触动开关 S_4 使液压泵卸荷或引起其他动作，完成一个工作循环。这种回路的优点是控制灵活方便，但其可靠程度主要取决于电气元件的质量。

2. 压力控制的顺序动作回路

图 10-26 所示为使用顺序阀的压力控制顺序动作回路。当换向阀左位接入回路且顺序阀 D 的调定压力大于液压缸 A 的最大前进工作压力时，压力油先进入液压缸 A 的左腔，实现动作①；当液压缸行至终点后，压力上升，压力油打开顺序阀 D 进入液压缸 B 的左腔，实现动作②；同样地，当换向阀右位接入回路且顺序阀 C 的调定压力大于液压缸 B 的最大返回工作压力时，两液压缸则按③和④的顺序返回。显然这种回路动作的可靠性取决于顺序阀的性能及其压力调定值，即它的调定压力应比前一个动作的压力高出 0.8~1.0MPa，否则顺序阀易在系统压力脉冲中造成误动作。由此可见，这种回路适用于液压缸数目不多、负载变化不大的场合。其优点是动作灵敏，安装连接较方便；缺点是可靠性不高，位置精度低。

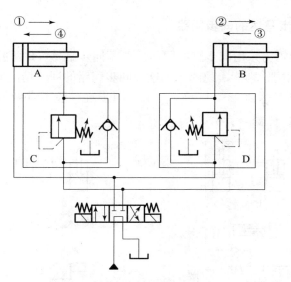

图 10-26 顺序阀控制顺序动作回路

二、同步回路

同步回路的功用是保证系统中的两个或多个液压缸在运动中的位移量相同或以相同的速度运动。从理论上讲,对两个工作面积相同的液压缸输入等量的油液即可使两液压缸同步,但泄漏、摩擦阻力、制造精度、外负载、结构弹性变形以及油液中的含气量等因素都会使同步难以保证。为此,同步回路要尽量克服或减少这些因素的影响,即有时需采取补偿措施,消除累积误差。

1. 带补偿措施的串联液压缸同步回路

图 10-27 所示为两液压缸串联同步回路,在这个回路中,液压缸 1 的有杆腔 A 的有效面积与液压缸 2 的无杆腔 B 的面积相等,因而从 A 腔排出的油液进入 B 腔后,两液压缸的升降便得到同步。而补偿措施使同步误差在每一次下行运动中都可被消除,以避免误差的积累。其补偿原理为:当三位四通换向阀右位工作时,两液压缸活塞同时下行,若液压缸 1 的活塞先运动到底,它就触动行程开关 a 使换向阀 5 得电,压力油便经换向阀 5 和液控单向阀 3 向液压缸 2 的 B 腔补油,推动活塞继续运动到底,误差即被消除;若液压缸 2 先到底,则触动行程开关使换向阀 4 得电,控制压力油使液控单向阀反向通道打开,即令液压缸 1 的 A 腔通过液控单向阀回油,其活塞可继续运动到底。这种串联式同步回路只适用于负载较小的液压系统。

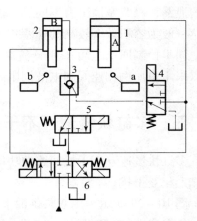

图 10-27 带补偿措施的串联液压缸同步回路

1,2—液压缸;3—液控单向阀;
4,5,6—换向阀;a,b—行程开关

2. 用同步缸或同步马达的同步回路

图 10-28（a）所示为采用同步缸的同步回路，同步缸 A、B 两腔的有效面积相等，且两工作液压缸面积也相同，则能实现同步。这种同步回路的同步精度取决于液压缸的加工精度和密封性，一般精度可达到 98%～99%。由于同步缸一般不宜做得过大，所以这种回路仅适用于小流量的场合。

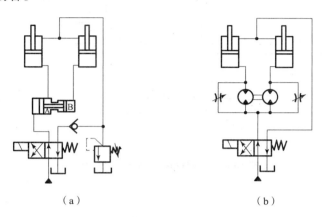

图 10-28 同步缸和同步马达的同步回路
(a) 采用同步缸的同步回路；(b) 采用同步马达的同步回路

图 10-28（b）所示为采用相同结构、相同排量的液压马达作为等流量分流装置的同步回路。两个液压马达轴刚性连接，把等量的油液分别输入到两个尺寸相同的液压缸中，使两液压缸实现同步。图中与马达并联的节流阀用于修正同步误差。影响这种回路同步精度的主要因素有：马达由于制造上的误差而引起排量的差别，作用于液压缸活塞上的负载不同而引起的泄漏，以及摩擦阻力不同等。这种同步回路的同步精度比节流控制的要高，但由于所用马达一般为容积效率较高的柱塞式马达，所以费用较高。

同步控制回路也可采用分流阀（同步阀）控制同步。对于同步精度要求较高的场合，可以采用由比例调速阀和电液伺服阀组成的同步回路。

三、多缸快慢速互不干扰回路

多缸快慢速互不干扰回路的功用是防止液压系统中的几个液压缸因速度快慢的不同而在动作上相互干扰。

图 10-29 所示为用双泵供油来实现的多缸快慢速互不干扰回路。图 10-29 中的液压缸 A 和 B 各自要完成"快进→工进→快退"的自动工作循环。其原理为：在图示状态下各液压缸原位停止。当换向阀 5 和 6 均通电时，各液压缸均由双联泵中的大流量泵 2 供油并做差动快进。这时如某一个液压缸，例如缸 A 先完成快进动作，由挡块和行程开关使阀 7 通电、阀 6 断电，此时大流量泵进入液压缸 A 的油路被切断，而双联泵中的高压小流量泵 1 的进油路打开，液压缸 A 由调速阀 8 调速工进。此时液压缸 B 仍做快进，互不影响。当各液压缸都转为工进后，它们全由小流量泵 1 供油。此后，若液压缸 A 又率先完成工进，行程开关

应使换向阀7和6均通电，液压缸A即由大流量泵2供油快退。当电磁铁皆断电时，各液压缸都停止运动，并被锁在所在的位置上。由此可见，这个回路之所以能够防止多液压缸的快慢运动互不干扰，是因为快速和慢速各由一个液压泵来分别供油，再由相应的电磁铁进行控制。

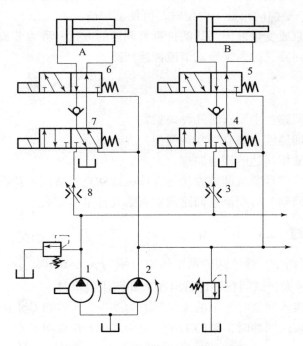

图 10-29　双泵供油互不干扰回路
1—小流量泵；2—大流量泵；3，8—调速阀；4，5，6，7—换向阀

思考与练习

一、填空题

1. 常用液压基本回路按其功能可分为_____、_____、方向控制回路和多缸动作控制回路等。

2. 压力控制回路包括_____、_____、增压回路、卸荷回路、保压回路和_____等多种控制回路。

3. 速度控制回路包括_____、_____和速度换接回路。

4. 调速回路按其调速原理可分为_____、_____和容积节流调速三种类型。

5. 常见的多缸工作控制回路主要有_____、_____和多缸快慢速互不干扰回路三种。

二、判断题

1. 由有关的液压元件组成，用来完成特定功能的典型回路，称为基本回路。（ ）
2. 调压回路的功用是使系统中的某一部分油路具有较低的稳定压力。（ ）
3. M（或 H、K）型换向阀处于中位时，可使泵卸荷。（ ）
4. 通过改变变量泵或变量液压马达的排量来调速的方式，称为节流调速。（ ）
5. 旁路节流调速回路又称为定压式节流调速回路。（ ）

三、简述题

1. 何谓压力控制回路？主要有哪几种类型？
2. 何谓速度控制回路？主要有哪几种类型？
3. 简述液压缸和液压马达的调速原理。
4. 何谓节流调速？三种节流调速方法各有什么优缺点？适用于什么场合？
5. 何谓容积调速回路？容积调速回路通常有哪几种基本形式？

四、分析与计算题

1. 在图 10-30 回路中，溢流阀的调整压力分别为 $p_{y1}=6\text{MPa}$，$p_{y2}=4.5\text{MPa}$，液压泵出口处的负载阻力为无限大，试问在不计管道损失和调压偏差时。

（1）换向阀下位接入回路时，泵的工作压力为多少？B 点和 C 点的压力各为多少？

（2）换向阀上位接入回路时，泵的工作压力为多少？B 点和 C 点的压力又是多少？

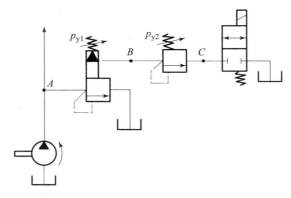

图 10-30　分析与计算题 1

2. 在图 10-31 所示的回路中，已知活塞运动时的负载 $F=1.2\text{kN}$，活塞面积 $A=15\times10^{-4}\text{m}^2$，溢流阀调整值为 $p_y=4.5\text{MPa}$，两个减压阀的调整值分别为 $p_{j1}=3.5\text{MPa}$ 和 $p_{j2}=2\text{MPa}$，如油液流过减压阀及管路时的损失可略去不计，试确定活塞在运动和停在终端位置处时，A、B、C 三点的压力值。

3. 如图 10-32 所示，为实现"快进→Ⅰ工进→Ⅱ工进→快退→停止"工作循环的液压系统，试列出电磁铁动作顺序表。

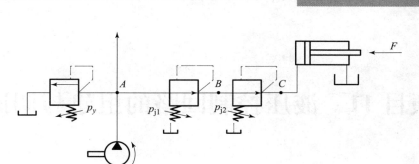

图 10-31 分析与计算题 2

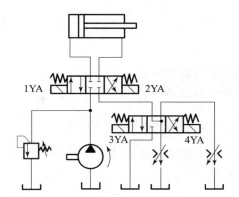

工作循环	电磁铁			
	1YA	2YA	3YA	4YA
快进				
Ⅰ工进				
Ⅱ工进				
快退				
停止				
注:"+"表示电磁铁得电,"-"表示电磁铁断电				

图 10-32 分析与计算题 3

| 155 |

项目 11　液压控制回路的组建与调试

项目导读

本项目通过换向回路、二级压力控制回路及容积节流调速回路的组建与调试训练达到以下目标。

项目目标

(1) 知道方向控制回路、压力控制回路及速度控制回路的基本工作原理。
(2) 了解方向控制回路、压力控制回路及速度控制回路的功用。

能力目标

通过对典型的方向控制回路、压力控制回路及速度控制回路的组建与调试训练，不仅能增加对方向控制回路、压力控制回路及速度控制回路的组成、工作原理的感性认识，更能增强理论分析及动手操作能力。

任务 1　换向回路的组建与调试

一、回路原理

图 11-1 所示为典型换向回路的工作原理。该回路为利用行程开关控制三位四通电磁换向阀动作的换向回路，按下启动按钮，1YA 通电，阀左位工作，液压缸左腔进油，活塞向右运动；当触动行程开关 2ST 时，1YA 断电，2YA 通电，阀右位工作，液压缸右腔进油，活塞向左运动；当触动行程开关 1ST 时，2YA 断电，1YA 通电，阀左位工作，液压缸由左腔进油，活塞向右运动。这样往复变换换向阀的工作位置，就可以自动改变活塞的移动方向。1YA，2YA 都断电，活塞停止运动。

二、实作步骤

(1) 按图 11-1 选择所需要的单向定量泵、三位四通电磁换向阀、行程开关、溢流阀、液压缸、压力表、油箱、管件等液压元件，并在液压实训台上对回路进行连接。
(2) 经检查确定无误后接通电源，连接三位四通电磁换向阀，启动电气控制面板上的

项目11 液压控制回路的组建与调试

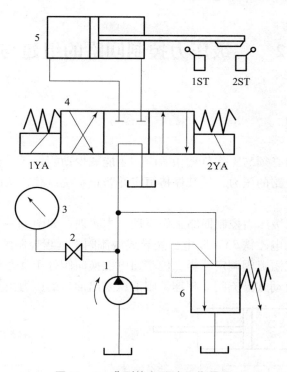

图 11 – 1　典型换向回路工作原理
1—单向定量泵；2—截止阀；3—压力；4—三位四通电磁换向阀；5—液压缸；6—溢流阀

电源开关。

（3）启动液压泵前，应调截止阀至全关位置、溢流阀至全开位置。

（4）启动液压泵开关，调节溢流阀的开启压力，使压力表达到预定的压力，利用三位四通电磁换向阀的换向功能使活塞进行往复运动。

（5）观察活塞运动情况并对活塞运动的稳定性进行分析。

（6）三位四通电磁换向阀断电，液压缸停止动作，调溢流阀全开，液压泵卸荷，关闭电动机。

（7）对训练过程中取得的数据和观察到的现象进行分析总结，得出结论。

三、注意事项

（1）在实训过程中要严格按照教师的要求进行操作，不能擅自动用设备，以免发生安全事故。

（2）要正确地安装和固定好元件，管路要连接牢固，避免软管脱出引起事故。

（3）不得使用超过限制的工作压力。

（4）要按要求接好回路，经指导教师检查无误后才能启动电动机。

（5）实训现象不能按要求实现时，要仔细检查错误点，认真分析产生错误的原因。

（6）在有压力的情况下不准拆卸管子。

（7）完成任务，经老师检查评价后，关闭电源，拆下管线，将元件放回原来位置。

任务2　二级压力控制回路的组建与调试

一、回路原理

液压系统中的压力必须与工作负载相适应，才能减少动能损耗。通过利用调压回路可以控制整个系统或局部支路的压力，使其保持恒定并防止系统过载，从而保证整个系统在限定压力下完成预定工作。

图 11-2 所示为二级压力控制回路工作原理。本实训在如图 11-2 所示位置时，由于二位二通电磁换向阀 3 的电磁铁 3YA 断电，先导式溢流阀 1 远程控制油口被堵死，则液压泵 4 出油口的压力由先导式溢流阀调定，当二位二通电磁换向阀处于常态位工作时，先导式溢流阀的远程控制油口与直动式溢流阀 2 相连，则液压泵出油口的压力由直动式溢流阀调定。

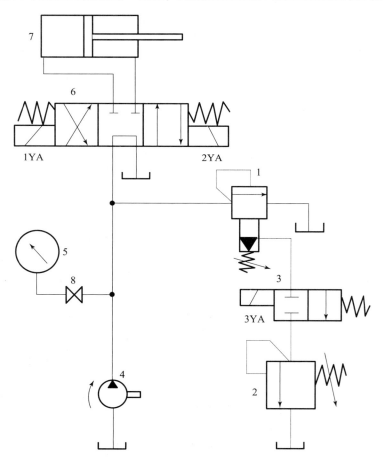

图 11-2　二级压力控制回路工作原理

1—先导式溢流阀；2—直动式溢流阀；3—二位二通电磁换向阀；4—液压泵；
5—压力表；6—三位四通电磁换向阀；7—液压缸；8—截止阀

二、实作步骤

(1) 按图 11-2 选择所需要的单向定量泵、三位四通电磁换向阀、二位二通电磁换向阀、先导式溢流阀、直动式溢流阀、液压缸、压力表、油箱、管件等液压元件，并在液压实训台上对回路进行连接。

(2) 经检查确定无误后接通电源，连接三位四通电磁换向阀、二位二通电磁换向阀，启动电气控制面板上的电源开关。

(3) 启动液压泵开关，利用三位四通电磁换向阀的换向功能使活塞进行往复运动。

(4) 观察并分析在二位二通电磁换向阀电磁铁通电与不通电时系统中压力表的变化。

(5) 三位四通电磁换向阀断电，液压缸停止动作，调先导式溢流阀和直动式溢流阀全开，液压泵卸荷，关闭电动机。

(6) 对训练过程中取得的数据和观察到的现象进行分析和总结，得出结论。

三、注意事项

(1) 在实训过程中要严格按照教师的要求进行操作，不能擅自动用设备，以免发生安全事故。

(2) 要正确地安装和固定好元件，管路要连接牢固，避免软管脱出引起事故。

(3) 不得使用超过限制的工作压力。

(4) 启动电动机前，调直动式溢流阀和先导式溢流阀全开，并经指导教师检查无误后才能启动电动机。

(5) 实训现象不能按要求实现时，要仔细检查错误点，认真分析产生错误的原因。

(6) 在有压力的情况下不准拆卸管子。

(7) 完成任务，经老师检查评价后，关闭电源，拆下管线，将元件放回原来位置。

任务 3　容积节流调速回路的组建与调试

一、回路原理

通过改变变量泵排量和调节调速阀流量配合工作来调节速度的回路，称为容积节流调速回路。变量泵输出的油液经调速阀进入液压缸，调节调速阀即可改变进入液压缸的流量而实现调速，此时变量泵的供油量会自动地与之相适应。

图 11-3 所示为典型容积节流调速回路的工作原理。在图 11-3 所示位置时，二位四通电磁换向阀 3 处于常态位，调速阀 5 安装在液压缸 6 的进油路上，可对液压缸的运动速度进行调节。当给二位四通电磁换向阀的电磁铁通电时，液压缸的回油经单向阀 4、二位四通电磁换向阀 3 及背压阀 7 流回油箱。

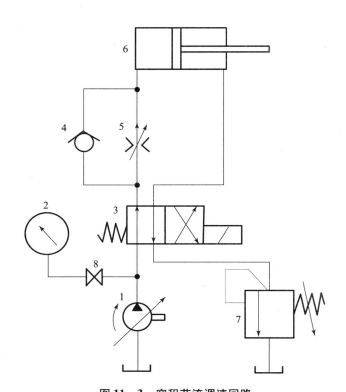

图 11-3 容积节流调速回路

1—单向变量泵；2—压力表；3—二位四通电磁换向阀；4—单向阀；
5—调速阀；6—液压缸；7—背压阀；8—截止阀

二、实作步骤

（1）按图 11-3 选择所需要的单向变量泵、压力表、二位四通电磁换向阀、单向阀、调速阀、液压缸、背压阀、油箱、管件等液压元件，并在液压实训台上对回路进行连接。

（2）经检查确定无误后接通电源，连接二位四通电磁换向阀。

（3）启动液压泵开关，利用二位四通电磁换向阀的换向功能使液压缸活塞进行往复运动。

（4）当二位四通电磁换向阀处在常态位时，调节调速阀的开口量并观察液压缸运动的速度变化情况。

（5）当换向阀处于常态位，调速阀的开口量一定时，观察负载变化时液压缸运动速度的变化情况。

（6）对训练过程中取得的数据和观察到的现象进行分析总结，得出结论。

三、注意事项

（1）在实训过程中要严格按照教师的要求进行操作，不能擅自动用设备，以免发生安全事故。

(2) 要正确地安装和固定好元件，管路要连接牢固，避免软管脱出引起事故。
(3) 启动电动机前，调截止阀至全关。
(4) 启动电动机前，调调速阀和背压阀全开，并经指导教师检查无误后才能启动电动机。
(5) 当实训现象不能按要求实现时，要仔细检查错误点，认真分析产生错误的原因。
(6) 在有压力的情况下不准拆卸管子。
(7) 完成任务，经老师检查评价后，关闭电源，拆下管线，将元件放回原来位置。

项目 12　典型液压传动系统的分析及故障排除

项目导读

本项目通过对组合机床、数控车床、液压机械手三个典型液压系统的实例分析和技能训练，进一步加强对各种液压元件和基本回路的综合运用能力，为液压系统的安装、调试、使用和维护打下良好的基础。

项目目标

（1）了解常见设备中液压传动系统的阅读方法。
（2）知道各液压元件在系统中的作用。
（3）知道液压传动系统安装连接的方法和注意事项。

能力目标

（1）具有正确选择液压元件并组装完整液压系统的能力。
（2）学会正确分析、判断液压传动系统中的常见故障，具有排除常见故障的能力。

任务 1　组合机床动力滑台液压系统的分析及故障排除

一、概述

组合机床是由具有一定功能的通用部件和一部分专用部件组成的高效率的专用机床。组合机床的基本结构组成如图 12-1 所示。

其通用部件有支撑件（包括立柱 1、立柱底座 2、侧底座 5、中间底座 6）、动力箱 3、滑台 4 和输送部件（回转和移动工作台，图中未给出）等，而专用部件有多轴箱 8 和夹具 7。它通常采用多轴、多刀、多面、多工位加工，能完成钻、镗、铣、扩、铰、攻螺纹、磨削及其他精加工工序。其加工范围广，自动化程度高，在成批和大量生产中得到了广泛的应用。这里仅介绍组合机床动力滑台液压系统。

滑台上常安装着各种刀具，动力箱上的电动机带动刀具实现主运动（即旋转运动），而滑台用来完成刀具的轴向进给运动。多数滑台采用液压驱动，以便实现自动工作循环"快进→一工进→二工进→死挡铁停留→快退→原位停止"等。组合机床动力滑台液压系统是一种以速度变换为主的中压系统。

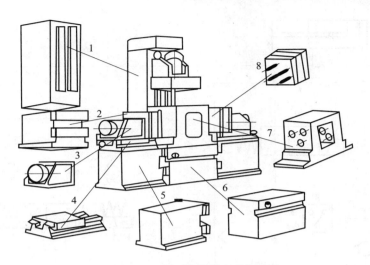

图 12-1 组合机床的基本结构组成

1—立柱；2—立柱底座；3—动力箱；4—滑台；5—侧底座；6—中间底座；7—夹具；8—多轴箱

本任务要求能对 YT4543 型动力滑台的液压系统进行全面分析，能正确选择液压元件并组装完整的液压系统，进行调试和维护，并学会正确分析、研究液压传动系统中的常见故障，且具有动手排除常见故障的能力。

二、YT4543 型动力滑台液压系统工作原理

YT4543 型动力滑台液压系统用限压式变量叶片泵供油，电磁换向阀换向，行程阀实现快、慢速度转换，串联调速阀实现两种工作进给速度的转换，其最大进给速度为 7.3m/min，最大推力为 45kN。YT4543 型动力滑台的液压系统如图 12-2 所示。

1. 快进

按下启动按钮，电液换向阀 4 的电磁铁 1YA 通电，使电液换向阀 4 的先导阀左位工作，控制油液经先导阀左位经单向阀进入主液动换向阀的左端使其左位接入系统，变量叶片泵泵 2 输出的油液经主液动换向阀左位进入液压缸 5 的左腔（无杆腔），因为此时为空载，系统压力不高，液控顺序阀 13 仍处于关闭状态，故液压缸右腔（有杆腔）排出的油液经主液动换向阀左位也进入了液压缸的无杆腔。这时液压缸 5 为差动连接，限压式变量泵输出流量最大，动力滑台实现快进。系统控制油路和主油路中油液的流动路线如下：

（1）控制油路

进油路：滤油器 1→变量叶片泵 2→电液换向阀 4 的先导阀的左位→左单向阀→电液换向阀 4 的主阀的左位。

回油路：电液换向阀 4 的右位→右节流阀→电液换向阀 4 的先导阀的左位→油箱。

（2）主油路

进油路：滤油器 1→变量叶片泵 2→单向阀 3→电液换向阀 4 的主阀的左位→行程换向阀 6 的下位→液压缸 5 的左腔。

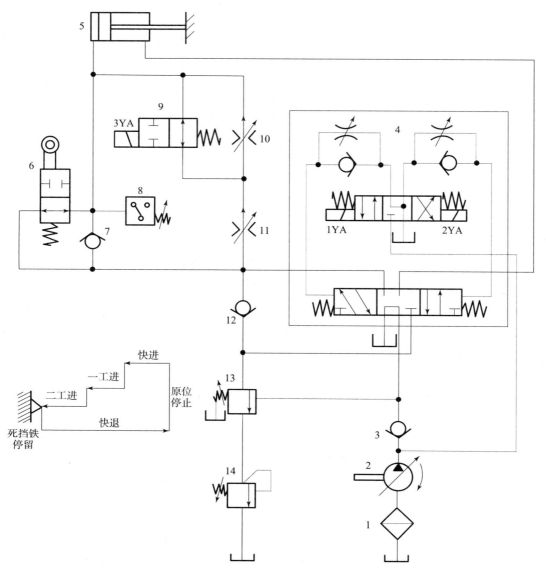

图 12-2　YT4543 型动力滑台的液压系统

1—滤油器；2—变量叶片泵；3，7，12—单向阀；4—电液换向阀；5—液压缸；6—行程换向阀；
8—压力继电器；9—二位二通电磁换向阀；10，11—调速阀；13—液控顺序阀；14—背压阀

回油路：液压缸 5 的右腔→电液换向阀 4 的主阀的左位→单向阀 12→行程换向阀 6 的下位→液压缸 5 的左腔。

2. 一工进

当快进完成时，滑台上的挡块压下行程换向阀 6，行程换向阀上位工作，阀口关闭，这时电液换向阀 4 仍工作在左位，变量叶片泵 2 输出的油液通过电液换向阀 4 后只能经调速阀 11 和二位二通电磁换向阀 9 右位进入液压缸 5 的左腔。由于油液经过调速阀而使系统压力升高，于是将液控顺序阀 13 打开，并关闭单向阀 12，液压缸差动连接的油路被切断，液压

缸 5 右腔的油液只能经液控顺序阀 13、背压阀 14 流回油箱，这样就使滑台由快进转换为第一次工进。由于工进时液压系统油路压力升高，所以限压式变量泵的流量自动减小，滑台实现第一次工进，工进速度由调速阀 11 调节。此时控制油路不变，其主油路如下：

进油路：滤油器 1→变量叶片泵 2→单向阀 3→电液换向阀 4 的主阀的左位→调速阀 11→二位二通电磁换向阀 9 的右位→液压缸 5 的左腔。

回油路：液压缸 5 的右腔→电液换向阀 4 的主阀的左位→液控顺序阀 13→背压阀 14→油箱。

3. 二工进

第二次工进时的控制油路和主油路的回油路与第一次工进时基本相同，不同之处是当第一次工进结束时，滑台上的挡块压下行程开关，发出电信号使二位二通电磁换向阀 9 的电磁铁 3YA 通电，二位二通电磁换向阀 9 左位接入系统，切断了该阀所控制的油路，经调速阀 11 的油液必须通过调速阀 10 进入液压缸 5 的左腔。此时液控顺序阀 13 仍开启。由于调速阀 10 的阀口开口量小于调速阀 11，系统压力进一步升高，限压式变量泵的流量进一步减少，使得进给速度降低，滑台实现第二次工进，工进速度可由调速阀 10 调节。其主油路如下：

进油路：滤油器 1→变量叶片泵 2→单向阀 3→电液换向阀 4 的主阀的左位→调速阀 11→调速阀 10→液压缸 5 的左腔。

回油路：液压缸 5 的右腔→电液换向阀 4 的主阀的左位→液控顺序阀 13→背压阀 14→油箱。

4. 死挡铁停留

当滑台完成第二次工进时，动力滑台与死挡铁相碰撞，液压缸停止不动。这时液压系统压力进一步升高，当达到压力继电器 8 的调定压力后，压力继电器动作，发出电信号传给时间继电器，由时间继电器延时控制滑台的停留时间。在时间继电器延时结束之前，动力滑台将停留在死挡铁限定的位置上，且停留期间液压系统的工作状态不变。停留时间可根据工艺要求由时间继电器来调定。设置死挡铁的作用是可以提高动力滑台行程的位置精度。这时的油路同第二次工进的油路，但实际上，液压系统内的油液已停止流动，变量叶片泵 2 的流量已减至很小，仅用于补充泄漏油。

5. 快退

动力滑台停留时间结束后，时间继电器发出电信号，使电磁铁 2YA 通电，1YA、3YA 断电。这时电液换向阀 4 的先导阀右位接入系统，电液换向阀 4 的主阀也换为右位工作，油路换向。因滑台返回时为空载，液压系统压力低，变量叶片泵 2 的流量又自动恢复到最大值，故滑台快速退回，其油路如下：

（1）控制油路。

进油路：滤油器 1→变量叶片泵 2→电液换向阀 4 的先导阀的右位→右单向阀→电液换向阀 4 的主阀的右位。

回油路：电液换向阀 4 的主阀的左位→左节流阀→电液换向阀 4 的先导阀的右位→油箱。

(2) 主油路。

进油路：滤油器1→变量叶片泵2→单向阀3→电液换向阀4的主阀的右位→液压缸5的右腔。

回油路：液压缸5的左腔→单向阀7→电液换向阀4的主阀的右位→油箱。

6. 原位停止

当动力滑台快退到原始位置时，挡块压下行程开关，使电磁铁2YA断电，这时电磁铁1YA、2YA、3YA都失电，电液换向阀4的先导阀及主阀都处于中位，液压缸5两腔被封闭，动力滑台停止运动，滑台锁紧在起始位置上。变量叶片泵2通过电液换向阀4的中位卸荷。其油路如下：

（1）控制油路

电液换向阀4的主阀的左位回油→左节流阀→电液换向阀4的先导阀的中位→油箱；

电液换向阀4的主阀的右位回油→右节流阀→电液换向阀4的先导阀的中位→油箱。

（2）主油路。

进油路：滤油器1→变量叶片泵2→单向阀3→电液换向阀4的先导阀的中位→油箱。

回油路：液压缸5的左腔→单向阀7→电液换向阀4的先导阀的中位→油箱；

液压缸5的右腔→电液换向阀4的先导阀的中位（堵塞）。

在阅读和分析液压系统时，可参阅电磁铁和行程阀的动作顺序，见表12-1。

表12-1　组合机床动力滑台液压系统电磁铁和行程阀的动作顺序

工作循环	电磁铁			行程阀
	1YA	2YA	3YA	
快进	+	−	−	−
一工进	+	−	−	+
二工进	+	−	+	+
死挡铁停留	+	−	+	+
快退	−	+	−	±
原位停止	−	−	−	−

注："＋"表示电磁铁得电或行程阀被压下，"－"表示电磁铁断电或行程阀抬起。

三、YT4543型动力滑台液压系统特点

由以上分析可知，该系统具有以下特点：

（1）该系统采用了由限压式变量泵和调速阀组成的进油路容积节流调速回路，这种回路能够使动力滑台得到稳定的低速运动和较好的速度负载特性，而且由于系统无溢流损失，故效率较高。另外，回路中设置了背压阀，可以改善动力滑台运动的平稳性，并能使滑台承受一定的反向负载。

（2）该系统采用了限压式变量泵和液压缸的差动连接回路来实现快速运动，使能量的利用比较经济合理。动力滑台停止运动时，换向阀使液压泵在低压下卸荷，减少了能量损失。

（3）系统采用行程阀和液控顺序阀实现快进与工进的速度换接，动作可靠，速度换接平稳。同时，调速阀可起到加载的作用，在刀具与工件接触之前就能可靠地转入工作进给，因此不会引起刀具和工件的突然碰撞。

（4）在行程终点采用了死挡铁，不仅提高了进给时的位置精度，还扩大了动力滑台的工艺范围，更适合于镗削阶梯孔、刮端面等加工工序。

（5）由于采用了调速阀串联的二次进给调速方式，故可使启动和速度换接时的前冲量较小，并便于利用压力继电器发出信号进行控制。

四、YT4543 型动力滑台液压系统常见故障的查找及排除

1. 训练目的

（1）根据系统要求，能正确判断出 YT4543 型动力滑台液压系统中常见故障产生的原因。

（2）根据系统要求，能正确排除 YT4543 型动力滑台液压系统中出现的故障。

2. 训练回路图

训练回路图如图 12-2 所示。

训练步骤

教师可人为设置故障，让学生排查。

（1）根据液压传动系统原理图正确选择各元件，熟练进行液压传动系统回路的连接，能正确调节各元件。

（2）根据液压传动系统原理图，分析压力故障可能是由哪些元件引起的。

（3）根据液压传动系统原理图，分析执行元件运动方向故障可能是由哪些元件引起的。

（4）根据液压传动系统原理图，分析执行元件运动速度故障可能是由哪些元件引起的。

（5）用排除法找出故障并排除。

（6）对训练过程中取得的数据和观察到的现象进行分析和总结，得出结论。

（7）完成任务，经老师检查评价后，关闭电源，拆下管线，将元件放回原来位置。

任务 2　数控车床液压系统的分析及故障排除

一、概述

装有程序控制系统的车床简称数控车床。在数控车床上进行车削加工时，其自动化程度

高，能获得较高的加工质量。目前，在数控车床上，大多应用了液压传动控制系统。图12-3所示为数控车床结构组成示意图。本任务要求能对MJ-50型数控车床的液压系统进行全面分析，能正确选择液压元件并组装完整的液压系统，进行调试和维护，并学会正确分析和研究液压传动系统中的常见故障，具有动手排除常见故障的能力。

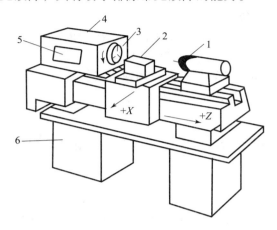

图12-3 数控车床结构组成示意图

1—尾座套筒；2—自动回转刀架刀盘；3—主轴卡盘；4—主轴箱；5—数控系统操作面；6—床身

二、MJ-50型数控车床液压系统的工作原理

图12-4所示为MJ-50型数控车床液压系统原理，它主要承担卡盘、回转刀架与刀盘及尾座套筒的驱动与控制，能实现卡盘的夹紧、放松和两种夹紧力（高与低）之间的转换，以及回转刀盘的正反转、刀盘的松开与夹紧和尾座套筒的伸缩。液压系统所有电磁铁的通、断均由数控系统用PLC来控制。整个系统由卡盘、回转刀盘及尾座套筒3个分系统组成，并以一变量液压泵为动力源。系统的压力值调定为4MPa。

1. 卡盘分系统

卡盘分系统由两个二位四通电液换向阀（其中一个带两个电磁铁）、两个减压阀和一个液压缸组成。

高压夹紧：1YA通电、3YA断电，二位四通电液换向阀1和二位四通电液换向阀2均位于左位。夹紧力的大小可通过减压阀6调节。这时，液压缸活塞左移使卡盘夹紧（称正卡或外卡），减压阀6的调定值高于减压阀7，卡盘处于高压夹紧状态。松夹时，1YA断电、2YA通电，二位四通电液换向阀1切换至右位，活塞右移，卡盘松开。

低压夹紧：这时3YA通电，使二位四通电液换向阀2切换至右位，压力油经减压阀7进入。通过调节减压阀7便能实现低压夹紧状态下的夹紧力。

2. 回转刀盘（自动换刀）分系统

自动回转刀盘分系统有两个执行元件，刀盘的松开与夹紧由液压缸执行，而液压马达则驱动刀盘回转。

刀盘的松开与夹紧是通过二位四通电液换向阀4的切换来实现的。

刀盘的正、反转通过三位四通换向阀3的切换控制,两个单向调速阀9和10与变量液压泵使液压马达在正、反转时都能通过进油路容积节流调速来调节旋转速度。

自动换刀的完整过程是:刀盘松开→刀盘通过左转或右转就近到达指定刀位→刀盘夹紧。因此,电磁铁的动作顺序是:4YA通电(刀盘松开)→8YA(正转)或7YA(反转)通电(刀盘旋转)→8YA或7YA断电(刀盘停止转动)→4YA断电(刀盘夹紧)。

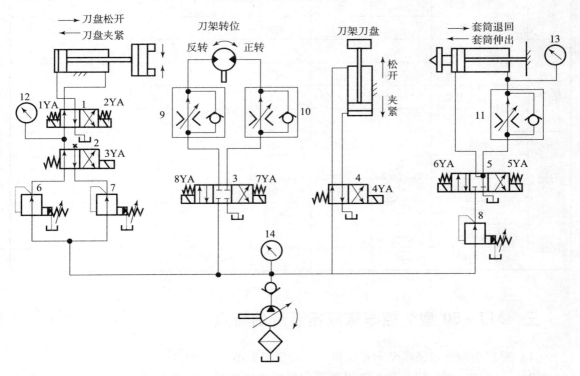

图12-4 MJ-50型数控车床液压系统原理

1,2,4—二位四通电液换向阀;3,5—三位四通换向阀;
6,7,8—减压阀;9,10,11—单向调速阀;12,13,14—压力表

3. 尾座套筒分系统

尾座套筒通过液压缸实现顶出与缩回操作。控制回路由减压阀8、三位四通换向阀5和单向调速阀11组成。减压阀8将系统压力降为尾座套筒顶紧所需的压力。单向调速阀11用于在尾座套筒伸出时实现回油节流调速,以控制伸出速度。6YA通电,尾座套筒伸出;5YA通电,尾座套筒缩回。

MJ-50型数控车床由液压系统实现的动作有:刀盘的夹紧与松开、刀架的夹紧与松开、刀架的正转与反转、尾座套筒的伸出与缩回。液压系统中各电磁铁动作由数控系统的PLC控制实现,各电磁铁的动作顺序见表12-2。

表 12-2　各电磁铁的动作顺序

各种项目			电磁铁							
			1YA	2YA	3YA	4YA	5YA	6YA	7YA	8YA
刀盘正卡	高压	夹紧	+	−	−	−	−	−	−	−
		松开	−	+	−	−	−	−	−	−
	低压	夹紧	+	−	+	−	−	−	−	−
		松开	−	+	+	−	−	−	−	−
刀盘反卡	高压	夹紧	−	+	−	−	−	−	−	−
		松开	+	−	−	−	−	−	−	−
	低压	夹紧	−	+	+	−	−	−	−	−
		松开	+	−	+	−	−	−	−	−
刀架	正转		−	−	−	−	−	−	−	+
	反转		−	−	−	−	−	−	+	−
	松开		−	−	−	+	−	−	−	−
	夹紧		−	−	−	−	−	−	−	−
尾座	套筒伸出		−	−	−	−	−	+	−	−
	套筒退回		−	−	−	−	+	−	−	−

三、MJ-50 型数控车床液压系统的特点

（1）采用单向变量液压泵向系统供油，能量损失小。

（2）采用换向阀控制卡盘，实现高压和低压夹紧的转换，并且可分别调节高压夹紧或低压夹紧压力的大小。这样可根据工件情况调节夹紧力，操作方便、简单。

（3）用液压马达实现刀架的转位，可实现无级调速，并能控制刀架正、反转。

（4）用换向阀控制尾座套筒液压缸的换向，以实现套筒的伸出或缩回，并能调节尾座套筒伸出工作时的预紧力，以适应不同工件的需要。

（5）压力计可分别显示系统相应处的压力，以便于故障诊断和调节。

四、MJ-50 型数控车床液压系统常见故障的查找及排除

1. 训练目的

（1）根据系统要求，能正确判断出 MJ-50 型数控车床液压系统中常见故障产生的原因。

（2）根据系统要求，能正确排除 MJ-50 型数控车床液压系统中出现的故障。

2. 训练回路图

训练回路图如图 12-4 所示。

3. 训练步骤

教师可人为设置故障，让学生排查。

（1）根据液压传动系统原理图正确选择各元件，熟练进行液压传动系统回路的连接，能正确调节各元件。

（2）根据液压传动系统原理图，分析压力故障可能是由哪些元件引起的。

（3）根据液压传动系统原理图，分析执行元件运动方向故障可能是由哪些元件引起的。

（4）根据液压传动系统原理图，分析执行元件运动速度故障可能是由哪些元件引起的。

（5）用排除法找出故障并排除。

（6）对训练过程中取得的数据和观察到的现象进行分析和总结，得出结论。

（7）完成任务，经老师检查评价后，关闭电源，拆下管线，将元件放回原来位置。

任务 3　机械手液压系统的分析与故障排除

一、概述

机械手是模仿人的手部动作，按给定程序、轨迹和要求，实现自动抓取、搬运和操作的机械装置。它属于典型的机电一体化产品。在高温、高压、危险、易燃易爆、放射性等恶劣环境下，以及笨重、单调、频繁的操作中，它代替了人工操作，因而具有十分重要的意义。机械手广泛应用于机械加工、轻工业、交通运输、国防工业等领域。机械手驱动系统一般可采用液压、气动、机械或电－液－机联合等方式控制。

本任务要求能对 JS-1 型液压机械手的液压系统进行全面分析；能正确选择液压元件并组装完整的液压系统，进行调试和维护；学会正确分析和研究液压传动系统中的常见故障，具有动手排除常见故障的能力。

二、JS-1 型液压机械手液压系统工作原理

该系统的工作原理如图 12-5 所示，其电磁铁在电气控制系统的控制下，按一定的程序通、断电，从而控制 5 个液压缸按一定程序动作。各电磁铁的动作顺序见表 12-3。

JS-1 型液压机械手的结构原理如图 12-6 所示。手臂回转运动由安装在底部的齿条液压缸 20 驱动，手臂上下运动由液压缸 27 驱动，手臂伸缩运动由液压缸 28 实现，手腕回转运动由齿条液压缸 19 带动，手指松夹工件运动由液压缸 18 实现。

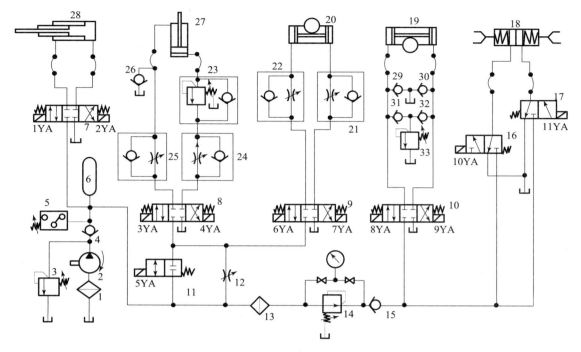

图 12-5　JS-1 型液压机械手液压系统原理

1—过滤器；2—液压泵；3，33—溢流阀；4，15，26，29，30，31，32—单向阀；5—压力继电器；6—蓄能器；7，8，9，10，11，16，17—换向阀；12—节流阀；13—精过滤器；14—减压阀；18，27，28—液压缸；19，20—齿条液压缸；21，22，24，25—单向节流阀；23—单向顺序阀

表 12-3　各电磁铁的动作顺序

机械手动作	电磁铁										
	1YA	2YA	3YA	4YA	5YA	6YA	7YA	8YA	9YA	10YA	11YA
手臂顺转					±	−	+				
手臂逆转					±	+	−				
手臂上升			−	+	±						
手臂下降			+	−	±						
手臂伸出	−	+									
手臂缩回	+	−									
手腕顺转								+	−		
手腕逆转								−	+		
手指夹紧										−	−
手指松开										+	+

项目12 典型液压传动系统的分析及故障排除

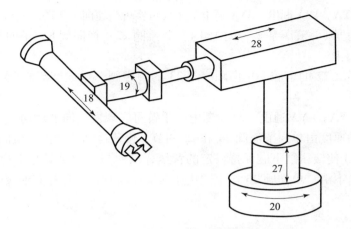

图 12-6 JS-1 型液压机械手的结构原理
18, 27, 28—液压缸；19, 20—齿条液压缸

1. 手臂回转

电磁铁 5YA 通电时，换向阀 11 左位工作，手臂在齿条液压缸 20 的驱动下可快速回转，由电磁铁 6YA 和 7YA 的通、断电可控制手臂的回转方向。

（1）若 7YA 通电、6YA 断电，换向阀 9 右位接入系统，手臂顺时针快速转动。其进、回油路线如下：

进油路：过滤器 1→液压泵 2→单向阀 4→换向阀 11（右）→换向阀 9→单向节流阀 21 的单向阀→齿条液压缸 20 的右腔。

回油路：液压缸 20 的左腔→单向节流阀 22 的节流阀→换向阀 9→油箱。

（2）若 7YA 通电，5YA、6YA 断电，换向阀 9、11 右位接入系统，手臂顺时针慢速转动。其进、回油路线如下：

进油路：过滤器 1→液压泵 2→单向阀 4→节流阀 12→换向阀 9→单向节流阀 21 的单向阀→液压缸 20 右腔。

回油路：液压缸 20 的左腔→单向节流阀 22 的节流阀→换向阀 9→油箱。

（3）若 5YA、6YA 通电，7YA 断电，手臂实现逆时针快速转动。

（4）若 5YA、7YA 断电，6YA 通电，手臂实现逆时针慢速转动。

2. 手臂上下运动

电磁铁 5YA 通电时，换向阀 11 左位接入系统，手臂在液压缸 27 的驱动下可快速上下运动，由电磁铁 3YA、4YA 的通、断电可控制手臂上下运动的方向。

（1）电磁铁 5YA、3YA 通电，4YA 断电，手臂可实现快速向下运动。其进、回油路线如下：

进油路：过滤器 1→液压泵 2→单向阀 4→换向阀 11→换向阀 8→单向节流阀 25 的单向阀→液压缸 27 的上腔。

回油路：液压缸 27 的下腔→单向顺序阀 23 的顺序阀→单向节流阀 24 的节流阀→换向阀 8→油箱。

（2）电磁铁 5YA、4YA 通电，3YA 断电，手臂可实现快速向上运动。

（3）电磁铁5YA、4YA断电，3YA通电，手臂可实现慢速向下运动。其进、回油路线如下：

进油路：过滤器1→液压泵2→单向阀4→节流阀12→换向阀8→单向节流阀25的单向阀→液压缸27的上腔。

回油路：液压缸27的下腔→单向顺序阀23的顺序阀→单向节流阀24的节流阀→换向阀8→油箱。

（4）电磁铁5YA、4YA通电，3YA断电，手臂可实现慢速向上运动。

手臂快速运动速度由单向节流阀24和25调节，慢速运动速度由节流阀12调节。

单向顺序阀23使液压缸下腔保持一定的背压，以便与重力负载相平衡，避免手臂在下行中因自重而超速下滑；单向阀26在手臂快速向下运动时，起到补充油液的作用。

3. 手臂伸缩

（1）伸出：电磁铁2YA通电、1YA断电，换向阀7右位接入系统，手臂在液压缸28的驱动下可快速伸出。其进、回油路线如下：

进油路：过滤器1→液压泵2→单向阀4→换向阀7→液压缸28的右腔。

回油路：液压缸28的左腔→换向阀7→油箱。

（2）缩回：电磁铁1YA通电、2YA断电，换向阀7左位接入系统，手臂在液压缸28的驱动下可快速缩回。

4. 手腕回转

（1）电磁铁8YA通电、9YA断电，换向阀10左位接入系统，手腕在齿条液压缸19的驱动下可顺时针快速回转。其进、回油路线如下：

①进油路：过滤器1→液压泵2→单向阀4→精过滤器13→减压阀14→单向阀15→换向阀10→齿条液压缸19的左腔。

②回油路：齿条液压缸19的右腔→换向阀10→油箱。

（2）电磁铁9YA通电、8YA断电，换向阀10右位接入系统，手腕在齿条液压缸19的驱动下可逆时针快速回转。

单向阀29和30在手腕快速回转时，可起到补充油液的作用；溢流阀33对手腕回转油路起安全保护作用。

5. 手指夹紧与松开

电磁铁10YA和11YA断电时，手指在弹簧力的作用下处于夹紧工作状态。

（1）10YA通电，换向阀16左位接入系统，左手指松开。其进、回油路线如下：

进油路：过滤器1→液压泵2→单向阀4→精过滤器13→减压阀14→单向阀15→换向阀16→液压缸18的左腔。

回油路：液压缸18的右腔→换向阀17→油箱。

（2）电磁铁11YA通电时，换向阀17右位接入系统，右手指松开。

三、JS-1型液压机械手液压系统特点

JS-1型液压机械手液压系统的特点是：蓄能器6与液压泵2共同向液压缸供油而起到

增速作用，同时蓄能器还能缓冲吸振，使系统工作稳定可靠；减压阀 14 保证了手腕、手指油路有较低的稳定压力，使手腕、手指的动作灵活可靠；单向阀 15 可保证手腕、手指的运动不会因手臂快速运动而失控。

四、JS-1 型液压机械手液压系统常见故障的查找及排除

1. 训练目的

（1）根据系统要求，能正确判断出 JS-1 型液压机械手液压系统中常见故障产生的原因。

（2）根据系统要求，能正确排除 JS-1 型液压机械手液压系统中出现的故障。

2. 训练回路图

训练回路图如图 12-6 所示。

3. 训练步骤

教师可人为设置故障，让学生排查。

（1）根据液压传动系统原理图正确选择各元件，熟练进行液压传动系统回路的连接，能正确调节各元件。

（2）根据液压传动系统原理图，分析压力故障可能是由哪些元件引起的。

（3）根据液压传动系统原理图，分析执行元件运动方向故障可能是由哪些元件引起的。

（4）根据液压传动系统原理图，分析执行元件运动速度故障可能是由哪些元件引起的。

（5）用排除法找出故障并排除。

（6）对训练过程中取得的数据和观察到的现象进行分析和总结，得出结论。

（7）完成任务，经老师检查评价后，关闭电源，拆下管线，将元件放回原来位置。

思考与练习

一、简述题

1. 简述组合机床的基本结构组成。
2. YT4543 型动力滑台液压系统有何特点？
3. 简述 MJ-50 型数控车床液压系统的特点。

二、分析题

图 12-7 所示为专用铣床液压系统，要求一次安装两只工件并同时加工。工作循环为"手工上料→夹紧→快进→工进→快退→松开→手工卸料"。分析系统回答下列问题：

(1) 填写表12-4中电磁铁和压力继电器动作顺序。

(2) 哪些工况由单泵供油？哪些工况由双泵供油？

(3) 该液压系统由哪些基本回路组成？

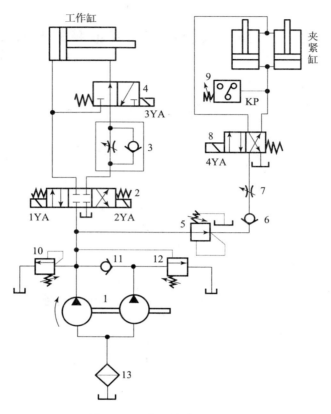

图 12-7　专用铣床液压系统

1—双联叶片泵；2，4，8—换向阀；3—单向节流阀；5—减压阀；6，11—单向阀；7—节流阀；
9—压力继电器；10—溢流阀；12—外控顺序阀；13—过滤器

表 12-4　电磁铁和压力继电器动作顺序

动作顺序	1YA	2YA	3YA	4YA	KP
手工上料					
工件自动夹紧					
工作台快进					
铣削进给					
工作台快退					
夹具松开					
手工卸料					

项目 13　液压传动系统的设计计算及实例分析

📖 项目导读

本项目通过对液压传动系统设计计算的基本方法和液压系统设计实例的分析研究，进一步加强对各种液压元件和基本回路综合运用的能力，为液压系统的安装、调试、使用和维护打下良好的基础。

📖 项目目标

(1) 知道液压传动系统设计计算的基本方法。
(2) 能设计实际的液压系统。

📖 能力目标

(1) 能正确选择液压元件，设计满足要求的液压回路。
(2) 能将设计的液压回路组合成完整的液压系统。
(3) 能对设计的液压系统完成设计质量的评估。

任务 1　液压传动系统的设计计算

一、液压系统的设计步骤

液压系统设计是液压机械主机设计的一部分，它与主机设计是紧密联系的，有时由主机设计者设计；有时则以技术任务书的形式提出设计课题、原始数据及设计要求，由液压设计者进行设计。

液压系统设计的步骤并不是固定不变的，根据设计中的实际情况有些步骤可以省略，有些步骤可以合并，而各个设计步骤又是互相联系、互相制约的，在设计中常常是互相穿插，经过反复修改，取得矛盾的统一后才将液压系统完成。设计时，一般可参考图 13-1 所示的步骤进行。

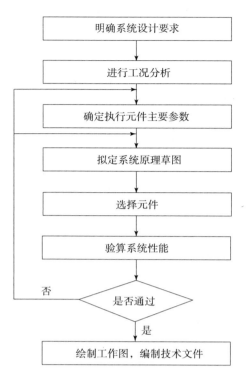

图 13-1 液压系统设计的一般流程

二、液压系统设计要求

液压系统设计要考虑的基本因素主要有以下几个方面。

（1）主机对液压传动系统的动作要求。

包括主机的哪些动作采用液压执行元件，各执行元件的运动方式、行程、动作循环，以及动作间是否需要同步或互锁等。

（2）主机对液压系统传动的性能要求。

对于高精度、高生产率及高度自动化的机械应满足运动平稳性、转换精确及可靠性和自动化程度等方面的要求。

（3）液压传动系统工作环境的要求。

如工作环境的温度、湿度、粉尘度等。另外，周围有无易燃物质以及腐蚀性气体等，也应予以考虑。

（4）其他要求。

如液压装置在温升、噪声、振动、质量、外形尺寸及经济、节能等方面的要求。

三、液压系统的工况分析

工况分析的目的是明确主机在工作过程中执行元件的运动速度和负载的大小及其变化规

律。对于复杂的工况要绘制速度循环图和负载循环图;对于动作简单的系统,这两种图可以省略,但必须找出最大负载和最大速度值。工况分析可提供主机在性能方面的明确要求。

1. 运动分析

根据各执行元件在一个工作循环内各个阶段的速度,绘制以速度为纵坐标、位移或时间为横坐标的速度循环图,掌握一个工作循环中速度的变化情况。图 13-2(a)所示为某组合机床动力滑台一个工作循环的速度-位移($v-s$)曲线。

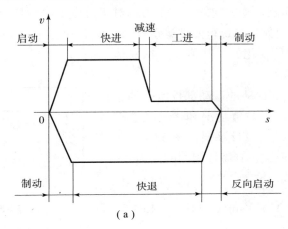

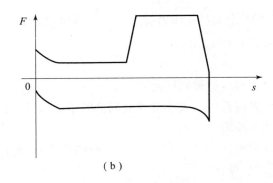

图 13-2 液压传动系统工况
(a)速度-位移;(b)负载-位移

2. 动力分析

动力分析是研究机器在工作过程中,其执行机构的受力情况。对液压系统而言,就是研究液压缸或液压马达的负载情况,图 13-2(b)所示为该组合机床的负载-位移($F-s$)曲线。

1)液压缸的负载及负载循环图

(1)液压缸的负载力计算。

工作机构做直线往复运动时,液压缸必须克服的负载力 F(N)为

$$F = F_a + F_b + F_c \pm F_d \tag{13-1}$$

式中　F_a——外负载阻力（N）；
　　　F_b——回油阻力（N）；
　　　F_c——液压缸缸内密封圈摩擦阻力（N）；
　　　F_d——惯性阻力（N）（注：启动加速时取 $+F_d$；制动减速时取 $-F_d$；匀速运动时取 $F_d = 0$）。

① 外负载阻力。

外负载阻力 F_a 包括工作阻力 F_{aw} 及摩擦阻力 F_{af}：

工作阻力 F_{aw} 为液压缸运动方向的工作阻力，对于机床来说就是沿工作部件运动方向的切削力，此作用力的方向如果与执行元件运动方向相反则为正值，同向则为负值。该作用力可能是恒定的，也可能是变化的，其值要根据具体情况计算或由实验测定。

摩擦阻力 F_{af} 为液压缸带动的运动部件所受的摩擦阻力，它与导轨的形状、放置情况和运动状态有关，其计算方法可查有关的设计手册。图 13-3 所示为最常见的两种导轨形式，其摩擦阻力的值为

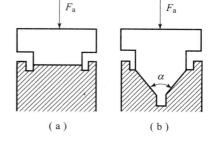

图 13-3　导轨形式
(a) 平导轨；(b) V 形导轨

平导轨　　　$F_{af} = f \sum F_n$　　　（13-2）

V 形导轨　　$F_{af} = f \sum F_n / \sin(\alpha/2)$　　　（13-3）

式中　f——摩擦因数；
　　　$\sum F_n$——作用在导轨上总的正压力或沿 V 形导轨横截面中心线方向的总作用力（N）；
　　　α——V 形角，一般为 90°。

② 回油阻力。

当油直接流回油箱时，可以近似取回油阻力 $F_b \approx 0$。如回油存在背压，在系统设计完成之前，无法准确计算，可先按背压力大小及油缸回油腔中油压有效作用面积估算。

③ 液压缸缸内密封圈摩擦阻力。

液压缸密封处的摩擦阻力 F_c（N）可从有关手册的表格中查出。一般情况下，密封处的摩擦阻力 F_c 可以按下式估算：

$$F_c = \frac{(0.05 \sim 0.1)(F_a + F_b \pm F_d)}{0.9 \sim 0.95} \quad (13-4)$$

④ 惯性阻力。

惯性阻力 F_d（N）为油缸在运动、制动或换向时的惯性力，可按下式计算：

$$F_d = \frac{G}{g} \cdot \frac{\Delta v}{\Delta t} \quad (13-5)$$

式中　G——机构运动部件的重力（N）；
　　　g——重力加速度，$g = 9.81 \text{m/s}^2$；
　　　Δv——速度变化量（m/s）；
　　　Δt——起动或制动时间（s），通常取 $\Delta t = 0.01 \sim 0.5 \text{s}$；

（2）液压缸的负载循环图。

在计算出液压缸工作循环的启动、加速、恒速、制动等各阶段的负载值后，就可以绘制

负载循环图。图 13-2（b）所示为某组合机床动力滑台的负载-位移（$F-s$）循环图。

图 13-2（b）清楚地表明了液压缸在整个工作循环内的负载变化规律。图 3-12 中最大负载值是初选液压缸工作压力和确定液压缸结构尺寸的依据。

2）液压马达的负载

工作机构做旋转运动时，液压马达必须克服的外负载为

$$T = T_e + T_f + T_i \tag{13-6}$$

（1）工作负载力矩。

工作负载力矩 T_e 可能是定值，也可能随时间而变化，应根据机器工作条件进行具体分析。

（2）摩擦力矩。

摩擦力矩 T_f 为旋转部件轴颈处的摩擦力矩，其计算公式为

$$T_f = GfR \tag{13-7}$$

式中　G——旋转部件的重力（N）；
　　　f——摩擦因数，启动时为静摩擦因数，启动后为动摩擦因数；
　　　R——轴颈半径（m）。

（3）惯性力矩。

惯性力矩 T_i 为旋转部件加速或减速时产生的惯性力矩，其计算公式为

$$T_i = J\varepsilon = J\frac{\Delta\omega}{\Delta t} \tag{13-8}$$

式中　ε——角加速度（r/s²）；
　　　$\Delta\omega$——角速度的变化（r/s）；
　　　Δt——加速或减速时间（s）；
　　　J——旋转部件的转动惯量（kg·m²），$J = GD^2/4g$；
　　　GD^2——回转部件的飞轮力矩（N·m²），各种回转体的 GD^2 可查《机械设计手册》。

根据式（13-6），分别算出液压马达在一个工作循环内各阶段的负载大小，便可绘制液压马达的负载循环图。

四、拟定液压系统原理图

1. 概述

拟定液压系统原理图是液压系统设计中重要的一步，它对系统的性能及设计方案的经济、合理性具有决定性的影响。这一步涉及面广，需要综合运用已经学过的知识经过反复分析比较后才能确定。拟定液压系统原理图一般分两步进行。

（1）分别选择各个基本回路。

选择时应从对主机性能影响较大的回路开始，并对多种方案进行比较分析。对于大多数机械来说，总是有调速的要求，因此采用容积调速还是节流调速是一个首先要确定的问题。例如，对于组合机床，调速变换问题比较突出，拟定液压系统时也应从调速回路开始。由于组合机床要求调速范围大，低速稳定性好，故应采用调速阀调速。考虑到系统长期连续运

行，限制发热和温升以及提高系统效率问题也很重要，因此常采用效率较高的液压系统。

（2）将选择的基本回路进行归并、整理，再加一些必要的元件或油路即组合成一个完整的液压系统。

2. 拟定液压系统原理图时应注意的问题

1）控制方式

在液压系统中，执行元件需改变运动速度和方向。此外，如果一个系统有多个液压执行元件，则还有动作顺序及互锁等要求，所以存在一个动作转换的控制方式问题。如果机器只要求手动操作，则选用手动换向阀改变运动方向。如果机器要求实行一定的自动循环，就要慎重地选择各种控制方式，一般来讲行程控制动作比较可靠，是最通用的控制方式；合理地选用压力控制可以简化系统，但在一个系统内不宜多次使用；时间控制一般不单独使用，往往和行程或压力控制组合使用。按不同控制方式设计出的系统，其繁简程度差别较大。因此，要求设计者合理地使用各种控制方式，设计出简单、可靠、性能完善的系统。

2）系统安全可靠

拟定液压系统图时，应对系统的安全性和可靠性予以足够的重视。为防止系统过载，安全控制是必不可少的。为防止垂直运动部件在系统失压情况自动下落，必须有平衡回路。起重机液压马达回路除有平衡回路外，还常有机械、液压制动装置，以确保安全。系统中有多个执行元件时，如果用一个泵供给两个以上的执行元件运动，则要考虑防干扰问题。对要求可靠性较高的系统有时要设置一些备用元件或备用回路，以便个别工作元件或回路发生故障时，确保系统仍能正常工作。

3）节约能量

节能的目的在于提高能量利用率。对于液压系统而言，提高系统的效率不仅能节约能量，而且可防止系统过热。拟定液压系统图应对节能问题予以重视。如在工作循环中，系统所需流量差别较大时，采用双泵或变量泵供油，或采用蓄能器；在系统处于保压停止工作时，应使泵卸载等。这些都是提高系统效率的有效措施。

4）其他

尽可能采用标准元件，并借用现有产品中的元件和系统，缩短设计和制造周期，降低成本等。

五、计算和选择液压元件

1. 液压缸的设计计算

1）初定液压缸工作压力

液压缸工作压力主要根据运动循环各阶段中的最大总负载力来确定。液压缸工作压力的选择方式为：一是根据机械类型选择（见表13-1）；二是根据负载选择（见表13-2）；三是根据表13-3选定符合国家标准的液压缸的公称压力。

表 13-1 按机械类型选执行元件的工作压力　　　　　　　　　　　　　　　　　　　　MPa

机械类型	机床				农业机械	工程机械
	磨床	组合机床	龙门刨床	拉床		
工作压力	≤2	3~5	≤8	8~10	10~16	20~32

表 13-2 负载和工作压力之间的关系

负载 F/kN	<5	5~10	10~20	20~30	30~50	>50
工作压力 p/MPa	<0.8~1.0	1.5~2.0	2.5~3.0	3.0~4.0	4.0~5.0	≥5.0~7.0

表 13-3 液压缸的公称压力　　　　　　　　　　　　　　　　　　　　　　　　　　MPa

0.63	1.0	1.6	2.5	4.0	6.3	10.0	25.0	31.5	40.0

2）液压缸主要尺寸的计算

液压缸的有效面积和活塞杆直径，可根据缸受力的平衡关系具体计算。

从满足负载的要求出发

$$A = \frac{F}{\eta_m p} \tag{13-9}$$

式中　F——液压缸上的外负载（N）；

　　　η_m——液压缸的机械效率，通常可取 $\eta_m \approx 0.9$；

　　　p——液压缸的工作压力（Pa）；

　　　A——所求液压缸的有效工作面积（m²）。

从满足最低稳定速度出发

$$A \geq \frac{q_{min}}{v_{min}} \tag{13-10}$$

式中　q_{min}——流量阀最小稳定流量；

　　　v_{min}——运动部件要求的最低工作速度。

取上述两式中的大值作为液压缸的有效工作面积。根据这一面积计算缸径和活塞杆直径后再查表 13-4 和表 13-5，即选择符合标准的缸径和活塞杆外径。

表 13-4　液压缸缸筒内径（缸径）尺寸系列（摘自 GB/T 2348—2018）　　　mm

8	10	12	16	20	25	32	40	50	63
80	(90)	100	(110)	125	(140)	160	(180)	200	(220)
250	(280)	320	(360)	400	(450)	500			

注：( ) 内尺寸为非优先选用者。

表 13-5　液压缸活塞杆外径尺寸系列（摘自 GB/T 2348—2018）　　　　　　mm

4	16	36	80	180
5	18	40	90	200
6	20	45	100	220
8	22	50	110	250
10	25	56	125	280
12	28	63	140	320
14	32	70	160	360

3）液压缸的流量计算

液压缸的最大流量：

$$q_{max} = A v_{max} \tag{13-11}$$

式中　A——液压缸的油压作用有效面积（m^2）；

　　　v_{max}——液压缸的最大速度（m/s）。

液压缸的最小流量：

$$q_{min} = A v_{min} \tag{13-12}$$

式中　v_{min}——液压缸的最小速度（m/s）。

液压缸的最小流量 q_{min} 应等于或大于流量阀或变量泵的最小稳定流量。若不满足此要求，则需重新选定液压缸的工作压力，使工作压力低一些、缸的有效工作面积大一些，且所需的最小流量也应大一些，以满足上述要求。

流量阀和变量泵的最小稳定流量可从产品样本中查到。

2. 液压马达的设计计算

1）计算液压马达排量

马达的排量是选择马达时的一个重要技术参数，它应满足马达在系统额定工作压力条件下，最大输出扭矩的要求，即马达最小排量 V_{min}（m^3/rad）应满足：

$$V_{min} \geq \frac{T_{max}}{\Delta p_{max} \cdot \eta_m} \tag{13-13}$$

式中　T_{max}——马达要求的最大输出扭矩（N·m）；

　　　Δp_{max}——系统供给马达的可能达到的最大供油压力差（Pa）；

　　　η_m——马达的机械效率（$\eta_m = 0.90 \sim 0.99$）。

2）液压马达的最高使用转速

马达的最低稳定转速应满足低速时系统运动精度的要求，最高使用转速 n_{max}（r/min）除应满足使用要求外，在系统设计上还应满足以下条件，即

$$n_{max} \leq \frac{60}{2\pi} \cdot \frac{q_{max}}{V} \cdot \eta_V \tag{13-14}$$

式中　q_{max}——系统在额定工作压力条件下，能提供给液压马达的最大流量（m^3/s）；

　　　V——液压马达的排量（m^3/rad）；

η_V——液压马达的容积效率。

3. 液压泵的确定与所需功率的计算

1) 确定液压泵的额定压力

泵的工作压力 p（Pa）应根据执行元件的最高工作压力来确定，即

$$p \geqslant p_{max} + \sum \Delta p$$

或

$$p \geqslant K_1 p_{max} \qquad (13-15)$$

式中　p——泵的工作压力（Pa）；

p_{max}——执行元件的最高工作压力（Pa）；

$\sum \Delta p$——进油路和回油路的总压力损失（Pa）（初算时，对节流调速及较简单的油路，取 $0.2 \sim 0.5$ MPa；对于进油路设有调速阀及管路较复杂的系统，取 $0.5 \sim 1.5$ MPa）；

K_1——压力损失系数，取 $K_1 = 1.1 \sim 1.5$。

$\sum \Delta p$ 也可只考虑流经各控制阀的压力损失，而将管路系统中的沿程损失忽略不计，各阀的额定压力损失可从手册或样本中查找，也可参照表 13-6 选取。

表 13-6　常用中、低压各类阀的压力损失

阀名	压力损失 $\Delta p / 10^5$ Pa	阀名	压力损失 $\Delta p / 10^5$ Pa	阀名	压力损失 $\Delta p / 10^5$ Pa	阀名	压力损失 $\Delta p / 10^5$ Pa
单向阀	0.3~0.5	背压阀	3~8	行程阀	1.5~2	转速阀	1.5~2
换向阀	1.5~3	节流阀	2~3	顺序阀	1.5~3	调速阀	3~5

2) 确定液压泵的额定流量

（1）多执行元件同时动作。

液压泵的输出流量应满足执行元件的最高速度要求，所以泵的实际输出流量 q（m³/s）应根据系统所需的最大流量及泄漏量来确定，即

$$q \geqslant K_2 \left(\sum q\right)_{max} \qquad (13-16)$$

式中　K_2——系统的泄漏系数，一般取 $K_2 = 1.1 \sim 1.3$（管路长取大值，管路短取小值）；

$\left(\sum q\right)_{max}$——执行元件实际需要的最大流量（m³/s）。

（2）差动液压缸回路。

$$q = K_2 (A_1 - A_2) v_{max} \qquad (13-17)$$

式中　A_1，A_2——液压缸无杆腔、有杆腔的有效工作面积（m²）；

v_{max}——液压缸或活塞的最大运动速度（m/s）。

（3）系统采用蓄能器。

系统采用蓄能器时，液压泵的流量按一个工作循环中的平均流量选取，即

$$q \geqslant K_2 \sum_{i=1}^{z} \frac{V_i}{T} \qquad (13-18)$$

式中　V_i——各执行元件在工作循环中的总耗油量（m³）；

T——主机工作循环周期（s）；

Z——执行元件的个数。

对于节流调速系统，如果最大流量点处于溢流阀的工作状态，在确定液压泵的流量时，还应加上溢流阀的最小溢流量，一般为溢流阀额定流量的15%，机床液压系统取 $q_{\min} = 2 \sim 3\text{L/min}$。

（4）选择液压泵的规格。

根据上面所计算的最大压力和最大流量，查液压元件产品样本，选择与最大压力和最大流量相当的液压泵的规格型号。

上面所计算的最大压力是系统静态压力，系统工作过程中存在着过渡过程的动态压力，而动态压力往往比静态压力高得多，所以液压泵的额定压力应比系统最高压力大25%～60%，使液压泵有一定的压力储备。若系统属于高压范围，则压力储备取小值；若系统属于中、低压范围，则压力储备取大值。

3) 确定驱动液压泵的功率

（1）当液压泵的压力和流量比较恒定时，液压泵实际需要的输入功率 P（W）为

$$P = \frac{pq}{\eta} \tag{13-19}$$

式中　p——液压泵的实际工作压力（Pa）；

　　　q——液压泵的实际流量（m³/s）；

　　　η——液压泵的总效率。

（2）在工作循环中，液压泵的压力和流量变化较大时可分别计算出工作循环中各个阶段所需的驱动功率，然后按下式计算平均功率 P（W）：

$$P = \sqrt{\frac{P_1^2 t_1 + P_2^2 t_2 + \cdots + P_n^2 t_n}{t_1 + t_2 + \cdots + t_n}} \tag{13-20}$$

式中　$P_1, P_2, \cdots, P_n$——一个工作循环中泵在各阶段内所需的驱动功率（W）；

　　　$t_1, t_2, \cdots, t_n$——一个工作循环中各阶段所需的时间（s）。

按上述功率和泵的转速，可以从产品样本中选取标准电动机，再进行验算，使电动机发出最大功率时，其超载量在允许范围内。

4. 阀类元件的选择

1) 选择依据

选择依据为：额定压力、最大流量、动作方式、安装固定方式、压力损失数值、工作性能参数和工作寿命等。

2) 选择阀类元件应注意的问题

（1）应尽量选用标准定型产品，除非不得已时才自行设计专用件。

（2）阀类元件的规格主要根据流经该阀油液的最大压力和最大流量选取。选择溢流阀时，应按液压泵的最大流量选取；选择节流阀和调速阀时，应考虑其最小稳定流量满足机器低速性能的要求。

（3）一般选择控制阀的额定流量应比系统管路实际通过的流量大一些，必要时，允许通过阀的最大流量超过其额定流量的20%。

5. 蓄能器的选择

（1）蓄能器用于补充液压泵供油不足时，其有效容积 V（m^3）为

$$V = \sum ALK - q_p t \tag{13-21}$$

式中　A——液压缸油压有效作用面积（m^2）；

　　　L——液压缸行程（m）；

　　　K——液压缸损失系数，估算时可取 $K=1.2$；

　　　q_p——液压泵供油流量（m^3/s）；

　　　t——动作时间（s）。

（2）蓄能器用作应急能源时，其有效容积 V（m^3）为

$$V = \sum ALK \tag{13-22}$$

当蓄能器用于吸收脉动缓和液压冲击时，应将其作为系统中的一个环节与其关联部分一起综合考虑其有效容积。

根据求出的有效容积并考虑其他要求，即可选择蓄能器的形式。

6. 管道的选择

1）油管类型的选择

液压系统中使用的油管分硬管和软管，选择的油管应有足够的通流截面和承压能力，同时应尽量缩短管路，以避免急转弯和截面突变。

（1）钢管。

中、高压系统选用无缝钢管，低压系统选用焊接钢管，钢管价格低、性能好且使用广泛。

（2）铜管。

纯铜管工作压力在 6.5~10MPa 以下，易弯曲，便于装配；黄铜管承受压力较高，达 25MPa，不如纯铜管易弯曲。铜管价格高，抗振能力弱，易使油液氧化，应尽量少用，只用于液压装置配接不方便的部位。

（3）软管。

用于两个相对运动件之间的连接。高压橡胶软管中夹有钢丝编织物；低压橡胶软管中夹有棉线或麻线编织物；尼龙管是乳白色半透明管，承压能力为 2.5~8MPa，多用于低压管道。因软管弹性变形大，容易引起运动部件爬行，所以软管不宜装在液压缸和调速阀之间。

2）油管尺寸的确定

（1）油管内径。

油管内径 d（m）按下式计算

$$d = \sqrt{\frac{4q}{\pi v}} = 1.13\sqrt{\frac{q}{v}} \tag{13-23}$$

式中　q——通过油管的最大流量（m^3/s）；

　　　v——管道内允许的流速（m/s）。

一般吸油管取 $v=0.5$~$5m/s$，压力油管取 $v=2.5$~$5m/s$，回油管取 $v=1.5$~$2m/s$。

(2) 油管壁厚。

油管壁厚 δ（m）按下式计算

$$\delta \geqslant \frac{pd}{2[\sigma]} \tag{13-24}$$

式中　p——油管内工作压力（Pa）；
　　　d——油管内径（m）；
　　　$[\sigma]$——管材的许用应力（Pa）。

对钢管：

$$[\sigma] = \frac{\sigma_b}{n}$$

式中，σ_b——管材的抗拉强度（Pa），可由材料手册查出；
　　　n——安全系数，当 $p \leqslant 7$MPa 时取 $n=8$，当 7MPa $< p \leqslant 17.5$MPa 时取 $n=6$，当 $p > 17.5$MPa 时取 $n=4$。

对于计算出的管道内径 d 和壁厚 δ，应圆整成标准系列值（可查液压手册）。

根据计算出的油管内径和壁厚，查手册即可选取标准规格油管。

7. 油箱的设计

油箱形式有开式和闭式两种，开式油箱油液液面与大气相通，闭式油箱油液液面与大气隔绝。开式油箱应用较多。

油箱的有效容量 V 可近似用液压泵单位时间内排出油液的体积确定

$$V = K \sum q_p \tag{13-25}$$

式中　K——系数，低压系统取 2～4，中压系统取 5～7，高压系统取 10～12；
　　　$\sum q_p$——同一油箱供油的各液压泵的流量总和（m³/s）。

8. 过滤器的选择

选择过滤器，一是要满足系统对过滤精度的要求；二是要有足够的通油能力；三是过滤器要有足够的抗腐蚀能力，以保证过滤器能正常工作。

一般来说，选用高过滤精度的过滤器可以大大提高系统工作的可靠性和延长元件的寿命，但过滤器的过滤精度越高，滤芯堵塞越快，滤芯清洗或更换的周期就越短，成本就越高。原则是宁可勤换过滤器也不要损坏系统。

过滤器的通油能力可用下式计算：

$$q = \frac{KA\Delta p}{\mu} \tag{13-26}$$

式中　q——过滤的流量（m³/s）；
　　　μ——油的动力黏度（Pa·s）；
　　　A——有效过滤面积（m²）；
　　　Δp——过滤器的允许压力降（Pa）（Δp 由制造厂家根据过滤介质强度和元件的结构给定，一般为 0.3MPa 左右。但是泵吸油口处的过滤器，其最大允许压差不应超过 0.015~0.035MPa）；

K——滤芯通油能力系数（m^3/m^2）（常用滤芯材料的 K 值为：网式滤芯 $K=0.34m^3/m^2$，线隙式滤芯 $K=0.17m^3/m^2$，纸质滤芯 $K=0.06m^3/m^2$）。

9. 压力表开关及压力表的选择

压力表开关用于切断或接通压力表与测压点的通路。常见的压力表开关为 KF 型，通过旋转手轮可打开或关闭压力表油路，也可适当调节手轮，由针阀调节油路开口，起到阻尼作用，使压力表指针动作平稳。

选用压力表测量压力时，其量程应比系统压力稍大，一般取系统压力的 1.3~1.5 倍。

六、液压系统性能的验算

为了判断液压系统的设计质量，需要对系统的压力损失、发热温升、效率和系统的动态特性等进行验算。由于液压系统的验算较复杂，故只能采用一些简化公式近似地验算某些性能指标，如果设计中有经过生产实践考验的同类型系统供参考或有较可靠的实验结果可以采用，则可以不进行验算。

1. 管路系统压力损失的验算

当液压元件规格型号和管道尺寸确定之后，就可以较准确地计算系统的压力损失。计算系统压力损失的目的是正确确定系统的调整压力和分析系统设计的好坏。压力损失包括油液流经管道的沿程压力损失和局部压力损失。

系统的调整压力

$$p_p \geqslant p + \Delta p \tag{13-27}$$

式中 p_p——液压泵的工作压力或支路的调整压力（Pa）；

p——执行元件的工作压力（Pa）；

Δp——系统的总压力损失（Pa）。

如果计算出来的 Δp 比在初选系统工作压力时粗略选定的压力损失大得多，应该重新调整有关元件、辅件的规格，并重新确定管道尺寸。

2. 系统发热温升的验算

系统发热来源于系统内部的能量损失，如液压泵和执行元件的功率损失、溢流阀的溢流损失、液压阀及管道的压力损失等。这些能量损失转换为热能，使油液温度升高。油液的温升使黏度下降、泄漏增加，同时使油分子裂化或聚合，产生树脂状物质，堵塞液压元件小孔，影响系统正常工作，因此，必须使系统中油温保持在允许范围内。一般机床液压系统正常工作油温为 30℃~50℃，矿山机械正常工作油温为 50℃~70℃；其最高允许油温为 70℃~90℃。

1）系统发热功率

系统发热功率 H（W）可依下式计算

$$H = P(1-\eta) \tag{13-28}$$

式中 P——液压泵的输入功率（W）；

η——液压泵的总效率。

若一个工作循环中有几个工序,则可根据各个工序的发热量,求出系统单位时间的平均发热量:

$$H = \frac{1}{T}\sum_{i=1}^{n}P_i(1-\eta)t_i \tag{13-29}$$

式中　T——工作循环周期（s）;

　　　t_i——第 i 个工序的工作时间（s）;

　　　P_i——循环中第 i 个工序的输入功率（W）。

2）系统的散热和温升系统的散热量计算

$$H_0 = hA\Delta t \tag{13-30}$$

式中　h——散热系数 [W/(m²·℃)],当周围通风很差时,$h \approx 8 \sim 9\text{W}/(\text{m}^2\cdot\text{℃})$;周围通风良好时,$h \approx 15\text{W}/(\text{m}^2\cdot\text{℃})$;用风扇冷却时,$h \approx 23\text{W}/(\text{m}^2\cdot\text{℃})$;用循环水强制冷却时,$h \approx 110 \sim 175\text{W}/(\text{m}^2\cdot\text{℃})$;

　　　A——散热面积（m²）,当油箱长、宽、高比例为 1:1:1 或 1:2:3,油面高度为油箱高度的 80% 时,油箱散热面积近似看成

$$A = 0.065\sqrt[3]{V^2} \text{（m}^2\text{）}$$

式中　V——油箱体积（L）;

　　　Δt——液压系统的温升（℃）,即液压系统比周围环境温度的升高值。

3）系统热平衡温度的验算

当液压系统工作一段时间后,达到热平衡状态,则

$$H = H_0$$

所以液压系统的温升为

$$\Delta t = \frac{H}{hA}$$

计算所得的温升 Δt,加上环境温度,不应超过油液的最高允许温度。

当系统允许的温升确定后,也可利用上述公式来计算油箱的容量。

七、绘制正式工作图和编写技术文件

经过对液压系统性能的验算和必要的修改之后,便可绘制正式工作图,包括绘制液压系统原理图、系统管路装配图和各种非标准元件设计图。

正式液压系统原理图上要标明各液压元件的型号和规格。对于自动化程度较高的机床,还应包括运动部件的运动循环图及电磁铁、压力继电器的工作状态表。

管道装配图是正式施工图,各种液压部件和元件在机器中的位置、固定方式、尺寸等应表示清楚。

自行设计的非标准件,应绘出装配图和零件图。

编写的技术文件包括设计计算书,使用维护说明书,专用件、通用件、标准件、外购件明细表,以及试验大纲等。

任务2　液压传动系统的设计计算实例

一、设计课题

一卧式钻镗组合机床动力滑台要求完成快进→工进→快退→原位停止的工作循环，最大切削力为 $F_{aw} = 12\,000\text{N}$，动力滑台自重 $G = 20\,000\text{N}$；工作进给要求能在 $0.02 \sim 1.0\text{m/min}$ 范围内无级调速，快进、快退速度为 6m/min；快进行程为 300mm；工进行程为 100mm；导轨型式为平导轨，其摩擦系数为静摩擦 $f_s = 0.2$，动摩擦 $f_d = 0.1$；往复运动的加速、减速时间要求均不大于 0.5s。

设计要求：

(1) 确定执行元件（液压缸）的主要结构尺寸；
(2) 绘制正式的液压系统图；
(3) 选择各类元件及辅件的形式和规格；
(4) 确定系统的主要参数；
(5) 进行必要的性能估算（系统发热计算和效率计算）。

二、设计步骤

1. 确定液压缸的结构尺寸及工况图

1) 负载图及速度图
(1) 负载分析。
依式 (13-1) 有

$$F = F_a + F_b + F_c \pm F_d \;(\text{N})$$

① 外负载阻力 F_a 包括工作阻力 F_{aw} 及摩擦阻力 F_{af}。
切削力（工作阻力）$F_{aw} = 12\,000\text{N}$。
摩擦阻力 F_{af}（有静摩擦阻力及动摩擦阻力两种）：

$$F_{afs} = f_s \cdot F_n = 0.2 \times 20\,000 = 4\,000 \;(\text{N})$$
$$F_{afd} = f_d \cdot F_n = 0.1 \times 20\,000 = 2\,000 \;(\text{N})$$

② 惯性阻力 F_d，依式 (13-5) 有

$$F_d = ma = \frac{G}{g} \cdot \frac{\Delta v}{\Delta t} = \frac{20\,000}{9.81} \cdot \frac{6}{60 \times 0.5} = 408 \;(\text{N})$$

③ 液压缸缸内密封圈摩擦阻力 F_c，依式 (13-4) 计算（见表 13-7）。
④ 回油阻力 F_b，暂不考虑，取 $F_b = 0$。
根据上述分析可算出液压缸在各动作阶段中的负载，见表 13-7。

表 13-7 液压缸在各动作阶段中的负载

工况	负载力计算公式	液压缸推力/N
启动	$F = F_{afs} + \dfrac{0.1 F_{afs}}{0.9}$	4 444
加速	$F = F_{afd} + \dfrac{0.1(F_{afd} + F_d)}{0.9} + F_d$	2 676
快进	$F = F_{afd} + \dfrac{0.1 F_{afd}}{0.9}$	2 222
工进	$F = F_{aw} + F_{afd} + \dfrac{0.1(F_{afd} + F_{aw})}{0.9}$	15 556
快退	$F = F_{afd} + \dfrac{0.1 F_{afd}}{0.9}$	2 222

(2) 负载图及速度图。

根据快进速度 $v_1 = 6\text{m/min}$、行程 $s_1 = 300\text{mm}$，快退速度 $v_3 = 6\text{m/min}$、行程 $s_2 = 300\text{mm}$，工进 $v_2 = 0.02 \sim 1.0\text{m/min}$、行程 $s_2 = 100\text{mm}$，以及表 13-7 中的数值绘制液压缸的负载图和速度图，如图 13-4 所示。

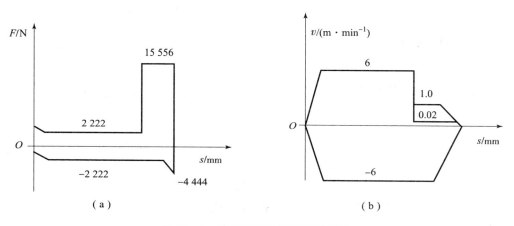

图 13-4 液压缸的负载图和速度图
(a) 负载图；(b) 速度图

2) 初定液压缸的结构尺寸

(1) 初选液压缸的工作压力。

根据表 13-1 和表 13-2 初步选取液压缸的工作压力 $p_1 = 3\text{MPa}$。

(2) 计算液压缸的结构尺寸。

因要求快进、快退时速度相等，故选用单杆式液压缸且快进时采用差动连接。使 $d = 0.707D$，以满足工作要求。

为防止钻（镗）时工作部件突然前冲，回油路中应有一定背压。根据表 13-8 暂取背压为 0.6MPa。

表 13-8 执行元件背压的估算值

系统类型		背压 p_b/MPa
中低压系统（0~8MPa）	简单系统，一般为轻载节流调速系统	0.2~0.5
	回油路设流量阀	0.5~0.8
	回油路设背压阀	0.5~1.5
	设补油泵的闭式回路	0.8~1.5
中高压系统（8~16MPa）	设补油泵的闭式回路	比中低压系统高50%~100%
高压系统（16~32MPa）	如锻压机械等	初算时背压可忽略不计

快进时，液压缸差动连接，由于管路中有压力损失，所以此时液压缸有杆腔中的压力 p_2 必大于无杆腔中的压力 p_1。若估取这部分损失 Δp 为 0.5MPa，则

$$p_2 = p_1 + \Delta p = 3 + 0.5 = 3.5 \text{ (MPa)}$$

快退时，油液从液压缸无杆腔流回油箱，也存在阻力，故也有背压，此时背压按 0.6MPa 估取。

液压缸内径 D（差动：$d = 0.707D$）为

$$D = \sqrt{\frac{4F}{\pi(p_1 - 0.5p_2)}} = \sqrt{\frac{4 \times 15\,556}{\pi(3 - 0.5 \times 0.6) \times 10^6}} = 0.085\,6 \text{ (m)} = 85.6 \text{ mm}$$

按表 13-4 选取标准值 $D = 90$mm。

液压缸活塞杆直径 d 为

$$d = 0.707D = 0.707 \times 90 = 63 \text{ (mm)}$$

按表 13-5 标准选取 $d = 63$mm。
由此求得液压缸实际有效工作面积为
无杆腔面积：

$$A_1 = \frac{\pi D^2}{4} = \frac{\pi \times 9.0^2}{4} = 63.6 \text{ (cm}^2\text{)}$$

有杆腔面积：

$$A_2 = \frac{\pi}{4}(D^2 - d^2) = \frac{\pi}{4}(9.0^2 - 6.3^2) = 32.4 \text{ (cm}^2\text{)}$$

查产品样本得调速阀最小稳定流量为 $q_{min} = 0.05$L/min $= 50$ cm³/min。由式（13-10）验算液压缸的有效工作面积，即

$$A_1 = 63.6 \text{cm}^2 \geq \frac{q_{min}}{v_{min}} = \frac{50}{0.02 \times 10^2} = 25 \text{ (cm}^2\text{)}$$

$$A_2 = 32.4 \text{cm}^2 \geq \frac{q_{min}}{v_{min}} \frac{50}{0.02 \times 10^2} = 25 \text{ (cm}^2\text{)}$$

所以流量控制阀无论是放在进油路还是回油路，有效工作面积 A_1、A_2 都能满足工作部件的最低速度要求。

3）液压缸工况图

液压缸工作循环中各动作阶段的压力、流量和功率的实际使用值见表 13-9。

表 13-9 液压缸工作循环中各工作阶段的压力、流量和功率

工况		总负载 F/N	液压缸				计算公式
			回油压力 p_2/MPa	输入流量 $q/$ $(\text{L}\cdot\text{min}^{-1})$	进油压力 p_1/MPa	输入功率 P/kW	
快进	启动	4 444	0①	—	1.42	—	$p_1 = \dfrac{F + A_2 \Delta p}{A_1 - A_2}$ $q = (A_1 - A_2)v_1$ $P = p_1 q$
	加速	2 676	$p_2 = p_1 + \Delta p$ $= p_1 + 0.5$	—②	1.38	—	
	恒速	2 222		18.72	1.23	0.384	
工进		15 556	0.6	0.13～6.36	2.75	0.006～ 0.292	$p_1 = \dfrac{F + p_2 A_2}{A_1}$ $q = A_1 v_2$ $P = p_1 q$
快退	启动	4 444	0①	—	1.37	—	$p_1 = \dfrac{F + A_1 p_2}{A_2}$ $q = A_2 v_3$ $P = p_1 q$
	加速	2 676	0.5	—②	1.81	—	
	恒速	2 222		19.44	1.67	0.541	

① 启动时活塞尚未动作，故取 $p_2 = 0$。
② 因加速时间很短，故流量不计。

根据表 13-9 可绘制出液压缸的工况图，如图 13-5 所示。

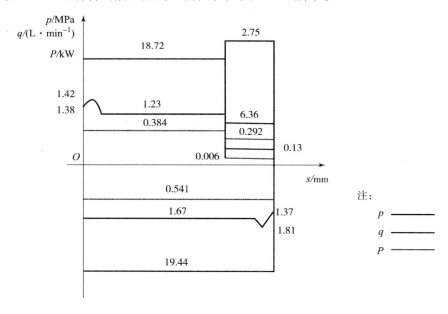

图 13-5 液压缸工况图

2. 拟定液压回路

1）选择液压回路

(1) 油源型式及调速回路。

由负载、速度及工况图可知，该机床工进时负载较大、速度较低，而在快进、快退时，负载较小、速度较高，从节能降耗方面考虑，宜采用双泵供油或变量泵供油，现采用双泵油源供油回路，如图 13-6（a）所示。

由计算可知，该机床液压系统功率较小（<1kW）、速度较低，钻镗加工为连续切削，切削力变化小，故决定采用节流调速回路（开式回路）。为增加运动的平稳性，避免工件钻通时出现突然前冲，采用调速阀的回油路节流调速回路，如图 13-6（b）所示。

(2) 压力控制回路。

在双泵供油的油源型式确定后，卸荷和调压问题已基本确定，即快速时双泵一起供油，工进时，低压大流量泵 1 经卸荷阀 3 卸荷（见图 13-6（a）），高压小流量泵 2 供油，供油压力由溢流阀 4（见图 13-6（a））调定。当换向阀处于中位时，高压小流量泵 2 虽未卸荷，但功率损失不大，故高压小流量泵 2 不采用卸荷回路，使油路结构简单。

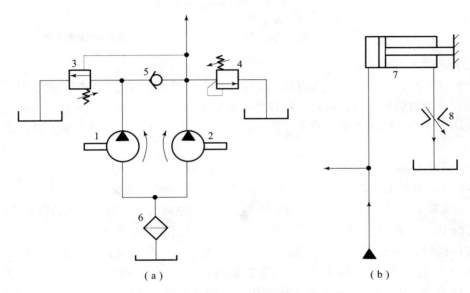

图 13-6 双泵油源及调速回路

(a) 双泵油源；(b) 回油路节流调速回路

1—低压大流量泵；2—高压小流量泵；3—卸荷阀；
4—溢流阀；5—单向阀；6—过滤器；7—液压缸；8—调速阀

(3) 快速回路及速度换接回路。

为实现液压缸工作台快进、快退时速度相等，选用二位三通换向阀 2（见图 13-7（a））构成液压缸的差动连接。由于快进、工进之间的速度差较大，为减少速度换接时的液压冲击，采用行程阀 2（见图 13-7（a））来实现快进、工进速度的换接。

(4) 换向回路。

由工况图可知，在整个工作过程中系统的流量不大、压力不高，故采用 O 型机能的三位四通电磁换向阀 3（见图 13-7（b））实现换向。

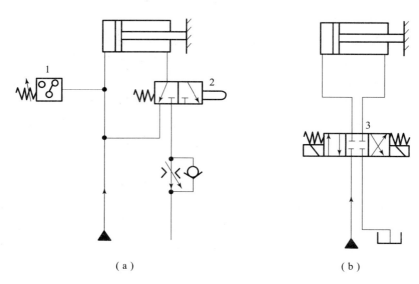

图 13-7 速度控制回路及方向控制回路

(a) 快速回路及速度换接回路；(b) 换向回路

1—压力继电器；2—二位三通换向阀（行程阀）；3—O 型机能的三位四通电磁换向阀

(5) 行程终点控制方式。

该机床用于钻、镗加工，要求有较高的定位精度。另外在进行镗孔加工时，刀具在加工结束时需有一个短暂的停留，因此在行程终点采用死挡铁控制方式，使滑台碰上死挡铁后停留，系统压力升高，由压力继电器 1 (见图 13-7 (a)) 发出信号，操纵电磁铁，使电磁换向阀换向。

2) 组成液压系统

根据以上选择的液压基本回路，合成为图 13-8 所示的液压系统。图 13-8 与图 13-6 和图 13-7 的主要不同之处是增加了单向阀 10 和二位二通电磁阀 12。这是因为若没有单向阀 10，在快退过程中，当液压缸移至快进与工进的换接处时，行程阀 11 将恢复左位，这时液压泵来的油将被行程阀 11 左位截止，无法进入液压缸 13 的右腔；若没有二位二通电磁阀 12，快退到行程阀 11 恢复左位时，由液压泵来的油液经单向阀 10、行程阀 11 左位、换向阀 7 右位流回油箱，也不进入液压缸 13 的右腔，使液压缸不能自动退回原位。

3. 计算和选择液压元件

1) 确定液压泵的规格和电动机功率

(1) 液压泵工作压力计算。

①确定高压小流量泵的工作压力。

高压小流量泵在快进、工进、快退阶段均向系统供油。由图 13-5 知，最大工作压力为工进阶段液压缸进油腔的压力，即 $p_1 = 2.75 \text{MPa}$。因回路比较简单，参照表 13-6 选取进油路总的压力损失 $\sum \Delta p_1 = 0.5 \text{MPa}$，则小流量泵的最高工作压力为

$$p_{p1} = p_1 + \sum \Delta p_1 = 2.75 + 0.5 = 3.25 \text{ (MPa)}$$

②确定低压大流量泵的工作压力。

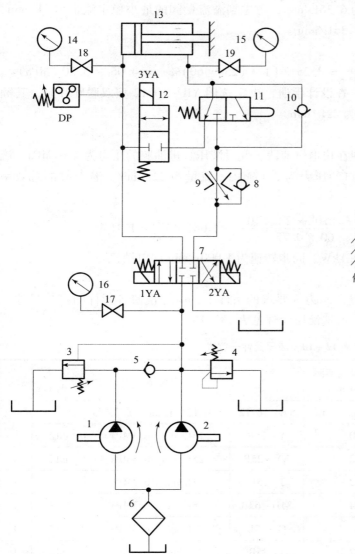
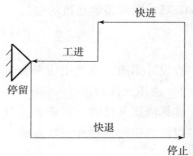

图 13-8 液压系统工作原理

1—低压大流量泵；2—高压小流量泵；3—卸荷阀；4—溢流阀；5,8,10—单向阀；6—过滤器；7—三位四通电磁换向阀；9—调速阀；11—行程阀；12—二位二通电磁换向阀；13—液压缸；14,15,16—压力表；17,18,19—压力表开关

低压大流量泵只在快进、快退阶段向系统供油。由工况图可知，最大工作压力为快退阶段液压缸进油腔的压力，即 $p_1 = 1.67 \text{MPa}$。参照表 13-6 选取进油路总的压力损失 $\sum \Delta p_1 = 0.5 \text{MPa}$，则低压大流量泵的最高工作压力为

$$p_{p2} = p_1 + \sum \Delta p_1 = 1.67 + 0.5 = 2.17 \text{ (MPa)}$$

（2）液压泵流量的计算。

由工况图可知，液压缸在恒速快退时需要的流量最大，此时 $q = 19.44 \text{L/min}$，若取泄漏系数 $k = 1.1$，则两泵的总流量为

$$q_p = kq = 1.1 \times 19.44 = 21.38 \text{ (L/min)}$$

由工况图知，工进最大流量为 6.36L/min，考虑到溢流量阀的最小稳定流量为 3L/min，故高压小流量泵的最小流量应为 9.36L/min。

(3) 液压泵规格的确定。

$$p_{pmin} = p_{p1} \times [1 + (25 \sim 60)\%] = 3.25 \times [1 + (25 \sim 60)\%] = 4.06 \sim 5.20 \text{ (MPa)}$$

根据以上计算的 q_p 和 p_{pmin} 值，查设计手册，决定选用 YB-10/12 型双联叶片泵，其额定压力为 6.3MPa，两泵流量之和为 22L/min。

(4) 电动机功率的确定。

由工况图可知，最大功率出现在快退恒速段，此时液压缸进油腔的压力为 1.67MPa，流量为 19.44L/min；此时液压泵出口的压力为 2.17MPa，流量为 22L/min。若双泵的总效率 $\eta_p = 0.75$，则所需电动机功率为

$$P = \frac{p_p \cdot q_p}{\eta_p} = \frac{2.17 \times 10^6 \times 22 \times 10^{-3}}{60 \times 0.75} = 1\,061 \text{ (W)} \approx 1.1 \text{kW}$$

查设计手册，须选用功率为 1.1kW、同步转速为 1 000r/min 的电动机。

2) 液压元件的选择

选择液压元件时，在满足流量、压力等要求的条件下，应尽量使各元件的接口尺寸一致，以便管道的选择和安装方便，所选液压元件见表 13-10。

表 13-10 液压元件一览表

序号	液压元件名称	通过的最大实际流量/(L·min⁻¹)	型号	规格	接口尺寸/mm	数量
1	双联叶片泵	—	YB-10/12	(10/12) L/min 6.3MPa	—	—
2	溢流阀	10	Y-25B	25L/min 6.3MPa	φ12	1
3	卸荷阀	12	XY-25B	25L/min 6.3MPa	φ12	1
4	单向阀	12	I-25B	25L/min 6.3MPa	φ12	1
5	三位四通电磁换向阀	44	34D-63B	25L/min 6.3MPa	φ18	1
6	调速阀	3.4	Q-25B	25L/min 6.3MPa	φ12	1
7	单向阀	22	I-25B	25L/min 6.3MPa	φ12	1
8	行程阀	22	23C-25B	25L/min 6.3MPa	φ12	1
9	压力继电器	—	DP$_1$-63B	调压范围：1~6.3MPa	φ11	1
10	单向阀	22	I-25B	25L/min 6.3MPa	φ12	1
11	二位二通电磁换向阀	22	22D-25B	25L/min 6.3MPa	φ12	1
12	过滤器	22	XU-40×100	40L/min 6.3MPa	—	1
13	压力表开关	—	K-6B	6.3MPa	φ12	1

3) 确定管道尺寸

压油管道

$$d = 2\sqrt{\frac{q}{\pi v}} = 2\sqrt{\frac{22 \times 10^{-3}/60}{\pi(2.5 \sim 5)}} = 0.009\,8 \sim 0.013\,7 \text{ (m)} = 9.8 \sim 13.7\text{mm}$$

按已选定的标准元件的接口尺寸，选取 $d = 12$mm 的无缝钢管作为压油管。

吸油管道：

$$d = 2\sqrt{\frac{q}{\pi v}} = 2\sqrt{\frac{22 \times 10^{-3}/60}{\pi(0.5 \sim 1.5)}} = 0.0176 \sim 0.0306 \text{ (m)} = 17.6 \sim 30.6\text{mm}$$

选取 $d = 25$mm 的无缝钢管作为吸油管。

回油管道：

$$d = 2\sqrt{\frac{q}{\pi v}} = 2\sqrt{\frac{44 \times 10^{-3}/60}{\pi(1.5 \sim 2.5)}} = 0.0193 \sim 0.0250 \text{ (m)} = 19.3 \sim 25\text{mm}$$

选取 $d = 25$mm 的无缝钢管作为回油管。

4) 确定油箱容量

该系统为中压系统，按式（13 – 25）计算油箱容量：

$$V = K\sum q_p = 6 \times 22 = 132 \text{ (L)}$$

4. 液压系统主要性能估算

1) 液压缸的速度

在液压系统各组成元件确定之后，液压缸在实际工作中各阶段的输入、输出流量以及速度与原题目所给数值有所不同，因此需要重新估算，将估算结果列入表 13 – 11。

表 13 – 11　液压缸输入、输出流量和移动速度重新估算值

工况 \ 流量及速度	输入流量/(L·min^{-1})	输出流量/(L·min^{-1})	移动速度/(m·min^{-1})
快进（差动）	$q_1 = q_p + \dfrac{q_p}{A_1 - A_2} \cdot A_2$ $= 22 + \dfrac{22 \times 32.4}{63.6 - 32.4}$ $= 44.846$	$q_2 = \dfrac{q_p}{A_1 - A_2} \cdot A_2$ $= 22.846$	$v_1 = \dfrac{q_p}{A_1 - A_2}$ $= \dfrac{22 \times 10^{-3}}{(63.6 - 32.4) \times 10^{-4}}$ $= 7.05$
工进	$q_1 = 0.13 \sim 6.36$	$q_2 = \dfrac{q_1}{A_1} \cdot A_2$ $= \dfrac{0.13 \sim 6.36}{63.6} \times 32.4$ $= 0.066 \sim 3.24$	$v_2 = 0.02 \sim 1.0$
快退	$q_1 = q_p = 22$	$q_2 = \dfrac{q_1}{A_2} \cdot A_1$ $= \dfrac{22}{32.4} \times 63.6$ $= 43.16$	$v_3 = \dfrac{q_1}{A_2}$ $= \dfrac{22 \times 10^{-3}}{32.4 \times 10^{-4}}$ $= 6.79$

2) 系统的效率

（1）回路中压力损失。

回路中的压力损失与管径、管长以及油液的黏度有关。由于液压装置尚未设计出来，故进、回油管长度只能估取，均暂取 $l = 2$ m；参照表 1 – 3 选用 L – HH68 液压油，其运动黏

度取值为 $\nu = 74.8 \times 10^{-6}$ m^2/s，密度 $\rho = 900$ kg/m^3。

系统中有关液压元件的额定压力损失参照表 13-6 取值（结果见表 13-12）。

表 13-12 液压元件在额定流量下的额定压力损失

元件	三位四通阀 34D-63B	二位二通阀 22D-25B	行程阀 23C-25B	单向阀 I-25B	调速阀 Q-25B	卸荷阀 XY-25B
压力损失 Δp_V/MPa	0.4	0.2	0.15	0.2	0.5	0.3

①快进时回路的压力损失。

管内最大流速：

$$v = \frac{4q_1}{\pi d^2} = \frac{4 \times 44.846 \times 10^{-3}}{60\pi \times 12^2 \times 10^{-6}} = 6.61 \text{ (m/s)}$$

雷诺数：

$$Re = \frac{vd}{\nu} = \frac{6.61 \times 12 \times 10^{-3}}{74.8 \times 10^{-6}} = 1\,060 < 2\,320 \quad \text{层流}$$

进油管的沿程损失：

$$\Delta p_{\lambda 1} = \lambda \frac{1}{d} \frac{\rho v^2}{2} = \frac{75}{Re} \cdot \frac{1}{d} \cdot \frac{\rho v^2}{2} = \frac{75 \times 2 \times 900 \times 6.61^2}{1\,060 \times 12 \times 10^{-3} \times 2} = 231\,857 \text{ (Pa)} \approx 0.232 \text{MPa}$$

进油管局部阻力损失的估算：

$$\Delta p_{\zeta 1} = 0.1 \Delta p_{\lambda 1} = 0.1 \times 0.232 = 0.023\,2 \text{ (MPa)}$$

进油路上只有一个三位四通电磁换向阀 7（见图 13-8），查产品样本知其额定压力损失 $\Delta p_n = 0.4$ MPa，额定流量 $q_n = 63$ L/min，该阀的局部阻力损失：

$$\Delta p_{V7} = \Delta p_n \left(\frac{q}{q_n}\right)^2 = 0.4 \times \left(\frac{22}{63}\right)^2 = 0.048\,8 \text{ (MPa)}$$

进油路上总压力损失：

$$\sum \Delta p = \sum \Delta p_{\lambda 1} + \sum \Delta p_{\zeta 1} + \sum \Delta p_{V7} = 0.232\,0 + 0.023\,2 + 0.048\,8 = 0.304 \text{ (MPa)}$$

用同样的方法计算得知，回油管中液体的流动也为层流。经计算知，其沿程阻力损失和局部阻力损失分别为

$$\Delta p_{\lambda 2} = 0.115 \text{MPa}$$

$$\Delta p_{\zeta 2} = 0.011\,5 \text{MPa}$$

如图 13-8 所示，回油经过行程阀 11 和二位二通电磁换向阀 12，其压力损失为

$$\sum \Delta p_V = \Delta p_{V12} + \Delta p_{V11} = 0.2 \times \left(\frac{22.846}{25}\right)^2 + 0.15 \times \left(\frac{22.846}{25}\right)^2 = 0.292 \text{ (MPa)}$$

快进时回油路上压力损失为

$$\sum \Delta p = \sum \Delta p_{\lambda 2} + \sum \Delta p_{\zeta 2} + \sum \Delta p_V = 0.115 + 0.0115 + 0.292 = 0.419 \text{ (MPa)}$$

将回油路上的压力损失折算到进油路上，即可得出整个回路上的压力损失为

$$\sum \Delta p_1 = 0.304 + 0.419 \cdot \frac{A_2}{A_1} = 0.304 + 0.419 \times \frac{32.4}{63.6} = 0.517 \text{ (MPa)}$$

②工进时回路的压力损失。

按同样方法可计算出工进时进油路上的最大压力损失为

$$\sum \Delta p = 0.044 \text{MPa}$$

回油路上的最大压力损失（取调速阀两端最小压差为 0.5MPa）为

$$\sum \Delta p = 0.524 \text{MPa}$$

整个回路的压力损失为

$$\sum \Delta p_2 = 0.044 + 0.524 \times \frac{32.4}{63.6} = 0.311 \text{ (MPa)}$$

③快退时回路的压力损失。

进油路上的最大压力损失为

$$\sum \Delta p = 0.586 \text{MPa}$$

回油路上的最大压力损失为

$$\sum \Delta p = 0.462 \text{MPa}$$

整个回路的压力损失为

$$\sum \Delta p_3 = 0.586 + 0.462 \times \frac{63.6}{32.4} = 1.493 \text{ (MPa)}$$

(2) 液压泵的工作压力。

小流量泵的工作压力（工进时泵出口压力）：因前边小泵的工作压力为估算值，现液压元件已经确定，小泵出口压力应重新计算，即

$$p_\text{p} = p_1 + \sum \Delta p_2 = \frac{F}{A_1} + \sum \Delta p_2 = \frac{15\,556 \times 10^{-6}}{63.6 \times 10^{-4}} + 0.311 = 2.757 \text{ (MPa)}$$

此值是溢流阀调整压力的主要参考值。

(3) 卸荷阀的调整压力。

卸荷阀在快进、快退时关闭，工进时打开，卸荷阀的调整压力必须保证卸荷阀动作及时、不出现误动作。由于液压缸在快进、快退时负载相同，而回路压力损失不同，快退时压力损失大，因此快退时大流量泵的压力出现最高值，即

$$p_\text{p} = p_1 + \sum \Delta p_3 = \frac{F}{A_2} + \sum \Delta p_3 = \frac{2\,222 \times 10^{-6}}{32.4 \times 10^{-4}} + 1.493 = 2.179 \text{ (MPa)}$$

卸荷阀的调整压力应为 2.179~2.757MPa。

(4) 液压回路和液压系统的效率。

工进时液压缸的工作压力

$$p_1 = \frac{F}{A_1} + \sum \Delta p \cdot \frac{A_2}{A_1} = \frac{15\,556}{63.6 \times 10^{-4}} + 0.524 \times \frac{32.4}{63.6} = 2.713 \text{ (MPa)}$$

大泵卸荷时流经卸荷阀 3 的压力损失：

$$p_\text{p2} = \Delta p_\text{V3} \left(\frac{12}{25}\right)^2 = 0.3 \times \left(\frac{12}{25}\right)^2 = 0.069 \text{ (MPa)}$$

工进时回路效率：

$$\eta_\text{c} = \frac{p_1 \cdot q_1}{p_\text{p} \cdot q_\text{p}} = \frac{p_1 q_1}{p_{\text{p1}} q_1 + p_{\text{p2}} q_2} = \frac{2.713 \times 10^6 \times (0.13 \sim 6.36)}{2.757 \times 10^6 \times 10 + 0.069 \times 10^6 \times 12} = 0.012 \sim 0.608$$

泵效率取 $\eta_p = 0.75$，液压缸效率取 $\eta_m = 0.9$，则系统效率为

$$\eta = \eta_p \eta_c \eta_m = 0.75 \times (0.012 \sim 0.608) \times 0.9 = 0.008 \sim 0.410$$

3. 液压系统发热与温升的计算

液压缸在各工作阶段所用时间：

快进 $\qquad t_1 = \dfrac{s_1}{v_1} = \dfrac{300 \times 10^{-3}}{7.05/60} = 2.55$ （s）

工进 $\qquad t_2 = \dfrac{s_2}{v_2} = \dfrac{100 \times 10^{-3}}{(0.02 \sim 1.0)/60} = 6 \sim 300$ （s）

快退 $\qquad t_3 = \dfrac{s_3}{v_3} = \dfrac{400 \times 10^{-3}}{6.79/60} = 3.53$ （s）

由上述计算可知，在整个工作循环中工进所用时间为总时间的 50%~98%，故应按工进工况验算温升。

工进时液压缸输出的有效功率为
$$P_2 = F_{aW} v_2 = 12\,000 \times (0.02 \sim 1.0)/60 = 4 \sim 200 \text{（W）} = 0.004 \sim 0.2 \text{kW}$$

液压泵的输入功率为
$$P_1 = \dfrac{p_{p1} q_1 + p_{p2} q_2}{\eta_p} = \dfrac{2.757 \times 10^6 \times 10 + 0.069 \times 10^6 \times 12}{0.75 \times 60 \times 1\,000} = 631.1 \text{（W）} = 0.631\,1 \text{kW}$$

系统发热功率 H 为
$$H = P_1 - P_2 = 0.631\,1 - (0.004 \sim 0.2) = 0.627\,1 \sim 0.431\,1 \text{（kW）}$$

油箱散热面积为
$$A = 0.065 \sqrt[3]{V^2} = 0.065 \sqrt[3]{132} = 5.092 \text{（m}^2\text{）}$$

系统温升为
$$\Delta T = \dfrac{H}{hA} = \dfrac{(0.627\,1 \sim 0.431\,1) \times 10^3}{8 \times 5.092} = 15.4 \sim 10.6 \text{（℃）}$$

取室温为 20℃，则热平衡温度为 30.6~35.4℃，没有超出允许范围。

思考与练习

1. 简述液压系统设计的步骤。
2. 简述设计液压系统时进行工况分析的目的。
3. 如何拟定液压系统原理图？
4. 设计一台板料折弯机液压系统，要求完成的动作循环为"快进→工进→快退→停止"，且动作平稳。根据实测，最大推力为 15kN，快进、快退速度为 3m/min，工作速度为 1.5m/min，快进行程为 0.1m，工进行程为 0.15m。

项目14　认识气源装置及气动元件

📖 项目导读

通过对气源装置（动力源）、气动控制元件（各种控制阀）、气动辅助元件（气源处理元件）的学习达到以下目标。

📖 项目目标

（1）知道气源装置的组成及功用、空气压缩机的类型及工作原理。
（2）知道气源净化装置的类型、结构原理、图形符号及应用。
（3）知道气动控制元件及气动辅助元件的类型、结构原理、图形符号及应用。

📖 能力目标

（1）能正确地识别和绘制各种气动元件的图形符号。
（2）能正确地选用各种气动元件。
（3）能根据各种气动元件的功用分析气动系统。

任务1　认识气源装置

一、气源装置的组成和布置

向气动系统提供压缩空气的装置称为气源装置。气动系统中各部分气动元件使用的压缩空气都是从气源装置获得的。气源装置的主体部分是空气压缩机，由空气压缩机产生的压缩空气，因为不可避免地含有过高的杂质（灰尘、水分等），故不能直接输入气动系统使用，还必须进行降温、除尘、除水、除油等一系列处理后，才能用于气动系统。这就需要在空气压缩机出口管路上安装一系列辅助元件，如冷却器、油水分离器、过滤器、干燥器等。此外，为了提高气动系统的工作性能，还需要用到其他辅助元件，如油雾器、转换器和消声器等。

一般来说，气源装置由以下几个部分组成：
（1）空气压缩机。
（2）储存、净化压缩空气的装置和设备。
（3）传输压缩空气的管路系统。

图 14-1 所示为一般气源装置的组成和布置示意图。

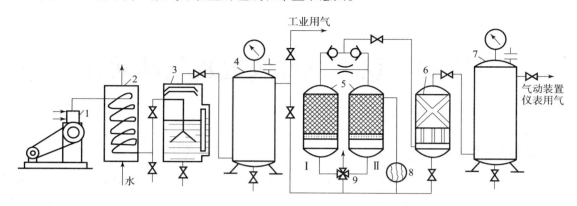

图 14-1 气源装置的组成和布置示意图
1—空气压缩机；2—后冷却器；3—油水分离器；4，7—储气罐；
5—干燥器；6—过滤器；8—加热器；9—四通阀

通常由空气压缩机 1 产生压缩空气，其吸气口装有空气过滤器，以减少进入空气压缩机中气体的灰尘杂质量。后冷却器 2 用以降温冷却从空气压缩机中排出的高温压缩空气，将汽化水、汽化油凝结出来。油水分离器 3 用以使降温后凝结出来的油滴、水滴和杂质等从压缩空气中分离出来，并从排污口排出。储气罐 4 和 7 用以储存压缩空气，以便稳定压缩空气的压力，同时使压缩空气中的部分油分和水分沉积在储气罐底部以便于去除。干燥器 5 用以进一步吸收与排出压缩空气中的油分和水分，使之变为干燥空气。四通阀 9 用以转换两个干燥器的工作状态。过滤器 6 用以进一步过滤压缩空气中的灰尘、杂质和颗粒。

储气罐 4 中的压缩空气可用于一般要求的气压系统，储气罐 7 中的压缩空气可用于要求较高的气压系统（如气压仪表、射流元件等组成的系统）。

二、空气压缩机的分类和工作原理

空气压缩机是将机械能转变为气体压力能的装置，是气动系统的动力源。

1. 空气压缩机的分类

空气压缩机（简称空压机）的种类很多，常用的分类方法有以下几种。
1）按工作原理分类

按空压机的工作原理可以将其分为容积型和速度型两大类，其中容积型的空气压缩机是靠压缩空气的方法，使单位体积内的空气分子密度增加，来提高空气压力的；速度型空气压缩机是通过提高气体分子运动速度的方法，使气体分子具有的动能转化成气体的压力能。

2）按排气压力 p 分类

鼓风机：$p \leqslant 0.2 \text{MPa}$；

低压空压机：$0.2 \text{MPa} < p \leqslant 1 \text{MPa}$；

中压空压机：$1 \text{MPa} < p \leqslant 10 \text{MPa}$；

高压空压机：$10 \text{MPa} < p \leqslant 100 \text{MPa}$。

3）按输出流量 q（即铭牌流量）分类

微型空压机：$q \leqslant 0.017 \text{m}^3/\text{s}$；

小型空压机：$0.017 \text{m}^3/\text{s} < q \leqslant 0.17 \text{m}^3/\text{s}$。

中型空压机：$0.17 \text{m}^3/\text{s} < q \leqslant 1.7 \text{m}^3/\text{s}$；

大型空压机：$q > 1.7 \text{m}^3/\text{s}$。

2. 活塞式空气压缩机的工作原理

在气压传动中，通常采用容积型活塞式空压机，该空压机按其结构又可分为立式活塞式空压机和卧式活塞式空压机两种。

1）立式活塞式空气压缩机的工作原理

图 14-2 所示为立式活塞式空压机工作原理。立式活塞式空压机中的立式是指气缸中心线垂直于地面。它利用曲柄连杆机构，将原动机（电动机或内燃机等）的回转运动转变为活塞的往复直线运动，当活塞 1 向下运动时，气缸 2 内的容积逐渐增大，压力逐渐降低而产生真空，进气阀 7 打开，外界空气在大气压的作用下通过空气滤清器 5 和进气管 6 被吸入气缸内，此过程称为吸气过程。当活塞向上运动时，气缸的容积逐渐减小，空气受到压缩，压力逐渐升高而使进气阀关闭，压缩空气就会打开排气阀 3 经排气管 4 输入储气罐中，此过程称为排气过程。

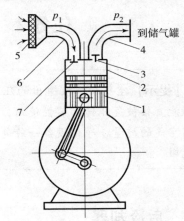

图 14-2 立式活塞式空压机工作原理
1—活塞；2—气缸；3—排气阀；
4—排气管；5—空气滤清器；
6—进气管；7—进气阀

2）卧式活塞式空气压缩机的工作原理

图 14-3 所示为卧式活塞式空压机的工作原理。卧式活塞式空压机中的卧式是指气缸中心线平行于地面，其工作原理及工作过程与立式相同，故不再叙述。

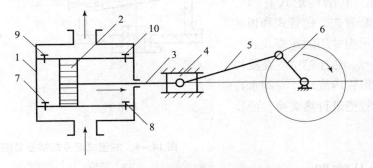

图 14-3 卧式活塞式空压机工作原理
1—气缸；2—活塞；3—活塞杆；4—十字头；5—连杆；6—曲柄；7, 8—吸气阀；9, 10—排气阀

上述两种空压机采用单活塞和单气缸，多数空压机是多缸和多活塞组合。

3. 空压机的选择

选择空压机主要依据气压系统的工作压力和流量两个参数。一般气压传动系统需要的工作压力为 0.5~0.8MPa，因此多选用低压空压机。此外，还有中压空压机，额定排气压力为 1~10MPa；高压空压机，额定排气压力为 10~100MPa；超高压空压机，额定排气压力为 100MPa 以上。输出流量要根据整个气压系统对压缩空气的需要，再加一定的备用余量，作为选择空压机流量的依据。

任务 2　认识气源净化装置

> **【提示】** 空气压缩机输出的压缩空气，虽然能够满足一定的压力和流量的要求，但不能直接被气压传动装置使用，必须设置一些除油、除水、除尘的净化装置来提高压缩空气的质量。净化设备一般包括后冷却器、油水分离器、干燥器、空气过滤器和储气罐。

一、后冷却器

后冷却器安装在空气压缩机的出口管道上，将压缩机排出的压缩气体温度由 140~170℃ 降至 40~50℃，使其中水气、油雾汽凝结成水滴和油滴，以便于经油水分离器排出。后冷却器一般采用水冷换热装置，其结构形式有列管式、散热片式、套管式、蛇管式和板式等。图 14-4 所示为常用的蛇管式后冷却器及其图形符号。热压缩空气在浸没于冷却水中的蛇形管内流动，冷却水在水套中流动，经管壁进行热交换，使压缩空气得到冷却。

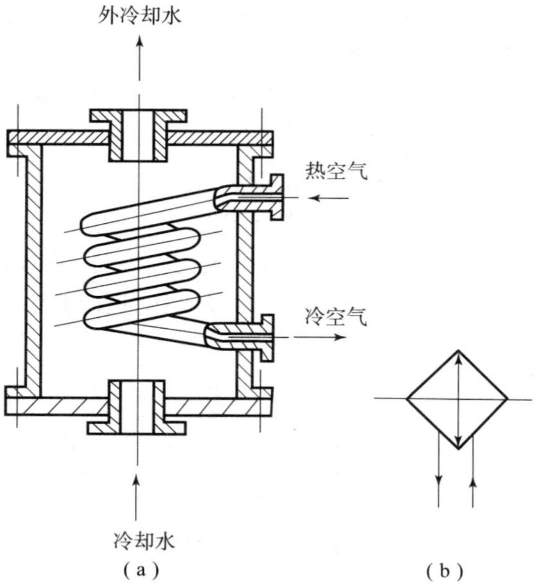

图 14-4　蛇管式后冷却器及其图形符号
（a）结构；（b）图形符号

二、油水分离器

油水分离器又名除油器，用于分离压缩空气中凝聚的水分和油分等杂质，使压缩空气得到初步净化。其工作原理是：当压缩空气进入油水分离器后产生流向和速度的急剧变化，再依靠惯性作用，将密度比压缩空气大的油滴和水滴分离出来。图 14-5 所示为常见的撞击和环形回转式油水分离器结构及其图形符号。

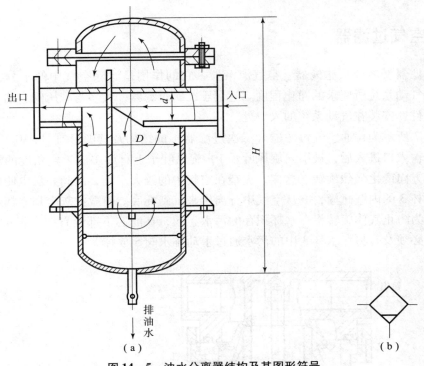

图 14-5　油水分离器结构及其图形符号

(a) 结构；(b) 图形符号

三、储气罐

储气罐主要用来调节气流，减少输出气流的压力脉动，使输出气流具有流量连续性和气压稳定性，并且储存一定量的压缩空气，进一步分离压缩空气中的水分和油分。储气罐一般采用圆筒状焊接结构，有立式储气罐和卧式储气罐两种。图 14-6 所示为储气罐的结构及图形符号。储气罐、油水分离器、后冷却器均属于压力容器，在使用之前，应按技术要求进行测压试验。

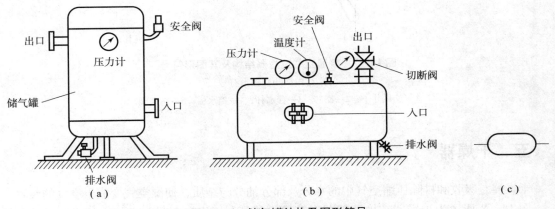

图 14-6　储气罐结构及图形符号

(a) 立式；(b) 卧式；(c) 图形符号

四、空气过滤器

空气过滤器又名分水滤气器、空气滤清器,它的作用是滤除空气中的水分、油滴及杂质,以达到气动系统所要求的净化程度。它属于二次过滤器,大多与减压阀、油雾器一起构成气动三联件,安装在气动系统的入口处。

图 14-7 所示为普通空气过滤器(二次过滤器)的结构及其图形符号,其工作原理是:压缩空气从输入口进入后,被引入旋风叶子 1,旋风叶子上有许多成一定角度的缺口,迫使空气沿切线方向产生强烈旋转。这样,夹杂在空气中的较大水滴、油滴和灰尘便依靠自身的惯性与存水杯 3 的内壁碰撞,并从空气中分离出来沉到杯底。而微粒灰尘和雾状水气则由滤芯 2 滤除。为防止气体旋转将存水杯积存的污水卷起,在滤芯下部设有挡水板 4。为保证其正常工作,必须及时将存水杯 3 中的污水通过手动排水阀 5 放掉。

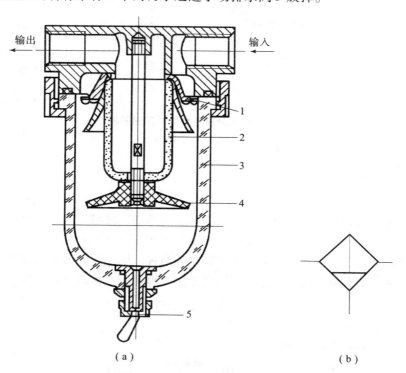

图 14-7 普通空气过滤器结构及其图形符号
(a) 结构;(b) 图形符号
1—旋风叶子;2—滤芯;3—存水杯;4—挡水板;5—排水阀

五、干燥器

干燥器是吸收和排除压缩空气中的水分及部分油分与杂质,使湿空气变成干空气的装置。

图 14-8 所示为干燥器结构及其图形符号,其是利用干燥剂吸附空气中的水蒸气的一种空气净化处理装置。它的外壳为一金属圆筒,当压缩空气由管道进入干燥器内时,湿空气中

的水分被干燥剂吸收,干燥的压缩空气从输出管输出。

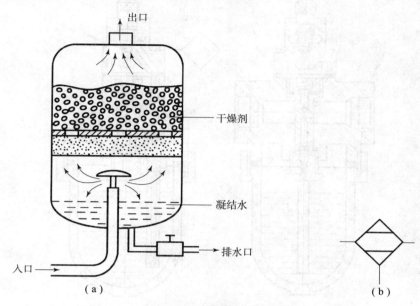

图 14-8　干燥器结构及其图形符号
(a) 结构;(b) 图形符号

当干燥剂在使用一定时间,干燥剂中的水分达到饱和状态时,干燥剂失去继续吸湿的能力,因此需要设法将干燥剂中的水分排除,使干燥剂恢复到干燥状态,即重新恢复干燥剂吸附水分的能力,这就是干燥剂的再生。图 14-1 中的加热器 8 即是供干燥剂再生时使用的。

任务 3　认识气动辅助元件

【提示】气源装置除了压缩空气净化装置外,还有油雾器、消声器、转换器等辅助元件。

一、油雾器

油雾器是一种特殊的注油装置,其作用是使润滑油雾化后,随压缩空气一起进入需要润滑的部件,达到润滑的目的。

图 14-9 所示为普通油雾器的结构示意图。

压缩空气从入口 1 进入,大部分气体从出口 4 流出;小部分气体由小孔 2 通过截止阀 10 进入储油杯 5 的出口 4,使杯中油面受压,迫使储油杯中的油液经吸油管 11、单向阀 6 和节流阀 7 滴入透明的视油器 8 内,然后再滴入喷嘴小孔 3,被主管道通过的气流引射出来。雾化后油随气流出口 4 输出,送入气动系统。此外,通过透明的视油器 8 可供观察滴油情况,

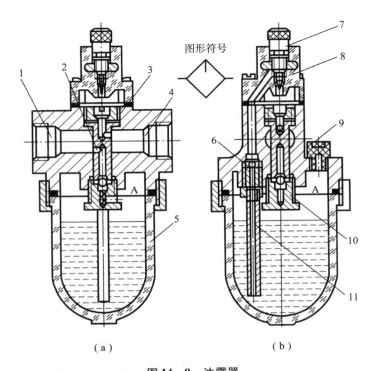

图 14-9 油雾器

1—入口；2—小孔；3—喷嘴小孔；4—出口；5—储油杯；6—单向阀；
7—节流阀；8—视油器；9—油塞；10—截止阀；11—吸油管

上部的节流阀 7 可用来调节滴油量。

如图 14-9 所示的普通油雾器也称为一次油雾器。二次油雾器能使油滴在油雾器内进行两次雾化，使油雾的粒度更小、更均匀，输送距离更远。不论是一次油雾器，还是二次油雾器，其雾化原理都是一样的。

油雾器一般安装在空气过滤器和减压阀之后，尽量靠近换向阀，与阀的距离不应超过 5m。油雾器和换向阀之间的管道容积应为气缸行程容积的 80% 以下，当管道中有节流装置时，上述容积比例应减半。安装时应注意进、出口不能接错，垂直设置，不可倒置或倾斜。油面应保持正常，不应过高或过低。

油雾器的供油量应根据气压传动设备的情况确定，一般情况下，以 10m³ 自由空气供给 1cm³ 润滑油为宜。

二、消声器

在大多情况下，气压传动系统用后的压缩空气直接排入大气，这样因气体排出执行元件后，压缩空气的体积急剧膨胀，会产生刺耳的噪声。排气的速度越快，功率越大，噪声也越大，一般可达 100~120dB。这种噪声会使工作环境恶化，危害人体健康。一般来说，当噪声高于 85dB 时就要设法降低，为此可在换向阀的排气口安装消声器来降低排气噪声。

常用的消声器有吸收型消声器、膨胀干涉吸收型消声器等。

1. 吸收型消声器

吸收型消声器主要依靠吸声材料消声,其结构及图形符号如图 14-10 所示。消声罩 2 为多孔的吸声材料,一般用聚苯乙烯颗粒或铜珠烧结而成。当消声器的通径小于 20mm 时,多用聚苯乙烯作消声材料制成消声罩。当消声器的通径大于 20mm 时,消声罩多采用铜珠烧结,以增加强度。其消声原理是:当压力气体通过消声罩时,气流受到阻力,声音能量被部分吸收而转化为热能,从而降低了噪声强度。吸收型消声器结构简单,具有良好的消除中、高频噪声的性能,消声效果大于 20dB。在气压传动系统中,排气噪声主要是中、高频噪声,尤其是高频噪声较多,所以大多数情况下采用这种消声器。

2. 膨胀干涉吸收型消声器

膨胀干涉吸收型消声器的结构如图 14-11 所示。进气气流由斜孔引入,在 A 室扩散、减速、碰壁撞击后反射到 B 室,气流束相互撞击、干涉,进一步减速,从而使噪声减弱。然后气流经过吸声材料的多孔侧壁排入大气,噪声被再次削弱,所以这种消声器降低噪声的效果更好,低频可消声 20dB,高频可消声 45dB。

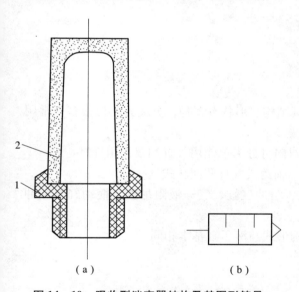

图 14-10 吸收型消声器结构及其图形符号
(a) 结构;(b) 图形符号
1—连接管;2—消声罩

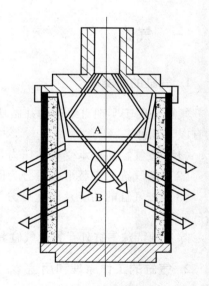

图 14-11 膨胀干涉吸收型消声器

选用消声器时,应合理选择通过消声器的气流速度。对一般系统可取 6~10m/s,对高压排空消声器则可大于 20m/s。

三、转换器

转换器是将电、液、气信号相互间进行转换的辅件,用来控制气动系统工作。气动系统中的转换器主要有气→电、电→气、气→液等。图 14-12 所示为气液直接接触式转换器结构及其图形符号,当压缩空气由上部输入管输入后,经过管道末端的缓冲装置使压缩空气作用在液压油面上,因而液压油即以压缩空气相同的压力,由转换器主体下部的排油孔输出到液压缸,使其动作,气液转换器的储油量应不小于液压缸最大有效容积的 1.5 倍;另一种气液转换器是换向阀式,它是一个气控液压换向阀,采用气控液压换向阀,需要另外备有液压源。

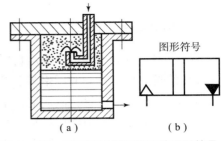

图 14-12 气液转换器结构及其图形符号
(a) 结构;(b) 图形符号

任务 4　认识气动执行元件

【提示】气动执行元件是将压缩空气的压力能转换为机械能的装置。它包括气缸和气马达。气缸用于直线往复运动或摆动,气马达用于实现连续回转运动。

一、气缸

1. 气缸的分类

气缸是用于实现直线运动并做功的元件,其结构、形状有多种,分类方法也很多,常用的有以下几种。

(1) 按气缸活塞承受气体压力是单向还是双向可分为单作用气缸和双作用气缸。

(2) 按气缸的安装形式可分为固定式气缸、轴销式气缸和回转式气。

(3) 按气缸的功能及用途可分为普通气缸、缓冲气缸、气—液阻尼缸、摆动气缸和冲击气缸等。

除几种特殊气缸外,普通气缸其种类和结构形式与液压缸基本相同。

2. 气缸的工作原理和用途

1) 气—液阻尼缸

普通气缸工作时,由于气体具有可压缩性,当外界负载变化较大时,气缸可能产生"爬行"或"自走"现象,因此,气缸不易获得平衡的运动,也不易使活塞有准确的停止位置。而液压缸则相对运动平衡,且速度调节方便,在气压传动中,当需要有准确的位置控制和速度控制时,可采用气—液阻尼缸。

图 14-13 所示为串联式气—液阻尼缸,它由气缸和液压缸串联而成;两缸的活塞用一根活塞杆带动,在液压缸进出口之间装有单向阀 3 和节流阀 1。当气缸 5 右腔进气时,气缸活塞带动液压缸 4 的活塞向左运动,此时液压缸左腔排油,由于单向阀关闭,油液只能通过节流阀缓慢流入液压缸右腔,调节节流阀的开口量,即可调节活塞的运动速度;由于有液体的参与,气缸活塞的运动平稳性大大提高。活塞杆的输出力等于气缸的输出力和液压缸活塞

上的阻力之差,当气缸左腔进气时,液压缸右腔的油液可通过单向阀迅速流向液压缸左腔,活塞快速返回原位。

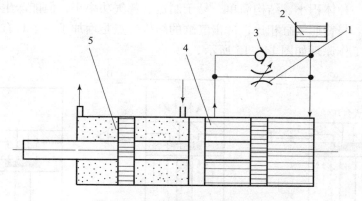

图 14-13 串联式气—液阻尼缸
1—节流阀;2—高位油箱;3—单向阀;4—液压缸;5—气缸

一般用双杆活塞缸作为液压缸,这样可使液压缸两腔进、排油量相等,以减小高位油箱2的容积,一般用油杯就行。

2. 薄膜式气缸

薄膜式气缸是一种利用压缩空气通过膜片推动活塞杆做往复直线运动的气缸,由缸体、膜片、膜盘和活塞杆等主要零件组成。其功能类似于活塞式气缸,分为单作用式和双作用式两种,如图 14-14 所示。

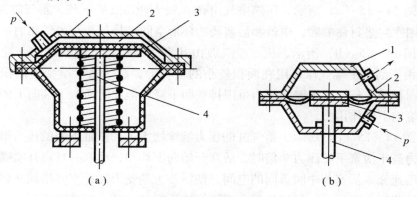

图 14-14 薄膜式气缸
(a) 单作用式;(b) 双作用式
1—缸体;2—膜片;3—膜盘;4—活塞杆

薄膜式气缸的膜片可以做成盘形膜片和平膜片两种形式。膜片材料为夹织物橡胶、钢片或磷青铜片,常用的是夹织物橡胶,橡胶的厚度为 5~6mm,有时也可用 1~3mm。金属膜片只用于行程较小的薄膜式气缸中。

薄膜式气缸和活塞式气缸相比较,具有结构简单、紧凑,制造容易,成本低,维修方便,寿命长,泄漏少,效率高等优点。但是膜片的变形量有限,故其行程短(一般不超过 40~50mm),且气缸活塞杆上的输出力随着行程的加大而减小。

3. 冲击气缸

冲击气缸是一种体积小、结构简单、易于制造、耗气功率小，但能产生相当大的冲击力的一种特殊气缸。与普通气缸相比，冲击气缸的结构特点是增加了一个具有一定容积的蓄能腔和喷嘴。它的工作原理如图14-15所示。

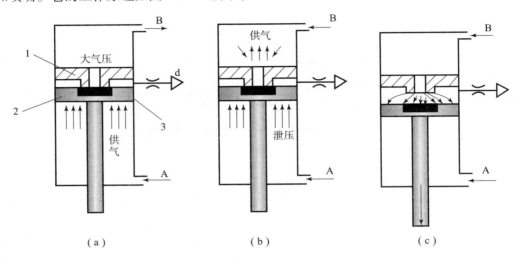

图 14-15 冲击气缸工作原理
1—中盖；2—密封垫；3—活塞

冲击气缸的整个工作过程可简单地分为三个阶段。

（1）如图14-15（a）所示，压缩空气由孔A输入冲击缸的下腔，蓄气缸经孔B排气，活塞上升并用密封垫封住喷嘴，中盖和活塞间的环形空间经排气孔与大气相通。

（2）如图14-15（b）所示，压缩空气改由孔B进气，输入蓄气缸中，冲击缸下腔经孔A排气。由于活塞上端气压作用在面积较小的喷嘴上，而活塞下端受力面积较大，一般设计成喷嘴面积的9倍，缸下腔的压力虽因排气而下降，但此时活塞下端向上的作用力仍然大于活塞上端向下的作用力。

（3）如图14-15（c）所示，蓄气缸的压力继续增大，冲击缸下腔的压力继续降低，当蓄气缸内压力高于活塞下腔压力9倍时，活塞开始向下移动，活塞一旦离开喷嘴，蓄气缸内的高压气体迅速充入活塞与中间盖间的空间，使活塞上端受力面积突然增加9倍，于是活塞将以极大的加速度向下运动，气体的压力能转换成活塞的动能。在冲程达到一定时，获得最大冲击速度和能量，利用这个能量对工件进行冲击做功，产生很大的冲击力。

二、气马达

气马达的作用相当于电动机或液压马达，即输出力矩，拖动机构做旋转运动。

1. 气马达的分类及特点

气马达按结构形式可分为叶片式气马达、活塞式气马达和齿轮式气马达等。最为常见的是活塞式气马达和叶片式气马达。叶片式气马达制造简单，结构紧凑，但低速运动转矩小，低速性能不好，适用于中、低功率的机械，目前在矿山及风动工具中应用广泛。活塞式气马达在低速情况下有较大的输出功率，它的低速性能好，适宜于载荷较大和要求低速转矩的机械，如起重机、绞车、绞盘、拉管机等。

与液压马达相比，气马达具有以下特点：

（1）工作安全。

可以在易燃易爆场所工作，同时不受高温和振动的影响。

（2）可以长时间满载工作而温升较小。

（3）可以无级调速。

控制进气流量，就能调节马达的转速和功率。额定转速为每分钟几十到几十万转。

（4）具有较高的启动力矩，可以直接带负载运动。

（5）结构简单，操纵方便，维护容易，成本低。

（6）输出功率相对较小，最大只有20kW左右。

（7）耗气量大，效率低，噪声大。

2. 气马达工作原理

图14-16（a）所示为叶片式气马达的工作原理。叶片式气马达由定子、转子、叶片等零件构成。当马达开始工作时，叶片底部将通过压缩空气把叶片推出，两叶片间就形成密封工作腔。当由A孔向密封工作腔输入压缩空气时，由于相应密封工作腔的两叶片伸出长度不同，压缩空气的作用面积也就不同，因而产生转矩差带动转子按逆时针方向旋转，做功后的气体由C孔排出，剩余残气经B孔排出；若由B孔输入压缩空气时，转子则按顺时针方向旋转。

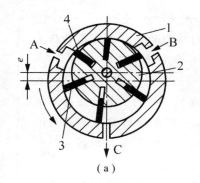
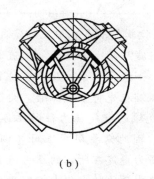
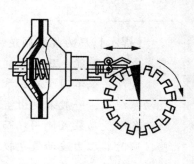

（a）　　　　　　　　　（b）　　　　　　　　　（c）

图14-16　气马达工作原理

(a) 叶片式；(b) 活塞式；(c) 薄膜式

1—定子；2—转子；3，4—叶片

当压缩空气从A口进入定子内时，会使叶片带动转子做逆时针旋转，产生转矩，则废气从排气口C排出，而定子腔内残留的气体则从B口排出。如需改变气马达的旋转方向，只需改变进、排气口即可。

图14-16（b）所示为活塞式马达的原理图。压缩空气经进气口进入分配阀（又称配气阀）后再进入气缸，推动活塞及连杆组件运动，再使曲柄旋转。曲柄旋转的同时，带动固

定在曲轴上的分配阀同步转动,使压缩空气随着分配阀角度位置的改变而进入不同的缸内,依次推动各个活塞运动,并由各活塞及连杆带动曲轴连续运转。与此同时,与进气缸相对应的气缸则处于排气状态。

图 14-16（c）所示为薄膜式气马达的工作原理图。它实际上是一个薄膜式气缸,当它做往复运动时,通过推杆端部的棘爪使棘轮转动。

表 14-1 列出了各种气马达的特点及应用范围,可供选择和参考。

表 14-1 各种气马达的特点及应用范围

形式	转矩	速度	功率	每千瓦耗气量 $q/(m^3 \cdot min^{-1})$	特点及应用范围
叶片式	低转矩	高速度	由零点几千瓦到 1.3kW	小型：1.8~1.3 大型：1.0~1.4	制造简单,结构紧凑,但低速启动转矩小,低速性能不好,适用于要求低或中功率的机械,如手提工具、复合工具传送带、升降机、泵、拖拉机等
活塞式	中高转矩	低速或中速	由零点几千瓦到 1.7kW	小型：1.9~2.3 大型：1.0~1.4	在低速时有较大的功率输出和较好的转矩特性。启动准确,且启动和停止特性均较叶片式好,适用于载荷较大和要求低速、转矩较高的机械,如手提工具、起重机、绞车、绞盘、拉管机等
薄膜式	高转矩	低速度	小于 1kW	1.2~1.4	适用于控制要求很精确、启动转矩极高和速度低的机械

任务 5　认识压力控制阀

【提示】 压力控制阀是用来控制气动系统中压缩空气的压力的,以满足各种压力需求或用于节能。压力控制阀有减压阀、安全阀（溢流阀）和顺序阀三种。

气动系统不同于液压系统,一般每一个液压系统都自带液压源（液压泵）;而在气动系统中,一般来说由空气压缩机先将空气压缩,储存在储气罐内,然后经管路输送给各个气动装置使用。而储气罐的空气压力往往比各台设备实际所需要的压力高些,同时其压力波动值也较大。因此需要用减压阀（调压阀）将其压力减到每台装置所需的压力,并使减压后的压力稳定在所需的压力值上。

有些气动回路需要依靠回路中压力的变化来控制两个执行元件的顺序动作,所用的这种阀就是顺序阀。顺序阀与单向阀的组合称为单向顺序阀。

为了安全起见,当所有气动回路或储气罐的压力超过允许压力值时,需要实现自动向外排气,这种压力控制阀叫安全阀（溢流阀）。

一、减压阀

图 14-17 所示为 QTY 型直动式减压阀的结构。其工作原理是：当阀处于工作状态时,

调节手柄1、调压弹簧2和3及膜片5，通过阀杆6使阀芯8下移，进气阀口被打开，有压气流从左端输入，经阀口节流减压后从右端输出。输出气流的一部分由阻尼孔7进入膜片气室，在膜片5的下方产生一个向上的推力，这个推力总是企图把阀口开度关小，使其输出压力下降。当作用于膜片上的推力与弹簧力相平衡后，减压阀的输出压力便保持一定。

当输入压力发生波动时，如输入压力瞬时升高，输出压力也随之升高，作用于膜片5上的气体推力也随之增大，破坏了原来的力的平衡，使膜片5向上移动，有少量气体经溢流口4、排气孔11排出。在膜片上移的同时，因复位弹簧10的作用，使输出压力下降，直到新的平衡为止。重新平衡后的输出压力又基本上恢复至原值。反之，输出压力瞬时下降，膜片下移，进气口开度增大，节流作用减小，输出压力又基本上回升至原值。

调节手柄1使弹簧2、3恢复至自由状态，输出压力降至零，阀芯8在复位弹簧10的作用下，关闭进气阀口，这样减压阀便处于截止状态，无气流输出。

QTY型直动式减压阀的调压范围为0.05~0.63MPa。为限制气体流过减压阀所造成的压力损失，规定气体通过阀内通道的流速为15~25m/s。

安装减压阀时，要按气流的方向和减压阀上所示的箭头方向，依照分水滤气器—减压阀—油雾器的安装次序进行安装。调压时应由低向高调，直至规定的调压值为止。阀不用时应把手柄放松，以免膜片经常受压变形。

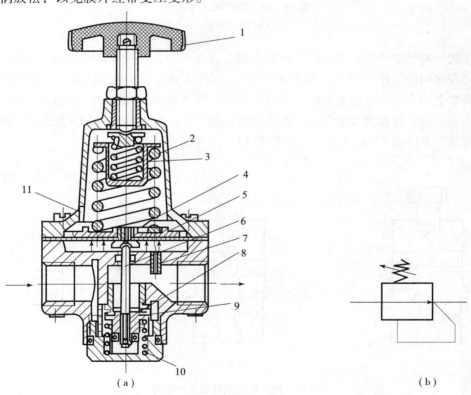

图14-17 QTY型减压阀结构及其图形符号

（a）结构；（b）图形符号

1—手柄；2，3—调压弹簧；4—溢流口；5—膜片；6—阀杆；
7—阻尼孔；8—阀芯；9—阀座；10—复位弹簧；11—排气孔

二、顺序阀

顺序阀是依靠气路中压力的作用而控制执行元件按顺序动作的压力控制阀，如图 14-18 所示，它根据弹簧的预压缩量来控制其开启压力。当输入压力达到或超过开启压力时，顶开弹簧，于是由 P 到 A 才有输出；反之 A 无输出。

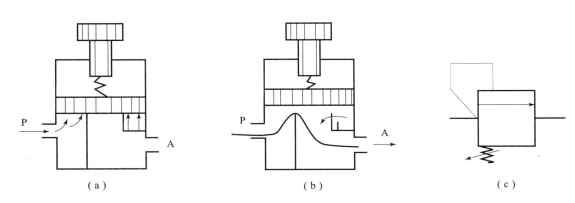

图 14-18 顺序阀工作原理
（a）关闭状态；（b）开启状态；（c）图形符号

顺序阀一般很少单独使用，往往与单向阀配合在一起，构成单向顺序阀。图 14-19 所示为单向顺序阀的工作原理图。当压缩空气由左端进入阀腔，作用于活塞 3 上的气压力超过压缩弹簧 2 上的力时，将活塞顶起，压缩空气从 P 经 A 输出，如图 14-19（a）所示，此时单向阀 4 在压差力及弹簧力的作用下处于关闭状态。反向流动时，输入侧变成排气口，输出侧压力将顶开单向阀 4，由 T 口排气，如图 14-19（b）所示。

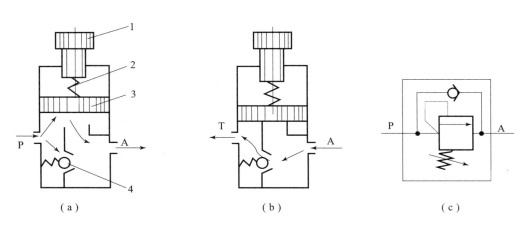

图 14-19 单向顺序阀工作原理
（a）关闭状态；（b）开启状态；（c）图形符号
1—调节手柄；2—弹簧；3—活塞；4—单向阀

调节旋钮就可改变单向顺序阀的开启压力,以便在不同的开启压力下控制执行元件的顺序动作。

三、安全阀

当储气罐或回路中压力超过某调定值时,要用安全阀向外放气,安全阀在系统中起过载保护作用。

图14-20所示为安全阀的工作原理图。当系统中气体压力在调定范围内时,作用在活塞3上的压力小于弹簧2的力,活塞处于关闭状态,如图14-20(a)所示。当系统压力升高,作用在活塞3上的压力大于弹簧的预定压力时,活塞3向上移动,阀门开启排气,如图14-20(b)所示。直到系统压力降到调定范围以下,活塞又重新关闭。开启压力的大小与弹簧的预压缩量有关。

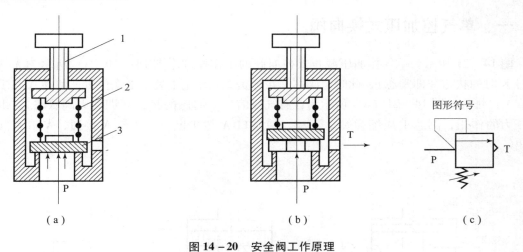

图14-20 安全阀工作原理
(a)关闭状态;(b)开启状态;(c)图形符号
1—调节手柄;2—弹簧;3—活塞

任务6 认识方向控制阀

【提示】方向控制阀是气压传动系统中通过改变压缩空气的流动方向和气流的通断,来控制执行元件启动、停止及运动方向的气动元件。

根据方向控制阀的功能、控制方式、结构方式、阀内气流的方向及密封形式等,可将方向控制阀分为几类,见表14-2。

表 14-2　方向控制阀的分类

分类方式	形式
按阀内气体的流动方向	单向阀、换向阀
按阀芯的结构形式	滑阀、截止阀
按阀的工作位数及通路数	二位三通、二位四通、三位五通等
按阀的控制操纵方式	气压控制、电磁控制、机械控制、手动控制

气压控制换向阀是以压缩空气为动力切换气阀，使气路换向或通断的阀类。气压控制换向阀的用途很广，多用于组成全气阀控制的气压传动系统或易燃、易爆以及高净化等场合。下面介绍几种典型的气压控制换向阀。

一、单气控加压式换向阀

图 14-21 所示为单气控加压截止式换向阀的工作原理。图 14-21（a）所示为无气控信号 K 时的状态（即常态），此时，阀芯 1 在弹簧 2 的作用下处于上端位置，使阀 A 与 T 相通，A 口排气。图 14-21（b）所示为在有气控信号 K 时阀的状态（即动力阀状态）。由于气压力的作用，阀芯 1 压缩弹簧 2 下移，使阀口 A 与 T 断开、P 与 A 接通，A 口有气体输出。

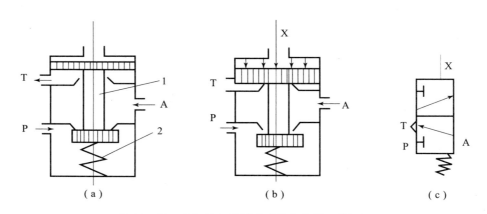

图 14-21　单气控加压截止式换向阀的工作原理
(a) 无控制信号状态；(b) 有控制信号状态；(c) 图形符号
1—阀芯；2—弹簧

图 14-22 所示为二位三通单气控截止式换向阀的结构。这种换向阀的结构简单、紧凑，密封可靠，换向行程短，但换向力大。若将气控接头换成电磁头（即电磁先导阀），可变气控阀为先导式电磁换向阀。

二、双气控加压式换向阀

图 14-23 所示为双气控滑阀式换向阀的工作原理图。图 14-23（a）所示为有气控信号 X_2 时阀的状态，此时阀停在左边，其通路状态是 P 与 A、B 与 T 相通。图 14-23（b）所示为有气控信号 X_1 时阀的状态（此时信号 X_2 已不存在），阀芯换位，其通路状态变为 P 与 B、A 与 T 相通。双气控滑阀具有记忆功能，即气控信号消失后，阀仍能保持在有信号时的工作状态。

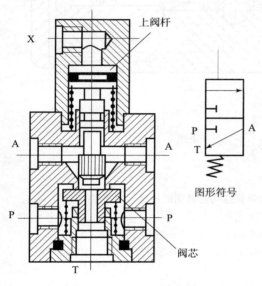

图 14-22 二位三通单气控
截止式换向阀的结构

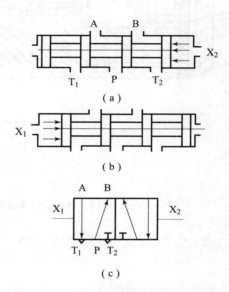

图 14-23 双气控滑阀式换向阀的工作原理
（a）有气控信号 X_2；（b）有气控信号 X_1；
（c）图形符号

三、差动控制换向阀

差动控制换向阀是利用控制气压作用在阀芯两端不同面积上所产生的压力差来使阀换向的一种控制方式。

图 14-24 所示为二位五通差压控制换向阀的结构及其图形符号。阀的右腔始终与进气口 P 相通。在没有进气信号 X 时，控制活塞 13 上的气压力将推动阀芯 9 左移，其通路状态为 P 与 A、B 与 T 相通，A 口进气、B 口排气。当有气控信号 X 时，由于控制活塞 3 的端面积大于控制活塞 13 的端面积，作用在控制活塞 3 上的气压力将克服控制活塞 13 上的压力及摩擦力，推动阀芯 9 右移，气路换向，其通路状态为 P 与 B、A 与 T 相通，B 口进气、A 口排气。当气控信号 X 消失时，阀芯 9 借右腔内的气压作用复位。采用气压复位可提高阀的可靠性。

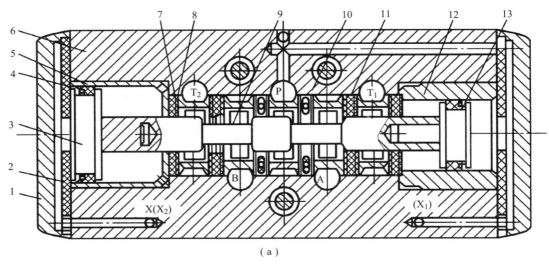

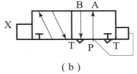

(b)

图 14-24 二位五通差压控制换向阀结构及其图形符号

（a）结构；（b）图形符号

1—端盖；2—缓冲垫片；3，13—控制活塞；4，10，11—密封垫；
5，12—衬套；6—阀体；7—隔套；8—挡片；9—阀芯

任务 7 认识流量控制阀

【提示】在气压传动系统中，有时需要控制气缸的运动速度，有时需要控制换向阀的切换时间和气动信号的传递速度，这些都需要通过调节压缩空气的流量来实现。流量控制阀就是通过改变阀的通流截面积来实现流量控制的元件。流量控制阀包括节流阀、单向节流阀、排气节流阀和快速排气阀等。

一、节流阀

图 14-25 所示为圆柱斜切型节流阀的结构。压缩空气由 P 口进入，经过节流后，由 A 口流出。旋转阀芯螺杆，就可改变节流口的开度，这样就调节了压缩空气的流量。由于这种节流阀的结构简单、体积小，故应用范围较广。

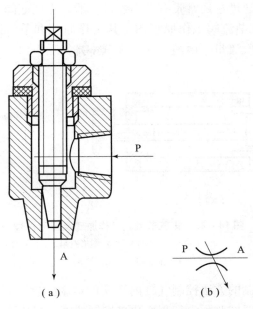

图 14-25　节流阀工作原理及图形符号

(a) 工作原理；(b) 图形符号

二、单向节流阀

单向节流阀是由单向阀和节流阀并联而成的组合式流量控制阀，如图 14-26 所示。当气流沿着一个方向，例如由 P→A（图 14-26（a））流动时，经过节流阀节流；反方向（图 14-26（b））流动，如由 A→P 流动时单向阀打开，不节流。单向节流阀常用于气缸的调速和延时回路。

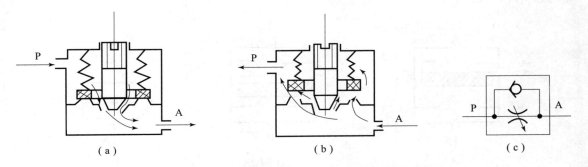

图 14-26　单向节流阀的工作原理及图形符号

(a) P→A 状态；(b) A→P 状态；(c) 图形符号

三、排气节流阀

排气节流阀是装在执行元件的排气口处，调节进入大气中气体流量的一种控制阀。它不仅能调节执行元件的运动速度，还常带有消声器件，所以也能起降低排气噪声的作用。

图14-27所示为排气节流阀工作原理图。其工作原理和节流阀类似，靠调节节流口1处的通流截面积来调节排气流量，由消声罩2来减小排气噪声。

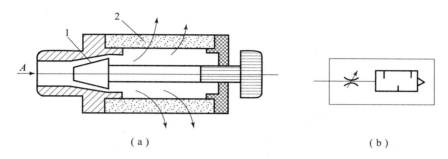

图14-27　排气节流阀工作原理及图形符号
（a）工作原理；（b）图形符号
1—节流口；2—消声罩

应当指出，用流量控制的方法控制气缸内活塞的运动速度，采用气动比采用液压困难。特别是在极低速控制中，要按照预定行程变化来控制速度，只用气动很难实现。在外部负载变化很大时，仅用气动流量阀也不会得到满意的调速效果。为提高其运动平稳性，建议采用气液联动。

四、快速排气阀

图14-28所示为快速排气阀工作原理图。进气口P进入压缩空气，并将密封活塞迅速向上推，开启阀口2，同时关闭排气口T，使进气口P和工作口A相通，如图14-28（a）所示。图14-28（b）所示为P口没有压缩空气进入时，在A口和P口压差作用下，密封活塞迅速下降，关闭P口，使A口通过T口快速排气。

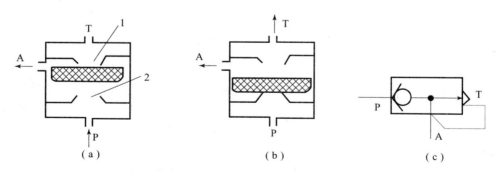

图14-28　快速排气阀工作原理及图形符号
（a），（b）工作原理；（c）图形符号
1，2—阀口

快速排气阀常安装在换向阀和气缸之间，它使气缸的排气不用通过换向阀而快速排出，从而加速了气缸往复的运动速度，缩短了工作周期。

任务 8　认识气动逻辑元件

【提示】气动逻辑元件指以压缩空气为工作介质，在控制信号作用下，通过元件内部可动部件（如膜片、阀芯）的动作来改变气流流动方向，从而实现控制元件的各种逻辑功能。

气动逻辑元件按逻辑功能的不同来划分，可分为"或门"（$S = A + B$）元件、"是门"（$S = A$）元件、"与门"（$S = AB$）元件、"非门"（$S = \overline{A}$）元件和双稳元件等。

一、"或门"元件

图 14 – 29 所示为"或门"元件的工作原理图。图中 A、B 为信号的输入口，S 为信号的输出口。当仅 A 有信号输入时，阀芯 a 下移封住信号口 B，气流经 S 输出；当仅 B 有信号输入时，阀芯 a 上移封住信号口 A，S 也有输出。只要 A、B 中任何一个有信号输入或同时都有信号输入，就会使得 S 有输出，其逻辑表达式为：$S = A + B$。

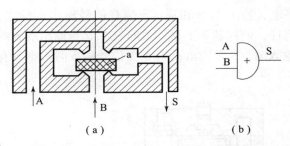

图 14 – 29　"或门"元件工作原理及图形符号
(a) 工作原理；(b) 图形符号

二、"是门"和"与门"元件

图 14 – 30 所示为"是门"和"与门"元件的工作原理图。

图 14 – 30 中 A 为信号的输入口，S 为信号的输出口，中间口接气源 P 时为"是门"元件。当 A 口无输入信号时，阀芯 2 在弹簧及气源压力作用下使阀芯上移，封住输出口 S 与 P 口通道，使输出 S 与排气口相通，S 无输出；反之，当 A 有输入信号时，膜片 1 在输入信号作用下将阀芯 2 推动下移，封住输出口 S 与排气口通道，P 与 S 相通，S 有输出。即 A 端无输入信号时，则 S 端无信号输出；A 端有输入信号时，S 端就会有信号输出。元件的输入和输出信号之间始终保持相同的状态，其逻辑表达式为 $S = A$。若将中间口不接气源而换接另

一输入信号 B，则称为"与门"元件，即只有当 A、B 同时有输入信号时，S 才能有输出，其逻辑表达式为 S = AB。

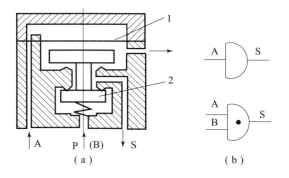

图 14 – 30　"是门"和"与门"元件工作原理及图形符号
（a）工作原理；（b）图形符号
1—膜片；2—阀芯

三、"非门"和"禁门"元件

图 14 – 31 所示为"非门"和"禁门"元件的工作原理图。A 为信号的输入端，S 为信号的输出端，中间孔接气源 P 时为非门元件。当 A 端无输入信号时，阀芯 3 在 P 口气源压力作用下紧压在上阀座上，使 P 与 S 相通，S 端有信号输出；反之，当 A 端有信号输入时，膜片变形并推动阀杆，使阀芯 3 下移，关断气源 P 与输出端 S 的通道，则 S 便无信号输出。即当 A 有输入信号时，S 无输出；当 A 无输入信号时，则 S 有输出，其逻辑表达式为 $S = \bar{A}$。

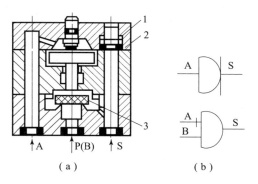

图 14 – 31　"非门"和"禁门"元件工作原理及图形符号
（a）工作原理；（b）图形符号
1—活塞；2—膜片；3—阀芯

若中间孔改作另一输入信号孔 B，该元件即为"禁门"元件。也就是说，当 A、B 均有输入信号时，阀芯 3 在 A 输入信号作用下封住 B 孔，S 无输出；在 A 无输入信号而 B 有输入信号时，S 就有输出。A 的输入信号对 B 的输入信号起"禁止"作用，即 $S = \bar{A}B$。

四、"或非"元件

图 14-32 所示为"或非"元件的工作原理图。它是在"非门"元件的基础上增加两个信号输入端,即具有 A、B、C 三个输入信号,中间孔 P 接气源,S 为信号输出端。当 3 个输入端均无信号输入时,阀芯在气源压力作用下上移,使 P 与 S 接通,S 有输出。当 3 个信号端中任一个有输入信号时,相应的膜片在输入信号压力的作用下,都会使阀芯下移,切断 P 与 S 的通道,S 无信号输出。其逻辑表达式为 $S = \overline{A + B + C}$。

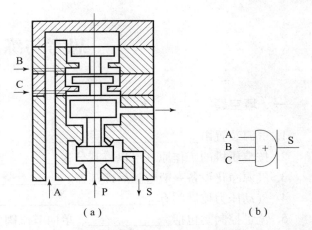

图 14-32 "或非"元件工作原理及图形符号
(a) 工作原理;(b) 图形符号

五、双稳元件

双稳元件具有记忆功能,在逻辑回路中起着重要的作用。图 14-33 所示为双稳元件的工作原理图。双稳元件有两个控制口 A、B,有两个工作口 S_1、S_2。当 A 口有控制信号输入时,阀芯 a 带动滑块向右移动,接通 P 与 S_1 口之间的通道,S_1 口有输出,而 S_2 口与排气孔相通,此时,双稳元件处于置"1"状态,在 B 口控制信号到来之前,虽然 A 口信号消失,但阀芯 a 仍保持在右端位置,故使 S_1 口总有输出。当 B 口有控制信号输入时,阀芯 a 带动滑块向左移动,接通 P 与 S_2 口之间的通道,S_2 口有输出,而 S_1 口与排气孔相通。此时,双稳元件处于置"0"状态,在 B 口信号消失,而 A 口信号到来之前,阀芯 a 仍会保持在左端位置,所以双稳元件具有记忆功能,即 $S_1 = K_B^A$,$S_2 = K_A^B$。

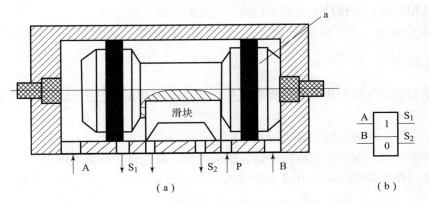

图 14-33 双稳元件工作原理及图形符号
(a) 工作原理;(b) 图形符号

思考与练习

一、填空题

1. 气源装置由_____、_____、_____三个部分组成。
2. 按空压机的工作原理可以将其分为_____和_____两大类。
3. 气源净化设备一般包括后冷却器、_____、干燥器、_____、储气罐。
4. 气动压力控制阀有_____、_____和_____三种。
5. 流量控制阀包括_____、单向节流阀、_____和快速排气阀等。
6. 气动逻辑元件按逻辑功能的不同来划分,可分为_____、"是门"元件、"与门"元件、_____和双稳元件等。

二、选择题

1. 用于过滤压缩空气中的灰尘、杂质和颗粒的气动元件是（　　）。
   A. 后冷却器　　　　B. 油水分离器　　　C. 过滤器　　　　D. 干燥器
2. 低压空压机的排气压力 p 为（　　）。
   A. $p \leqslant 0.2\text{MPa}$　　　　　　　　B. $0.2\text{MPa} < p \leqslant 1\text{MPa}$
   C. $1\text{MPa} < p \leqslant 10\text{MPa}$　　　　　D. 100MPa
3. 属气源净化装置的气动元件是（　　）。
   A. 油水分离器　　　B. 油雾器　　　　　C. 消声器　　　　D. 转换器
4. 属气动逻辑元件的气动元件是（　　）。
   A. 顺序阀　　　　　　　　　　　　　　B. 单气控加压式换向阀
   C. 排气节流阀　　　　　　　　　　　　D. "或门"元件
5. 在使用之前,应按技术要求进行测压试验的气动元件是（　　）。
   A. 油水分离器　　　B. 储气罐　　　　　C. 安全阀　　　　D. 节流阀

三、判断题

1. 容积型的空气压缩机是利用提高气体分子运动速度的方法,使气体分子具有的动能转化成气体的压力能。　　　　　　　　　　　　　　　　　　　　　　　　　（　　）
2. "或门"元件的逻辑表达式为 $S_1 = K_B^A$。　　　　　　　　　　　　　　（　　）
3. 气动减压阀不用时,应旋松手柄,放松弹簧,避免膜片长期受压变形。　（　　）
4. 溢流阀作安全阀用时,用于保护系统,当系统的工作压力正常工作时,此阀关闭,不溢流。　　　　　　　　　　　　　　　　　　　　　　　　　　　　　　（　　）
5. 储气罐在使用维护时必须定期检查与调整储气罐上减压阀的压力,确保系统安全。
　　　　　　　　　　　　　　　　　　　　　　　　　　　　　　　　　（　　）

四、填写下列气动元件图形符号的名称

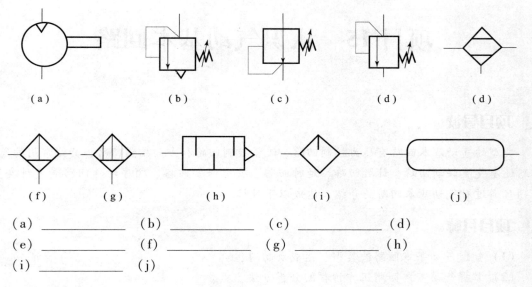

(a) _____ (b) _____ (c) _____ (d) _____
(e) _____ (f) _____ (g) _____ (h) _____
(i) _____ (j) _____

五、问答题

1. 气源装置通常由哪几个部分组成？
2. 气动系统中为什么必须有压缩空气的净化装置？
3. 油水分离器有何功用？其工作原理是怎样的？
4. 油雾器有何作用？
5. 压力控制阀、方向控制阀及流量控制阀各有何功用？
6. 气源装置及油雾器使用维护的注意事项有哪些？

项目 15 认识气动基本回路

项目导读

典型的气动基本回路有压力控制回路、流量控制回路和方向控制回路,其他常用的气动回路还有气液联动回路、计数回路、延时回路、安全保护回路、顺序动作回路等多种类型。本项目通过对气动基本回路的介绍,达成以下目标。

项目目标

(1) 知道气动基本回路的类型、组成及功用。
(2) 掌握气动基本回路工作过程的分析方法。

能力目标

(1) 能根据执行元件的动作要求正确选择气动元件,设计满足要求的气动回路。
(2) 能对给定的气动回路图的功能及各气动元件的作用进行分析。

任务 1 认识压力控制、速度控制和方向控制回路

一、压力控制回路

压力控制回路的作用是控制调节系统的压力。常用的压力控制回路类型有一次压力控制回路、二次压力控制回路和高低压转换控制回路。

1. 一次压力控制回路

用于控制空压站储气罐使其压力不超过规定压力的回路称一次压力控制回路,如图 15 – 1 所示。若储气罐 4 内的压力值超过规定压力值,则溢流阀 1 溢流稳压,气压源 2 输出的压缩空气经溢流阀排入大气中,使储气罐内的压力保持在规定范围内。也可用带电触点的压力表 5 代替溢流阀 1 来控制空压机电动机的启、停,以保证储气罐内压力在规定范围内。此回路结构简单,工作可靠。

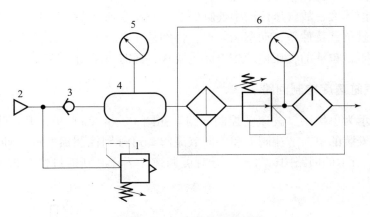

图 15-1　一次压力控制回路

1—溢流阀；2—气压源；3—单向阀；4—储气罐；5—带电触点的压力表；6—输出回路

2. 二次压力控制回路

二次压力控制回路是指每台气动设备气源进口处的压力调节回路，如图 15-2 所示，主要采用溢流式减压阀 2 来调整压力。通常把分水滤气器 1、溢流式减压阀 2 和油雾器 3 称为气动三大件（可做成联件形式）。若气动系统中不需要润滑，则可不用油雾器。

3. 高低压转换回路

图 15-3 所示为采用减压阀 1 和减压阀 2 分别调出 p_1、p_2 两个不同压力的回路，由换向阀 3 控制输出气动设备所需要的压力。图 15-3 中的换向阀为气控阀，根据系统的情况，也可选用其他控制方式的阀。

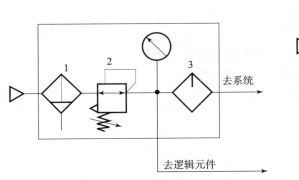

图 15-2　二次压力控制回路

1—分水滤气器；2—溢流式减压阀；3—油雾器

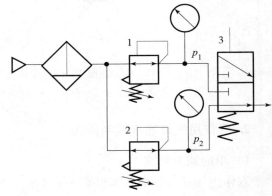

图 15-3　高、低压转换回路

1，2—减压阀；3—换向阀

二、速度控制回路

由于气压传动的速度控制所传递的功率不大，故一般采用节流调速，但因气体的可压缩性和膨胀性远比液体大,故气压传动中气缸的节流调速在速度平稳性上的控制远比在液压传动中的困难,速度负载特性差,动态响应慢。特别是在有较大变负载同时又有比较高的速度控制要求的情况下,单纯的气压传动难以满足要求,此时可采用气液联动的方法。

1. 单作用气缸速度控制回路

图 15-4 所示为单作用气缸速度控制回路,在图 15-4(a)中,升、降均通过节流阀调速,两个相反安装的单向节流阀 1 和单向节流阀 2 可分别控制活塞杆的伸出及缩回速度。在图 15-4(b)所示的回路中,气缸上升时可调速,下降时则通过快速排气阀 3 排气,使气缸快速返回。

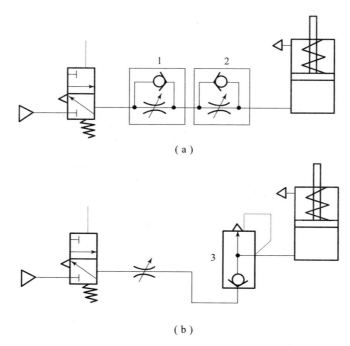

图 15-4 单作用气缸的速度控制回路
1,2—单向节流阀;3—快速排气阀

2. 双作用气缸速度控制回路

1) 单向调速回路

双作用气缸有节流供气和节流排气两种调速方式。

图 15-5(a)所示为节流供气调速回路,在图示位置,当气控换向阀不换向时,进入气缸 A 腔的气流流经节流阀,B 腔排出的气体直接经换向阀快排。当节流阀开度较小时,由于进入 A 腔的流量较小,压力上升缓慢,当气压达到能克服负载时,活塞前进,此时 A 腔容积增大,使压缩空气膨胀,压力下降,作用在活塞上的力小于负载,因而活塞就停止前进。待压力再次上升时,活塞才再次前进。这种由于负载及供气的原因使活塞忽走忽停的现象,叫气缸的"爬行"。

节流供气的不足之处主要表现为:

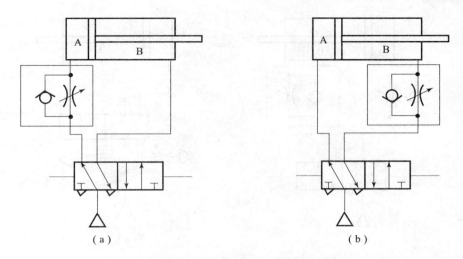

图 15-5 双作用气缸单向调速回路
(a) 节流供气调速回路；(b) 节流排气回路

（1）当负载方向与活塞运动方向相反时，活塞运动易出现不平稳现象，即"爬行"现象。

（2）当负载方向与活塞运动方向一致时，由于排气经换向阀快排，几乎没有阻尼，负载易产生"跑空"现象，使气缸失去控制。所以节流供气多用于垂直安装的气缸的供气回路中。

在水平安装的气缸供气回路中一般采用如图 15-5（b）所示的节流排气的回路，由图示位置可知，当气控换向阀不换向时，从气源来的压缩空气，经气控换向阀直接进入气缸的 A 腔，而 B 腔排出的气体必须经节流阀到气控换向阀而排入大气，因而 B 腔中的气体就具有一定的压力。此时活塞在 A 腔与 B 腔压力差的作用下前进，从而减少了"爬行"发生的可能性，调节节流阀的开度，就可控制不同的排气速度，从而也就控制了活塞的运动速度。

排气节流调速回路具有下述特点：
（1）气缸速度随负载变化较小，运动较平稳。
（2）能承受与活塞运动方向相同的负载（反向负载）。

以上的讨论，适用于负载变化不大的情况。当负载突然增大时，由于气体的可压缩性，就将迫使气缸内的气体压缩，使活塞运动速度减慢；反之，当负载突然减小时，气缸内被压缩的空气必然膨胀，使活塞运动加快，这称为气缸的"自走"现象。因此在要求气缸具有准确而平稳的速度时（尤其在负载变化较大的场合），就要采用气液相结合的调速方式了。

2. 双向调速回路

在气缸的进、排气口装设节流阀，就组成了双向调速回路，在如图 15-6 所示的双向节流调速回路中，图 15-6（a）所示为采用单向节流阀式的双向节流调速回路，图 15-6（b）所示为采用排气节流阀式的双向节流调速回路。

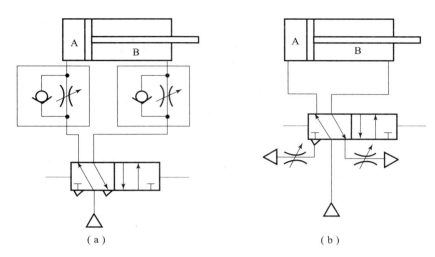

图 15-6 双向节流调速回路
（a）单向节流阀式；（b）排气节流阀式

3. 快速往复运动回路

若将图 15-6（a）中两只单向节流阀换成快速排气阀就构成了快速往复回路，若欲实现气缸单向快速运动，可只采用一只快速排气阀。

4. 速度换接回路

如图 15-7 所示的速度换接回路是利用两个二位二通阀与单向节流阀并联，当撞块压下行程开关时，发出电信号，使二位二通阀换向，改变排气通路，从而使气缸速度改变。行程开关的位置可根据需要选定。图 15-7 中的二位二通阀也可改用行程阀。

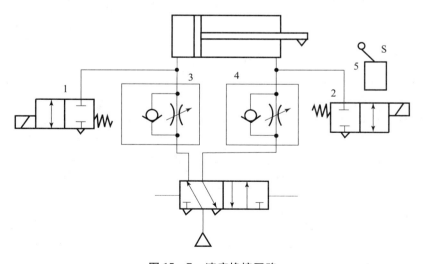

图 15-7 速度换接回路
1，2—二位二通阀；3，4—单向节流阀；5—行程开关

5. 缓冲回路

要获得气缸行程末端的缓冲，除采用带缓冲的气缸外，特别是在行程长、速度快、惯性大的情况下，往往需要采用缓冲回路来满足气缸运动速度的要求，常用的方法如图15-8所示。如图15-8（a）所示的回路能实现快进—慢进缓冲—停止快退的循环，行程阀1可根据需要来调整缓冲开始位置，这种回路常用于惯性力大的场合。如图15-8（b）所示回路的特点：当活塞返回到行程末端时，其压力已降至打不开顺序阀2的程度，余气只能经节流阀3排出，因此活塞得到缓冲，这种回路常用于行程长、速度快的场合。

如图15-8所示的回路都只能实现一个运动方向上的缓冲，若两侧均安装此回路，则可达到双向缓冲的目的。

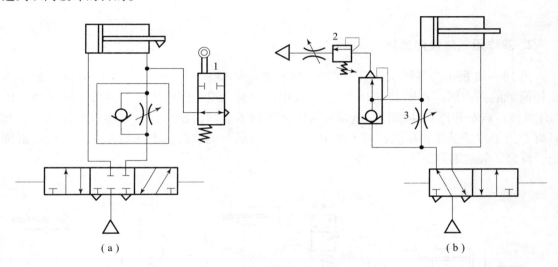

图15-8 缓冲回路
(a) 行程阀控制式；(b) 顺序阀控制式
1—行程阀；2—顺序阀；3—节流阀

三、方向控制回路

方向控制回路是用换向阀控制压缩空气的流动方向，来实现控制执行机构运动方向的回路，简称换向回路。

1. 单作用气缸换向回路

图15-9所示为单作用气缸换向回路，图15-9（a）所示为用二位三通电磁阀控制的单作用气缸上、下回路，在该回路中，当电磁铁得电时，气缸向上伸出，失电时气缸在弹簧作用下返回。图15-9（b）所示为三位四通电磁阀控制的单作用气缸上、下和停止的回路，该阀在两电磁铁均失电时能自动对中，使气缸停于任何位置，但定位精度不高，且定位时间不长。

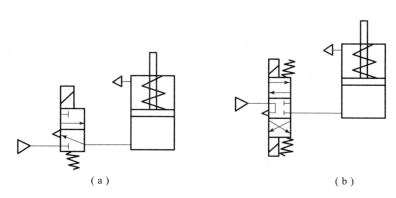

图 15-9 单作用气缸换向回路

2. 双作用气缸换向回路

图 15-10 所示为各种双作用气缸的换向回路。图 15-10（a）~图 15-10（c）所示为比较简单的换向回路；图 15-10（f）还有中停位置，但中停定位精度不高。如图 15-10（d）~（f）所示回路的两端控制电磁铁线圈或按钮不能同时操作，否则将出现误动作，其具有相当于双稳的逻辑功能；对于图 15-10（b）所示的回路，当 A 有压缩空气时气缸推出，反之，气缸退回。

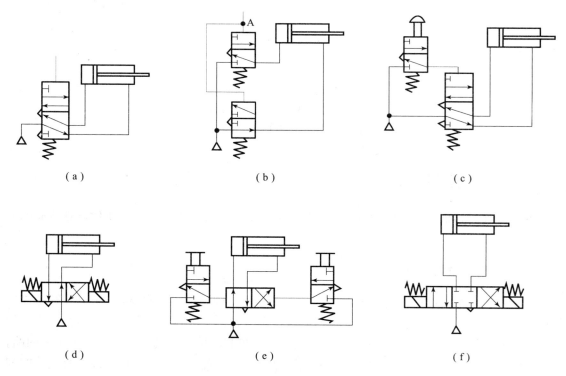

图 15-10 双作用气缸的换向回路
(a),(b),(c) 简单的换向回路；(d),(e),(f) 双稳逻辑功能回路

任务 2　认识其他常用气动回路

一、气液联动回路

气液联动是以气压为动力,利用气液转换器把气压传动变为液压传动,或采用气液阻尼缸来获得更为平稳及更为有效地控制运动速度的气压传动,或使用气液增压器来使传动力增大等。气液联动回路装置简单、经济可靠。

1. 气—液转换速度控制回路

图 15-11 所示为气液转换速度控制回路,它利用气液转换器 1、2 将气压变成液压,利用液压油驱动液压缸 3,从而得到平稳、易控制的活塞运动速度,调节节流阀的开度,即可改变活塞的运动速度。这种回路充分发挥了气动供气方便和液压速度容易控制的特点。

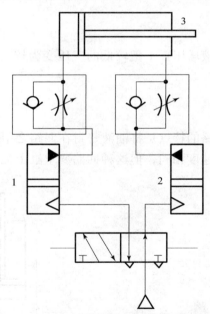

图 15-11　气液转换速度控制回路
1,2—气液转换器;3—液压缸

2. 气液阻尼缸的速度控制回路

图 15-12 所示为气液阻尼缸的速度控制回路。图 15-12 (a) 所示为慢进快退回路,改变单向节流阀的开度,即可控制活塞的前进速度;活塞返回时,气液阻尼缸中液压缸无杆腔的油液通过单向阀快速流入有杆腔,故返回速度较快,高位油箱起补充泄漏油液的作用。图 15-12 (b) 所示为能实现机床工作循环中快进—工进—快退动作的回路,当有 X_2 信号时,五通阀换向,活塞向左运动,液压缸无杆腔中的油液通过 a 口进入有杆腔,气缸快速向

左前进；当活塞将 a 口关闭时，液压缸无杆腔中的油液被迫从 b 口经节流阀进入有杆腔，活塞工作进给；当 X_2 消失，有 X_1 输入信号时，五通阀换向，活塞向右快速返回。

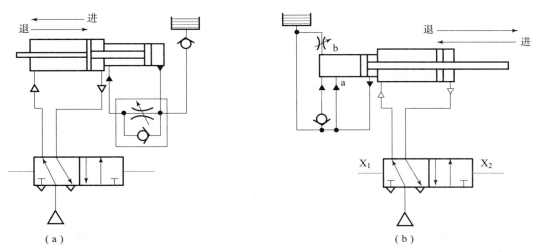

图 15-12　用气液阻尼缸的速度控制回路

3. 气液增压缸增力回路

图 15-13 所示为利用气液增压缸 1 把较低的气压变为较高的液压力，以提高气液缸 2 的输出力的回路。

4. 气液缸同步动作回路

如图 15-14 所示，该回路的特点是将油液密封在回路之中，油路和气路串接，同时驱动 1、2 两个缸，使二者运动速度相同，但这种回路要求缸 1 无杆腔的有效面积必须和缸 2

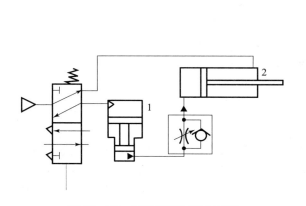

图 15-13　气液增压缸增力回路

1—气液增压缸；2—气液缸

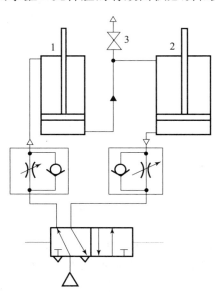

图 15-14　气液缸同步回路

1，2—气液缸；3—截止阀

有杆腔的面积相等。在设计和制造中,要保证活塞与缸体之间的密封,回路中的截止阀 3 与放气口相接,用以放掉混入油液中的空气。

二、计数回路

计数回路可以组成二进制计数器。在图 15-15 (a) 所示的回路中,按下阀 1 按钮,则气信号经阀 2 至阀 4 的左或右控制端使气缸推出或退回。阀 4 换向位置取决于阀 2 的位置,而阀 2 的换位又取决于阀 3 和阀 5。如图 15-15 所示,设按下阀 1 时,气信号经阀 2 至阀 4 的左端使阀 4 换至左位,同时使阀 5 切断气路,此时气缸向外伸出;当阀 1 复位后,原通入阀 4 左控制端的气信号经阀 1 排空,阀 5 复位,于是气缸无杆腔的气信号经阀 5 至阀 2 左端,使阀 2 换至左位等待阀 1 的下一次信号输入。当阀 1 第二次按下后,气信号经阀 2 的左位至阀 4 右控制端使阀 4 换至右位,气缸退回,同时阀 3 将气路切断。待阀 1 复位后,阀 4 右控制端信号经阀 2、阀 1 排空,阀 3 复位并将气信号导至阀 2 左端使其换至右位,又等待阀 1 下一次信号输入。这样,第 1、3、5…(奇数)次按压阀 1,则气缸伸出;第 2、4、6…(偶数)次按压阀 1,则使气缸退回。

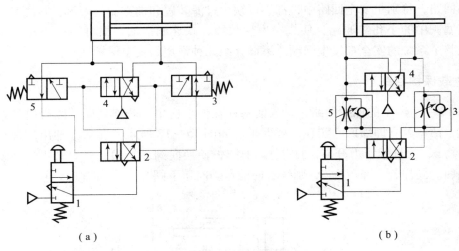

图 15-15 计数回路
1,2,3,4,5—阀

如图 15-15 (b) 所示其计数原理同图 15-15 (a)。不同的是按压阀 1 的时间不能过长,只要使阀 4 切换后就放开,否则气信号将经阀 5 或阀 3 通至阀 2 左或右控制端,使阀 2 换位,气缸反行,从而使气缸来回振荡。

三、延时回路

图 15-16 所示为延时回路。图 15-16 (a) 所示为延时输出回路,当控制信号切换阀 4 后,压缩空气经单向节流阀 3 向储气罐 2 充气。当充气压力经延时升高至使阀 1 换位时,阀 1 就有输出。在图 15-16 (b) 所示的回路中,按下阀 8,则气缸向外伸出,当气缸在伸出行程中压下阀 5 后,压缩空气经节流阀到储气罐 6 延时后才将阀 7 切换,气缸退回。

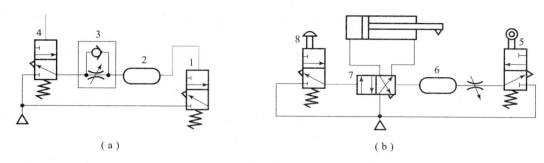

图 15-16 延时回路

(a) 复时输出;(b) 延时退回

1—输出阀;2,6—储气罐;3—单向节流阀;4,5,7,8—阀

四、安全保护回路

由于气动机构负荷的过载、气压的突然降低以及气动执行机构的快速动作等都可能危及操作人员或设备的安全,因此在气动回路中,常常要加入安全回路。需要指出的是,在设计任何气动回路,特别是安全回路中,都不可缺少过滤装置和油雾器。因为,脏污空气中的杂物可能堵塞阀中的小孔与通路,使气路发生故障;缺乏润滑油,很可能使阀发生卡死或磨损,以致整个系统的安全都发生问题。下面介绍几种常用的安全保护回路。

1. 过载保护回路

如图 15-17 所示的保护回路,是当活塞杆在伸出途中,若遇到偶然障碍或其他原因使气缸过载,活塞就立即缩回,实现过载保护。如图 15-17 所示,在活塞伸出的过程中,若遇到障碍物 6,无杆腔压力升高,打开顺序阀 3,使换向阀 2 换向,换向阀 4 随即复位,活塞立即退回。同样若无障碍物 6,则气缸向前运动时压下阀 5,活塞即刻返回。

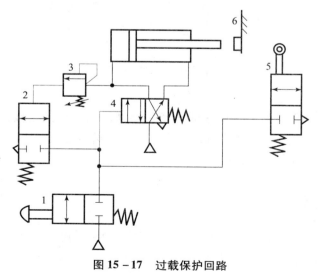

图 15-17 过载保护回路

1,2,4,5—换向阀;3—顺序阀;6—障碍物

2. 互锁回路

图 15-18 所示为互锁回路,在该回路中,四通阀 1 的换向受三个串联的机动三通阀控制,只有三个都接通时主控阀才能换向。

3. 双手同时操作回路

所谓双手操作回路就是使用两个启动用的手动阀,只有同时按动两个阀才动作的回路。这种回路主要是为了安全。这在锻造、冲压机械上常用来避免误动作,以保护操作者的安全。

图 15-19(a)所示为使用逻辑"与"回路的双手操作回路,为使主控阀换向,必须使压缩空气信号进入上方侧,为此必须使两只三通手动阀同时换向。另外这两个阀必须安装在单手不能同时操作的位置,即在操作时,如任何一只手离开,则控制信号消失,主控阀复位,活塞杆后退。图 15-19(b)所示为使用三位主控阀的双手操作回路,把此主控阀 1 的信号 A 作为手动阀 2 和 3 的逻辑"与"回路,亦即只有手动阀 2 和 3 同时动作时,主控制阀 1 换

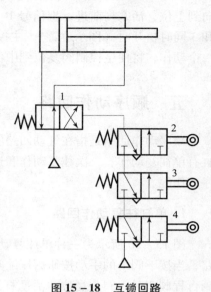

图 15-18 互锁回路
1—四通阀;2,3,4—机动三通阀

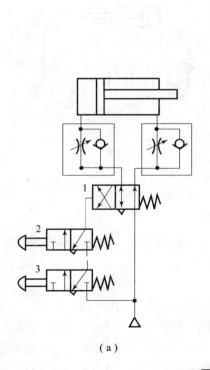

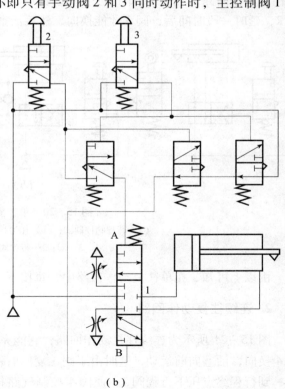

(a) (b)

图 15-19 双手同时操作回路
(a) 使用逻辑与回路;(b) 使用三位主控阀

向到上位，活塞杆前进；把信号 B 作为手动阀 2 和 3 的逻辑"或非"回路，即当手动阀 2 和 3 同时松开时（图示位置），主控制阀 1 换向到下位，活塞杆返回。若手动阀 2 或 3 任何一个动作，将使主控制阀复位到中位，活塞杆处于停止状态。

五、顺序动作回路

顺序动作回路是指在气动回路中，各个气缸按一定程序完成各自动作的回路。例如，单缸有单往复动作、二次往复动作和连续往复动作等；多缸按一定顺序进行单往复或多往复顺序动作等。

1. 单缸往复动作回路

图 15-20 所示为三种单往复动作回路。图 15-20（a）所示为行程阀控制的单往复回路，当按下阀 1 的手动按钮后压缩空气使阀 3 换向，活塞杆向前伸出，当活塞杆上的挡铁碰到行程阀 2 时，阀 3 复位，活塞杆返回。图 15-20（b）所示为压力控制的单往复动作回路，当按下阀 1 的手动按钮后，阀 3 阀芯右移，气缸无杆腔进气使活塞杆伸出（右行），同时气压还作用在顺序阀 4 上。当活塞到达终点后，无杆腔压力升高并打开顺序阀，使阀 3 又切换至右位，活塞杆就缩回（左行）。图 15-20（c）所示为利用延时回路形成的时间控制单往复动作回路，当按下阀 1 的手动按钮后，阀 3 换向，气缸活塞杆伸出，当压下行程阀 2，延时一段时间后，阀 3 才能换向，然后活塞杆再缩回。

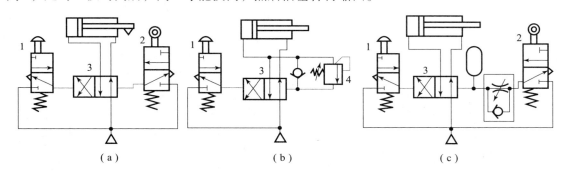

图 15-20 单往复动作回路
（a）行程阀控制式；（b）压力控制式；（c）时间控制式
1，3—阀；2—行程阀；4—顺序阀

由以上可知，在单往复动作回路中，每按下一次按钮，气缸就完成一次往复动作。

2. 连续往复动作回路

图 15-21 所示为连续往复动作回路，它能完成连续的动作循环。当按下阀 1 的按钮后，阀 4 换向，活塞向前运动，这时由于阀 3 复位而将气路封闭，使阀 4 不能复位，活塞继续前进，到行程终点压下行程阀 2，使阀 4 控制气路排气，在弹簧作用下阀 4 复位，气缸返回，在终点压下阀 3，在控制压力下阀 4 又被切换到左位，活塞再次前进。就这样一直连续往复，只有在提起阀 1 的按钮后，阀 4 复位，活塞返回而停止运动。

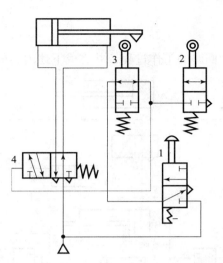

图 15-21　连续往复动作式回路
1，3，4—阀；2—行程阀

思考与练习

一、填空题

1. 典型的气动基本回路有_____、_____和_____，其他常用的气动回路还有_____、_____、_____、安全保护回路、顺序动作回路等多种类型。
2. 常用的压力控制回路类型有_____、_____和高低压转换控制回路。
3. 用换向阀控制压缩空气的流动方向，来实现控制执行机构运动方向的回路，称为_____，简称换向回路。
4. 使用两个启动用的手动阀，只有同时按动两个阀才动作的回路称为_____。
5. 在气动回路中，各个气缸按一定程序完成各自动作的回路称为_____。

二、判断题

1. 用于控制空压站储气罐使其压力不超过规定压力的回路称为一次压力控制回路。（　　）
2. 二次压力控制回路是指每台气动设备气源进口处的压力调节回路。（　　）
3. 由于气压传动的速度控制所传递的功率不大，故一般采用节流调速。（　　）
4. 当负载突然减小时，气缸内被压缩的空气必然膨胀，使活塞运动加快，这种现象称为气缸的"自走"现象。（　　）
5. 由于气动机构负荷的过载、气压的突然降低以及气动执行机构的快速动作等都可能危及操作人员或设备的安全，因此在气动回路中，常常要加入安全回路。（　　）

三、分析题

认真分析图 15-22 所示回路的工作过程，并完成下述内容的练习

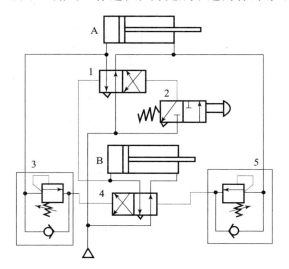

图 15-22 分析题

1. 填写下列元件图形符号的名称

1 的名称为_____；2 的名称为_____；3 的名称为_____；
4 的名称为_____；5 的名称为_____

2. 判断下列说法是否正确

（1）阀 1、阀 2 的常态位均是左位。 （   ）

（2）阀 4 的常态位是右位。 （   ）

（3）当按下阀 2 的手动按钮后，阀 1 的右位会接入工作。 （   ）

（4）阀 3 中的顺序阀动作时，会使阀 4 左位接入工作。 （   ）

（5）阀 5 中的顺序阀动作时，会使阀 4 左位接入工作。 （   ）

项目16　典型气动系统的分析及故障排除

项目导读

本项目通过对夹紧装置、公共汽车车门、气动机械手三个典型的气动系统实例的分析和技能训练，进一步加强对各种气动元件和基本回路综合运用的能力，为气动系统的安装、调试、使用和维护打下良好的基础。

项目目标

（1）认识常见设备中气动系统的阅读方法。
（2）知道各气动元件在系统中的作用。
（3）知道气动系统安装连接的方法和注意事项。

能力目标

（1）具有正确选择气动元件并组装完整气动系统的能力。
（2）学会正确分析、判断气动系统中的常见故障，具有动手排除常见故障的能力。

任务1　气动夹紧系统分析及故障排除

【提示】工件夹紧气压传动系统是机械加工自动线、组合机床中常用的夹紧装置。

一、气动夹紧系统的分析

图16-1所示为工件夹紧气压传动系统。

其工作过程是当工件运动到指定位置后，垂直气缸A的活塞杆伸出，将工件定位后两侧的气缸B和C的活塞杆伸出，从两侧面夹紧工件，然后进行机械加工。

其气压系统的工作原理如下：

当用脚踏换向阀1后，压缩空气经单向节流阀7进入垂直气缸A的无杆腔，夹紧头下降至工件定位位置后使机动行程阀2换向，压缩空气经单向节流阀5进入二位三通阀6的右侧，使阀6换向；压缩空气经阀6并通过主控阀4的左位进入气缸B和C的无杆腔，使两气

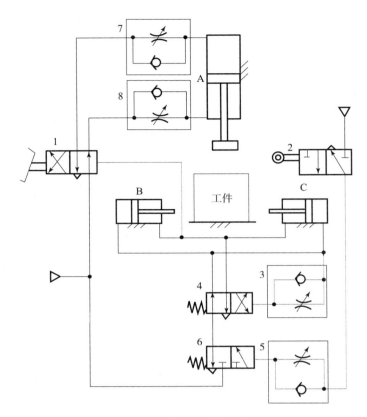

图 16-1 气动夹紧系统

1—脚踏阀；2—机动行程阀；3、5、7、8—单向节流阀；4—主控阀；6—二位三通阀

缸活塞杆同时伸出，夹紧工件。与此同时，压缩空气的一部分经单向节流阀 3 调定延时，用于加工后使主控阀 4 换向到右位，则两气缸 B 和 C 返回。

在两气缸返回过程中，有杆腔的压缩空气使脚踏阀 1 复位，则气缸 A 返回。此时由于行程阀 2 复位（右位），所以阀 6 也复位，则气缸 B 和 C 无杆腔通大气，主控阀 4 自动复位。由此完成一个动作循环，即缸 A 活塞杆伸出压下（定位）→夹紧缸 B、C 活塞杆伸出夹紧（加工）→夹紧缸 B、C 活塞杆返回→缸 A 的活塞杆返回。

二、气动夹紧系统常见故障的查找及排除

1. 训练目的

（1）根据系统要求，能正确判断出气动夹紧系统中常见故障产生的原因。

（2）根据系统要求，能正确排除气动夹紧系统中出现的故障。

2. 训练回路图

训练回路图如图 16-1 所示。

3. 训练步骤

教师可人为设置故障,让学生排查。

(1) 根据气动夹紧系统原理图正确选择各元件,熟练进行气动夹紧系统回路的连接,能正确调节各元件。

(2) 根据气动夹紧系统原理图,分析压力故障可能是由哪些元件引起的。

(3) 根据气动夹紧系统原理图,分析执行元件运动方向故障可能是由哪些元件引起的。

(4) 根据气动夹紧系统原理图,分析执行元件运动速度故障可能是由哪些元件引起的。

(5) 用排除法找出故障并排除。

(6) 对训练过程中取得的数据和观察到的现象进行分析和总结,得出结论。

(7) 完成任务,经老师检查评价后,关闭电源,拆下管线,将元件放回原来位置。

任务 2　公共汽车车门气压控制系统分析及故障排除

> 【提示】采用气压控制的公共汽车车门,需要驾驶员和售票员处都装有气动开关控制开关车门,并且当车门在关闭过程中遇到障碍物时,能使车门自动开启,起到安全保护作用。

一、公共汽车车门气压控制系统的分析

图 16-2 所示为汽车车门气压控制系统原理图。

车门的开启与关闭靠气缸 7 来实现,气缸是由双气控阀 4 来控制的,而双气控阀又由 A、B、C、D 的按钮阀来操纵,气缸运动速度的快慢由单向节流阀 5 或 6 来调节。通过阀 A 或阀 B 使车门开启,通过阀 C 或阀 D 使车门关闭。起安全作用的先导阀 8 安装在车门上。

当操纵按钮阀 A 或阀 B 时,气源压缩空气经阀 A 或阀 B 到梭阀 1,把控制信号送到阀 4 的 a 侧,使阀 4 向车门开启的方向切换。气源压缩空气经阀 4 和阀 5 到气缸 7 的有杆腔,使车门开启。

当操纵按钮阀 C 或 D 时,压缩空气经阀 C 或阀 D 到阀 2,把控制信号送到阀 4 的 b 侧,使阀 4 向车门关闭的方向切换。气源压缩空气经阀 4 和阀 6 到气缸 7 的无杆腔,使车门关闭。

车门在关闭的过程中如碰到障碍物,便推动阀 8,此时气源压缩空气经阀 8 把控制信号通过阀 3 送到阀 4 的 a 侧,使阀 4 向车门开启的方向切换。必须指出,如果阀 C 或阀 D 仍然保持在压下状态,则阀 8 起不到自动开启车门的安全作用。

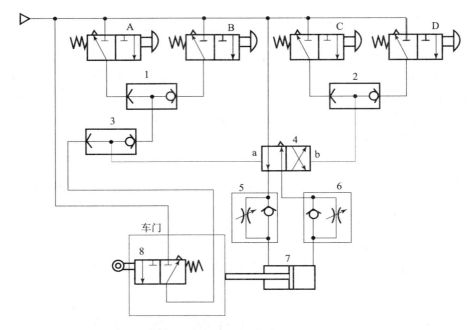

图 16-2 汽车车门气压控制系统

1、2、3—梭阀；4—双气控阀；5、6—单向节流阀；7—气缸；8—先导阀；A、B、C、D—按钮阀

二、汽车车门气压控制系统常见故障的查找及排除

1. 训练目的

（1）根据系统要求，能正确判断出汽车车门气压控制系统中常见故障产生的原因。

（2）根据系统要求，能正确排除汽车车门气压控制系统中出现的故障。

2. 训练回路图

训练回路图如图 16-2 所示。

3. 训练步骤

教师可人为设置故障，让学生排查。

（1）根据汽车车门气压控制系统原理图正确选择各元件，熟练进行汽车车门气压控制系统回路的连接，能正确调节各元件。

（2）根据汽车车门气压控制系统原理图，分析压力故障可能是由哪些元件引起的。

（3）根据汽车车门气压控制系统原理图，分析执行元件运动方向故障可能是由哪些元件引起的。

（4）根据汽车车门气压控制系统原理图，分析执行元件运动速度故障可能是由哪些元件引起的。

（5）用排除法找出故障并排除。

(6) 对训练过程中取得的数据和观察到的现象进行分析和总结,得出结论。

(7) 完成任务,经老师检查评价后,关闭电源,拆下管线,将元件放回原来位置。

任务3　气动机械手气压传动系统分析及故障排除

【提示】气动机械手具有结构简单、动作迅速、制造成本低等优点,并可以根据各种自动化设备的工作需要,按照设定的控制程序动作。

一、气动机械手结构原理的分析

图16-3所示为用于某一专用设备上的气动机械手结构示意图,它由四个气缸组成,可在三个坐标内工作。

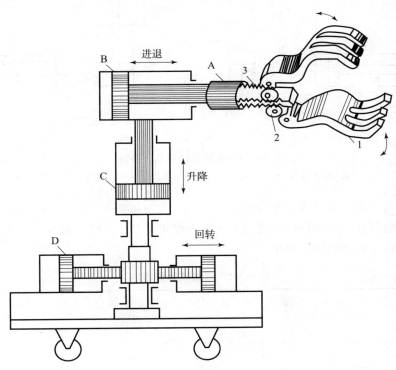

图16-3　气动机械手结构示意图

1—手指；2—齿轮；3—齿条

图16-3中A缸为夹紧缸,其活塞杆退回时夹紧工件,活塞杆伸出时松开工件；B缸为长臂伸缩缸,可实现伸出和缩回动作；C缸为主柱升降缸；D缸为主柱回转缸,该气缸有两个活塞,分别装在带齿条的活塞杆两头,齿条的往复运动带动立柱上的齿轮旋转,从而实现

立柱的旋转。

二、气动机械手气压传动系统的分析

图 16-4 所示为气动机械手的气动系统工作原理图（手指部分为真空吸头，即 A 气缸部分）。要求其工作循环为：立柱上升→伸臂→立柱顺时针旋转→真空吸头夹工件→立柱逆时针旋转→缩臂→立柱下降。

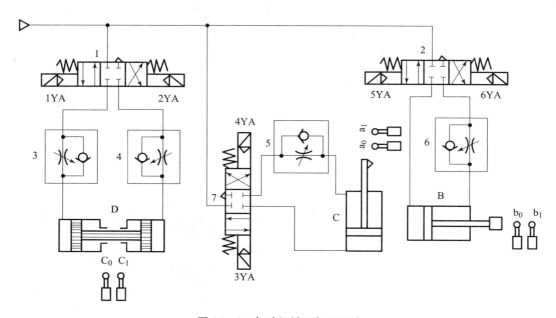

图 16-4 气动机械手气压系统

1，2，7—三位四通双电控换向阀；3，4，5，6—单向节流阀；B—水平缸；C—垂直缸；D—回转缸

三个气缸均有由三位四通双电控换向阀 1、2、7 与单向节流阀 3、4、5、6 组成的换向回路和调速回路。各气缸的行程位置均由电气行程开关进行控制，表 16-1 所示为该机械手在工作循环中各电磁铁的动作顺序。

表 16-1 电磁铁动作顺序

电磁铁	垂直缸 C 上升	水平缸 B 伸出	回转缸 D 转位	回转缸 D 复位	水平缸 B 退回	垂直缸 C 下降
1YA	-	-	+	-	-	-
2YA	-	-	-	+	-	-
3YA	-	-	-	-	-	+
4YA	+	-	-	-	-	-
5YA	-	+	-	-	-	-
6YA	-	-	-	-	+	-

按下启动按钮，4YA 通电，阀 7 处于上位，压缩空气进入垂直缸 C 下腔，活塞杆上升。

当垂直缸 C 活塞杆上的挡块碰到电气行程开关 a_1 时，5YA 通电，4YA 断电，阀 2 处于左位，水平气缸 B 活塞杆伸出，带动真空吸头进入工作点并夹取工件。

当水平缸 B 活塞杆上的挡块碰到电气开关 b_1 时，5YA 断电，1YA 通电，阀 1 处于左位，回转缸 D 顺时针方向回转，使真空吸头进入下料点下料。

当回转缸 D 活塞杆上的挡块压下电器行程开关 c_1 时，1YA 断电，2YA 通电，阀 1 处于右位，回转缸 D 复位。

回转缸 D 复位，其上挡块碰到电气行程开关 c_0 时，2YA 断电，6YA 通电，阀 2 处于右位，水平缸 B 活塞杆退回。

水平缸 D 退回，挡块碰到电气行程开关 b_0 时，6YA 断电，3YA 通电，阀 7 处于下位，垂直缸 C 活塞杆下降，到原位时，碰上电气行程开关 a_0，3YA 断电，至此完成一个工作循环。如再给启动信号，则可进行同样的工作循环。

根据需要只要改变电气行程开关的位置，调节单向节流阀的开度，即可改变各气缸的运动速度和行程。

三、气动机械手气动系统常见故障的查找及排除

1. 训练目的

（1）根据系统要求，能正确判断出气动机械手气动系统中常见故障产生的原因。
（2）根据系统要求，能正确排除气动机械手气动系统中出现的故障。

2. 训练回路图

训练回路图如图 16-4 所示。

3. 训练步骤

教师可人为设置故障，让学生排查。

（1）根据气动机械手的气动系统原理图正确选择各元件，熟练进行气动机械手气动系统回路的连接，能正确调节各元件。
（2）根据气动机械手的气动系统原理图，分析压力故障可能是由哪些元件引起的。
（3）根据气动机械手的气动系统原理图，分析执行元件运动方向故障可能是由哪些元件引起的。
（4）根据气动机械手的气动系统原理图，分析执行元件运动速度故障可能是由哪些元件引起的。
（5）用排除法找出故障并排除。
（6）对训练过程中取得的数据和观察到的现象进行分析和总结，得出结论。
（7）完成任务后，经老师检查评价，关闭电源，拆下管线，将元件放回原来位置。

思考与练习

图 16-5 所示为拉门自动开、闭系统工作原理图，该系统是通过连杆机构将气缸 4 活塞杆的直线运动转换成拉门的开、闭运动，利用超低压气动阀来检测行人的踏板（6 和 11）动作的。在拉门内、外装踏板 6 和 11，踏板下方装有完全封闭的橡胶管，管的一端与超低压气动阀 7 和 12 的控制口连接，当行人站在踏板上时，橡胶管里的压力上升，超低压气动阀动作。认真读图后，分析并完成下列习题。

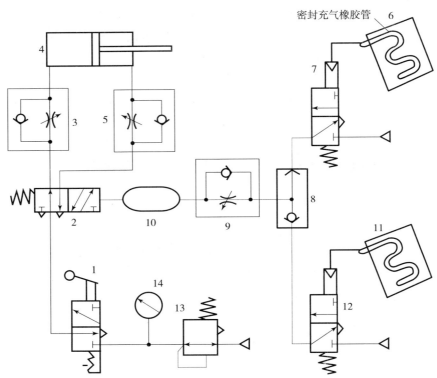

图 16-5 拉门自动开、闭系统

1. 填写图 16-5 拉门自动开闭系统工作原理图中下列标号的图形符号名称。

标号 1 的名称为_____；标号 2 的名称为_____；

标号 3 的名称为_____；标号 5 的名称为_____；

标号 8 的名称为_____；标号 9 的名称为_____；

标号 10 的名称为_____；标号 13 的名称为_____；

标号 14 的名称为_____。

2. 判断题

（1）阀 1 为可停留式手动换向阀。（　　）

（2）拉门自动开、闭的速度可通过阀 3 和阀 5 进行调节。（　　）

（3）元件 10 中气压为 0 时，拉门不会自动关闭。（　　）

（4）当行人踏上踏板 11 时，气动控制阀 12 上位会接入工作。　　　（　　）
（5）当人踏上踏板 6 上时，气动控制阀 7 下位会接入工作。　　　　（　　）
（6）当行人踏上踏板 11 时，气动控制阀 2 左位会接入工作。　　　 （　　）
（7）当行人踏上踏板 6 上时，气动控制阀 2 右位会接入工作。　　　（　　）
（8）若阀 1 一直下位接入工作，则自动开闭的拉门将变为手动门。　（　　）
（9）阀 13 可自由调节关门的力。　　　　　　　　　　　　　　　（　　）

3. 简要分析拉门自动开、闭系统的工作原理。

项目17　知识拓展

知识拓展1——纯水液压传动的应用研究

随着科技的进步，现代液压传动技术在工业生产和其他领域有着十分广泛的应用，而纯水液压传动技术是现代液压研究领域的前沿方向之一。由于纯水具有来源广泛、无污染、阻燃性好等优点，故在我国积极开展纯水液压传动的研究与开发，对节约能源、保护环境及可持续发展和开发绿色液压产品都具有十分重要的意义。在纯水液压传动发展的20多年中，人们逐步发现了纯水液压传动的很多优点，这也使纯水液压传动受到了极大的重视，已成为液压传动的新的热点技术。然而，由于纯水液压传动是一项新兴的技术，所以还存在很多不足。

纯水液压传动是指以纯水（不含任何添加剂的天然水，含海水和淡水）为工作介质的液压传动。

一、纯水的含义

所谓"纯水"是指纯粹的天然水，即不含任何添加剂的水。关于纯水的分类见表17-1。

表17-1　纯水的分类

类型		来源	污染物含量
未处理的天然水	自来水	水处理厂	污染物多
	天然淡水	湖泊、江河和山泉	污染物多，酸及溶解的颗粒
	海水	海洋（内陆咸湖）	盐度高、污染物多
处理的天然水	物质水	去除了Ca^{2+}、Mg^{2+}的纯水	某些溶解的颗粒及钠盐
	去离子水	去除了所有正负离子的水	微生物
	蒸馏水	去除了所有生物体和非生物颗粒的水	纯净水

二、纯水液压传动的优缺点

1. 纯水液压传动的优点

1）安全性

液压油易燃烧，会导致人身设备事故。纯水抗燃，安全性好，消除了火灾隐患，使液压系统的应用领域更加广泛，特别适合高温、明火等场合。

2）环保性

液压行业针对液压油泄漏采取了不少有效措施，但根除泄漏是不可能的，泄漏使得工业污染造成的全球性环境恶化进一步加剧。而纯水在工作时的泄漏则不会产生污染，是一种无味、无毒的"绿色"液压介质，其泄漏和排放对周围环境无不良影响，特别适合食品工业、制药业及家具制造等行业。

3）经济性

20世纪70年代初的石油危机表明石油资源有限，已逐渐短缺且不可再生，每年消耗的液压介质据估计只有15%可回收利用。相反地，水随地可取且自身价格低廉，其经济性远远高于其他介质。

4）其他比较

与液压油相比，纯水的黏度较小，黏度对温度变化不敏感，纯水液压系统的压力损失小，发热少，传动效率高，流量稳定性好，在水下作业时可以省去回油管道、水箱等，使系统简化。

2. 纯水液压传动的缺点

1）黏度低

纯水黏度低加大了密封间隙中的流体流速，对较软的金属容易产生腐蚀，从而使泄漏加剧，对于水压泵来说，容积效率会降低。

2）腐蚀性大

纯水具有较强的腐蚀性，容易使材料表面脆化，导致受损的表面组织加速表面磨损，而且水的pH值、硬度及水中寄存的微生物也会对系统和元件产生不良影响。

3）润滑性差

纯水产生的润滑薄膜只有矿物基液压油产生的1/3~1/20，液压元件润滑，高压时很容易造成相对运动表面的直接接触，使磨损加剧、液压元件的寿命降低。

4）气蚀性强

水中的杂质会使材料表面产生物理和化学反应，极易产生气蚀现象。

5）噪声

纯水液压传动容易产生水击，从而引起系统的振动和噪声等。

结合纯水液压传动的优缺点，从总体考虑，其优点大于缺点。随着科技的飞速发展，其不足已逐渐得到很好的解决和补偿。

三、纯水液压传动的发展现状

1. 国外研究现状

（1）美国于20世纪60年代开始研究海洋水下液压作业工具。19__部门联合研制出叶片马达；1984年，研制出海水液压传动水下作业工__

国研制成功了水压冲击钻和圆盘锯，组成水下作业工具系统，交付给海军水下工程队使用。

（2）南非也是从事水压传动研究较早的国家之一。20 世纪 70 年代后期开始研制水压凿岩机；1990 年，研制成乳化液凿岩机，稍后又研制出平持式纯水凿岩机，且成本较低。

（3）1983 年，日本的川崎研究所研制成功了用于 6km 深潜调查船浮力调节的超高压海水柱塞泵，最高压力可达 63MPa，流量为 6~9L/min；1987 年，研制成功了用于 6.5km 深潜调查船超高压海水柱塞泵，其最高压力为 68.5MPa，流量为 5L/min，寿命达到 200h。

（4）1978 年，英国开始开发水下液压作业工具。1978 年，Fenner 公司研制成功了 400m 深海水下作业机器人，使用海水柱塞泵压力为 14MPa，柱塞马达压力为 10MPa；20 世纪 90 年代，Kiull 大学率先把水压传动技术用于海底油井液压控制系统。

（5）1995 年，德国的 Hauhinco 机械厂研制成功了淡水径向柱塞泵陶瓷阀芯的水压滑阀产品。

（6）芬兰的 Tampere 大学等联合开发研制成功了用于内燃机喷射控制器、造纸、水切割等动力源的海水轴向柱塞泵和马达。1996 年，Tampere 大学又成功研制出了比例流量控制纯水液压系统。

（7）1989 年，丹麦 Danfoss 公司等开始研究纯水液压元件；1994 年，联合研制出 Nesie 系列淡水轴向柱塞泵、马达等。

2. 国内研究现状

国内纯水液压技术研究的起步相比西方国家来说较晚。1990 年，华中理工大学在国内率先进行了纯水液压传动技术的研究，1996 年研制并成功地应用于国内第 1 台舰艇用海水轴向柱塞泵和纯水液压泵性能试验台。目前，浙江大学已研制成功了最高压力为 14MPa、流量为 100L/min 的纯水柱塞泵及一系列的纯水液压控制阀，并在摩擦副材料的研究上取得了重大进展。同时，浙江大学流体传动及控制国家重点实验室也投入大量的人力、物力从事纯水液压技术的开发和研究工作。安徽理工大学也从 2002 年起投入人力、物力，进行纯水液压元件的设计与开发，已设计出用于纯水液压系统的齿轮转子泵（马达）系列。

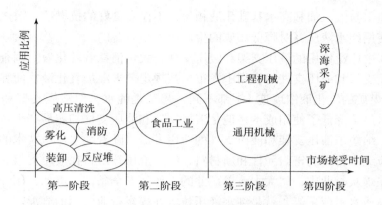

图 17-1 纯水液压技术的应用

纯水液压传动的基本特征就是能够输出高压水流。高压高效纯水液压灭火系统和现有的喷水灭火系统不一样，需在楼层中间再额外地设置几个中转加压泵站，这样不仅可以显著提高高层建筑喷水灭火系统的灭火效果，大大减少灭火系统成本，而且还有效地扩大了高层楼房的实际使用面积。同时，高效水雾化具有动力消耗小、系统简单、占用空间小、布置方便等优点。但其形成条件是消防水必须具有足够高的压力，一般来说，不得低于10MPa，纯水液压系统的输出压力通常在10~32MPa，高压细水雾灭火系统在喷水方式、成雾原理、灭火机理、灭火效能、应用范围及系统经济性能上均产生了质的飞跃，工程应用前景十分乐观，同时，水的高压雾化也是射流技术在灭火领域新的应用。这一套系统同样可用在其他用高压水射流的场合，例如：钢板的切割及钢板的除锈等，这会比以往高压水射流的获得方法节省许多能量。

2. 应用于食品、医药、粮食、生物工程等要求无污染的行业

目前，纯水液压技术已在国外食品加工业中的以下领域得到应用：
（1）牛奶和饮料的无菌灌装。
（2）用于切割肉、骨、冻鱼等的液压锯。
（3）调整加工平台和工作台的位置。
（4）屠宰场中，待宰牲畜的运输与清洗。
（5）工作场所和设备的高压清洗。
（6）贝类加工中的净化、调湿和水冷。
（7）驱动各种提升、输送、夹持和旋转工具。

从纯水液压技术在国外食品行业的应用情况来看，纯水液压技术在食品加工业的应用优势十分明显，清洁卫生、节约成本、系统集成与使用方便。由此可见，食品加工业采用纯水液压技术是一个必然的趋势。

3. 应用于矿山开采

长久以来，煤矿的现场生产条件十分恶劣。同时，生产对地表以下环境的污染也十分严重，产生这种污染很大的一个原因就是液压油和高水基乳化液的使用。面对人们对环境保护越来越重视，必须逐步解决这些问题，改善煤矿的生产环境，即纯水液压技术的使用是有效的方法之一。纯水与液压油和高水基乳化液相比，不仅有良好的抗燃性、散热性，而且价格也便宜。所以使用纯水液压，对降低煤矿的生产成本是有益的。

在煤矿生产中广泛使用的液压支架和液压支柱，大量消耗着乳化液。调查发现，很多煤矿的工人在液压支架和液压支柱的使用中，很少按规定要求混加乳化液，使乳化液浓度只有5%左右，有些煤矿的乳化液浓度连1%都不到，甚至是纯水，但液压支架和液压支柱仍可以工作，这样做虽然降低了使用成本，但是液压支架和液压支柱却容易产生锈蚀，从而又增加了维修成本，缩短了液压支架和液压支柱的使用寿命。随着纯水液压技术的深入研究和发展，出现了适应纯水传动的密封元件和新材料，纯水液压技术将在液压支架和液压支柱中得到广泛应用，在煤炭行业中，将大大改善矿井的工作和安全条件。例如，用纯水液压提供高压水，然后用高压水射流采煤，就是纯水液压技术在煤炭行业应用的雏形。

4. 应用于钢铁工业

在钢铁生产中采用纯水液压传动技术也具有其独特的优势，并且这一技术的开发和应用也受到越来越多的重视。在高温环境中采用无燃性的纯水是非常安全的，特别是在焦炉、退火炉、转炉的应用更能显示出其优势。一方面，泄漏的介质不会像液压油那样污染地面造成安全隐患；另一方面，泄漏的介质遇到明火，不会像液压油那样起火燃烧，从而有效地保护人身和设备的安全。天然淡水不仅自身的成本非常低，而且其泄漏处理成本更是很低。目前，轧钢生产中使用的液压油不仅量大，而且均为进口液压油，如果纯水液压技术能取代现有的轧钢液压系统，则吨钢的生产成本将大大降低。对于大量使用液压油的冶金行业来说其前景非常广阔。

知识拓展 2——液压系统的使用与维护

液压系统工作性能的保障，在很大程度上取决于正确使用与及时维护。因此，必须建立相关使用和维护方面的制度，以保证系统正常工作。

一、液压系统使用的注意事项

（1）操作者应掌握液压系统设备的工作原理，熟悉各种操作要点，调节手柄的位置和旋向等。

（2）开车前应检查系统上的各调节手轮、手柄是否被无关人员动过，电气开关和行程开关的位置是否正常，工件的安装是否正确、牢固等，再对导轨和活塞杆的外露部分进行擦拭后才可开车。

（3）开车前应检查油温，若油温低于10℃，则可将泵开开停停数次进行升温，一般应空载运转20min以上才能加载运转。若室温在0℃以下，则应采取加热措施后再起动。若有条件，可根据季节更换不同黏度的液压油。

（4）工作中应随时注意油位高度和温升，一般油液的工作温度在30~50℃较为合适。

（5）液压油要定期检查和更换，保持油液清洁。对于新投入使用的设备，使用三个月左右应清洗油箱，更换新油，以后按设备说明书的要求每隔半年或一年进行一次清洗和换油。

（6）使用中应注意过滤器的工作情况，滤芯应定期清洗或更换。平时要防止杂质进入油箱。

（7）若设备长期不用，则应将各调节旋钮全部放松，以防止弹簧产生永久变形而影响元件的性能，甚至导致液压故障的发生。

二、液压设备的维护保养

维护保养分日常维护、定期检查和综合检查三个阶段进行。

1. 日常维护

日常维护通常是用目视、耳听及手触感觉等比较简单的方法，在泵启动前、后和停止运转前检查油量、压力、油温、漏油、噪声以及振动等情况，并随之进行维护和保养。对重要的设备应填写"日常维护卡"。

2. 定期检查

定期检查的内容包括：调查日常维护中发现异常现象的原因并进行排除；对需要维修的部位，必要时进行分解检修。定期检查的时间间隔一般与过滤器的检修期相同，通常为2～3个月。

3. 综合检查

综合检查大约一年一次。其主要内容是检查液压装置的各元件、部件和组件，判断其性能和寿命，对产生故障的部位进行检修，并对经常发生故障的部位提出改进意见。综合检查的方法主要是分解检查，要重点排除一年内可能产生的故障因素。定期检查和综合检查均应作好记录，作为设备出现故障查找原因或设备大修的依据。

知识拓展3——气动系统的维护和保养

一、气动系统使用的注意事项

气动系统使用的注意事项有：开车前、后要放掉系统中的冷凝水；定期给油雾器注油；开车前检查各调节手柄是否在正确位置，机控阀、行程开关、挡块的位置是否正确、牢固，对导轨、活塞杆等外露部分的配合表面进行擦拭；随时注意压缩空气的清洁度，对空气过滤器的滤芯要定期清洗；设备长期不用时，应将各手柄放松，防止弹簧永久变形而影响元件的调节性能。

二、气动系统的维护保养

气动系统设备使用中,如果不注意维护保养工作,可能会频繁发生故障和元件过早损坏,装置的使用寿命就会大大降低,造成巨大的经济损失,因此必须引起足够的重视。在对气动装置进行维护保养时,要有针对性,及时发现问题,采取措施,这样可减少和防止大故障的发生,延长元件和系统的使用寿命。

要使气动设备能按预定的要求正常工作,维护工作必须做到:保证供给气动系统的压缩空气足够清洁干燥;保证气动系统的气密性良好;保证润滑元件得到良好的润滑;保证气动元件和系统的正常工作条件(如使用气压、电压等参数在规定范围内)。

维护工作可以分为日常性的维护工作和定期的维护工作。前者是指每天必须进行的维护工作,后者可以是每周、每月或每季度进行的维护工作。维护工作应记录在案,以便于今后的故障诊断和处理。工厂企业应制定气动设备的维护保养管理规定,并对其进行严格管理。

1. 气动系统的日常维护工作

日常维护工作的主要任务是冷凝水排放、系统润滑和空压机系统的日常管理。

1)冷凝水排放的管理

压缩空气中的冷凝水会使管道和元件锈蚀,防止冷凝水侵入压缩空气的方法是及时排除系统各处积存的冷凝水。冷凝水排放涉及从空压机、后冷却器、储气罐、管道系统直到各处空气过滤器、干燥器和自动排水器等整个气动系统。在工作结束时,应当将各处冷凝水排放掉,以防夜间温度低于0℃导致冷凝水结冰。由于夜间管道内温度下降,会进一步析出冷凝水,故在每天设备运转前,也应将冷凝水排出。经常检查自动排水器、干燥器是否正常工作,定期清洗分水滤气器和自动排水器。

2)系统润滑的管理

气动系统中从控制元件到执行元件,凡有相对运动的表面都需要润滑。如果润滑不足,会使摩擦阻力增大,导致元件动作不良,使密封面磨损而引起泄漏。在气动装置运转时,应检查油雾器的滴油量是否符合要求、油色是否正常。如发现油杯中油量没有减少,应及时调整滴油量;若调节无效,则需检修或更换油雾器。

3)空压机系统的日常管理

定期检查空压机是否有异常声音和异常发热、润滑油位是否正常、空压机系统中的水冷式后冷却器供给的冷却水是否足够。

2. 气动系统的定期维护工作

定期维护工作的主要内容是漏气检查和油雾器管理。

(1)检查系统各泄漏处,因泄漏引起的压缩空气损失会造成很大的经济损失。因此,此项检查至少应每月一次,任何存在泄漏的地方都应立即进行修补。漏气检查应在白天车间休息的空闲时间或下班后进行。这时,气动装置已停止工作,车间内噪声小,且管道内还有一定的空气压力,根据漏气的声音便可知何处存在泄漏。检查漏气时还应采用在各检查点涂肥皂液等办法,这种显示漏气的效果比听声音更好。

（2）通过对方向阀排气口的检查，检查润滑油是否合适、空气中是否有冷凝水。若润滑不良，则检查油雾器滴油是否正常、安装位置是否恰当；若有大量冷凝水排出，则检查排除冷凝水的装置是否合适、过滤器的安装位置是否恰当。

（3）检查安全阀、紧急安全开关动作是否可靠。定期检修时必须确认它们的动作可靠性，以确保设备和人身安全。

（4）观察方向阀的动作是否可靠。检查阀芯或密封件是否磨损（如方向阀排气口关闭时仍有泄漏，往往是磨损的初期阶段），查明后及时更换。让电磁阀反复切换，从切换声音即可判断阀的工作是否正常。

（5）反复开关换向阀观察气缸动作，判断活塞密封是否良好；检查活塞杆外露部分，观察活塞杆是否被划伤、腐蚀或存在偏磨；判断活塞杆与端盖内的导向套、密封圈的接触情况及压缩空气的处理质量和气缸是否存在横向载荷等；判断缸盖配合处是否有泄漏。

（6）行程阀、行程开关以及行程挡块都要定期检查，确定其安装的牢固程度，以免出现动作混乱。

上述定期检修的结果应记录下来，作为系统出现故障查找原因和设备维修时的参考。定期检修的时间间隔通常为三个月，大修间隔期为一年或几年。

附录 常用液压与气动元件图形符号（摘自 GB/T 786.1—2009）

附表 1 基本符号、管路及连接图形符号

名称	符号	名称	符号
工作管路 元件壳体外框符号		管端连接于油箱底部	
控制管路		管端在液面以下的油箱	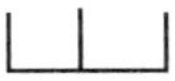
连接管路		密闭油箱	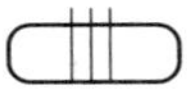
交叉管路	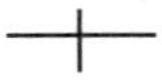	不带单向阀的快换接头	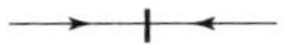
柔性管路 （软管总成）		带单向阀的快换接头	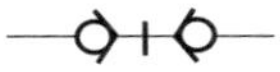
组合元件框线		带连接措施的排气口	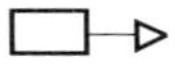
管端在液面以上的油箱	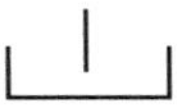	不带连接措施的排气口	

附表 2 控制机构和控制方法图形符号

名称	符号	名称	符号
按钮式人力控制	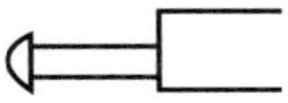	单向滚轮式机械控制	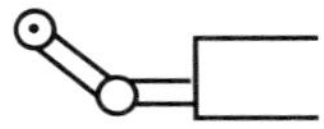
手柄式人力控制	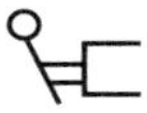	单作用电磁控制	
踏板式人力控制	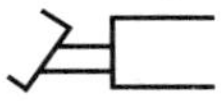	双作用电磁控制	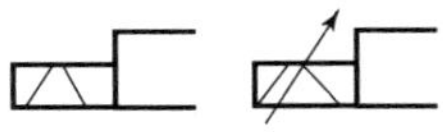
顶杆式机械控制	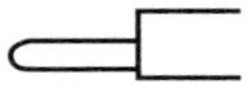	电动机旋转控制	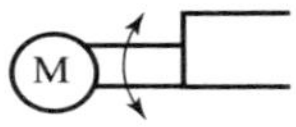
弹簧控制		加压或卸压控制	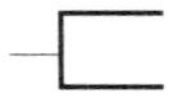

附录　常用液压与气动元件图形符号（摘自 GB/T 786.1—2009）

续表

名称	符号	名称	符号
滚轮式机械控制	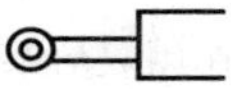	内部压力控制	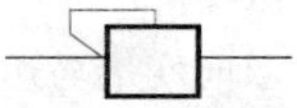
外部压力控制	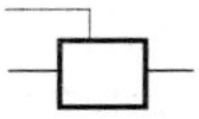	电—液先导供油控制	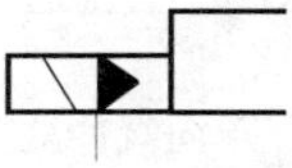
气压先导控制	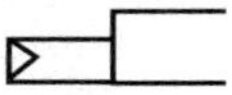	电—气先导供气控制	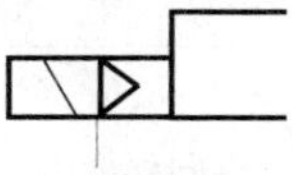
液压先导控制	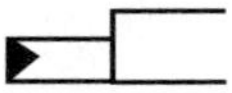	液压先导供油控制	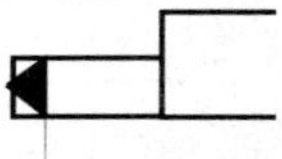
液压二级先导控制	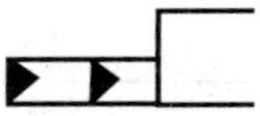	电反馈控制	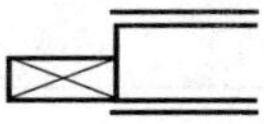
气—液先导回油控制	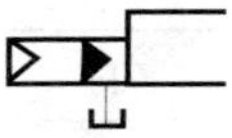	差动控制	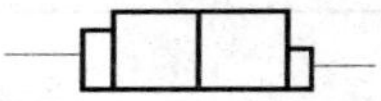

附表3　泵、马达和缸图形符号

名称	符号	名称	符号
单向定量液压泵（单向旋转）	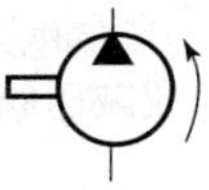	变量液压泵—马达	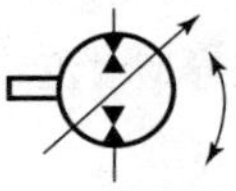
双向定量液压泵（双向旋转）	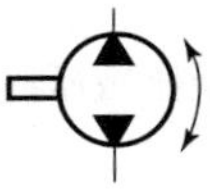	液压整体式传动装置	
单向变量液压泵（单向旋转）	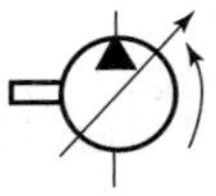	摆动马达	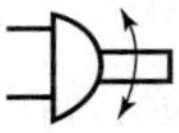
双向变量液压泵（双向旋转）	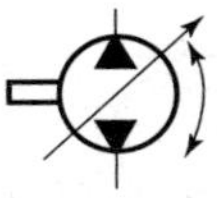	单向定量马达	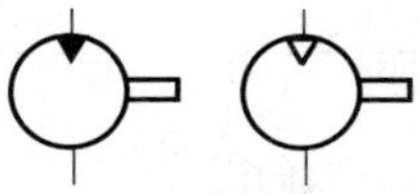
定量液压泵-马达（单向旋转）	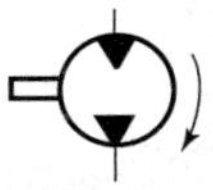	双向定量马达	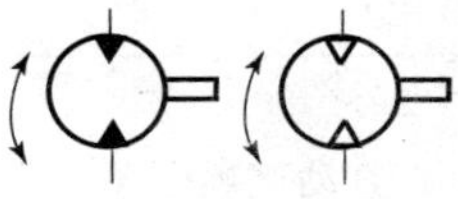
单向变量马达	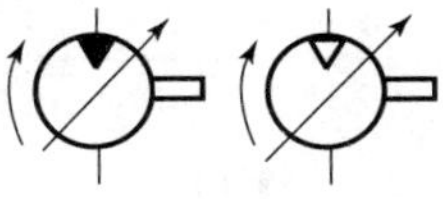	双作用单活塞杆缸	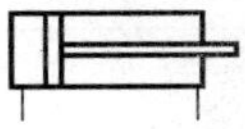

263

续表

名称	符号	名称	符号
双向变量马达	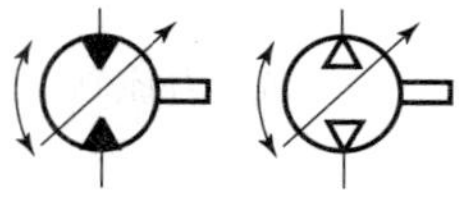	双作用双活塞杆缸	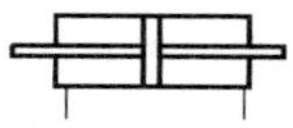
单向缓冲缸	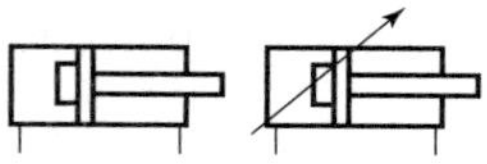	单作用伸缩缸	
双向缓冲缸	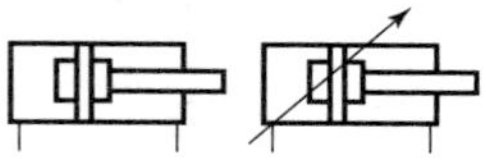	双作用伸缩缸	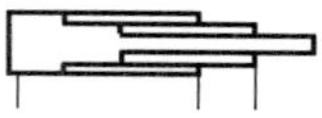
单作用弹簧复位缸	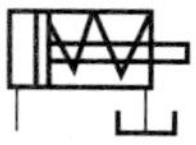	增压器	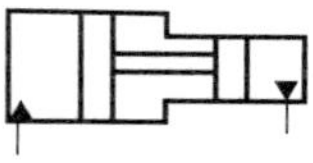

附表4　控制元件图形符号

名称	符号	名称	符号
直动型溢流阀	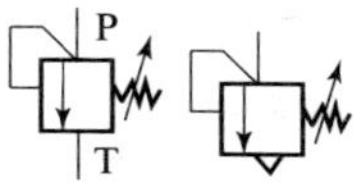	溢流减压阀	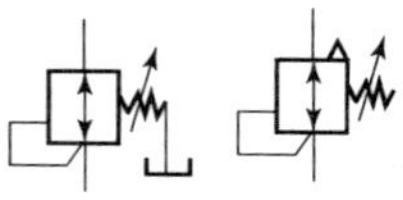
先导型溢流阀	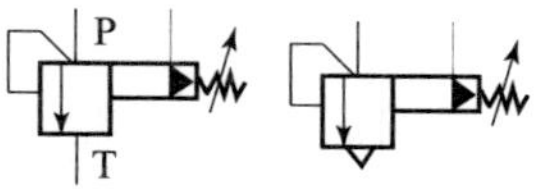	先导型比例电磁式溢流减压阀	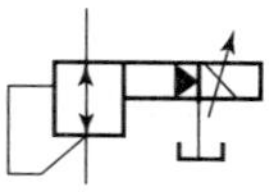
先导型比例电磁式溢流阀	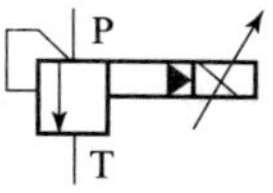	定比减压阀	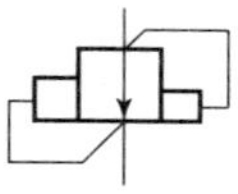
卸荷溢流阀	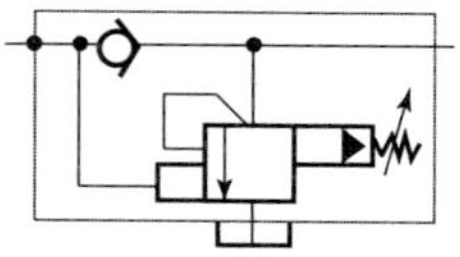	定差减压阀	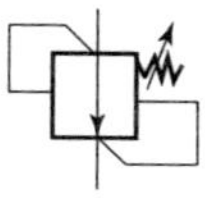
双向溢流阀	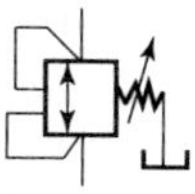	直动型减压阀	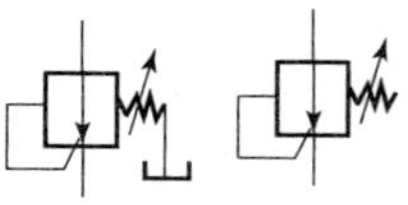
直动型顺序阀	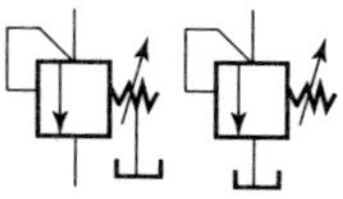	带消声器的节流阀	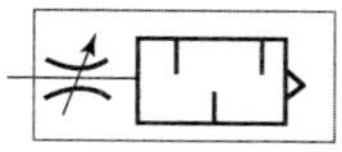
先导型顺序阀	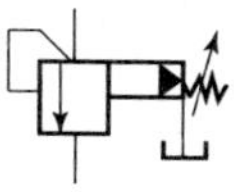	调速阀	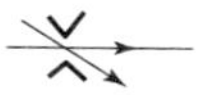

附录 常用液压与气动元件图形符号（摘自 GB/T 786.1—2009）

续表

名称	符号	名称	符号
单向顺序阀（平衡阀）		单向调速阀	
先导型减压阀		集流阀	
直动型卸荷阀		分流阀	
制动阀		单向阀	
不可调节流阀		常闭式单向阀	
可调节流阀		先导式液控单向阀	
可调单向节流阀		先导式双单向阀	
截止阀		梭阀	
与门型梭阀		二位四通换向阀	
快速排气阀		二位五通换向阀	
二位二通换向阀		三位四通换向阀	
二位三通换向阀		三位五通换向阀	
直控式比例溢流阀		四通电液伺服阀	

附表 5　辅助元件图形符号

名称	符号	名称	符号
过滤器		空气干燥器	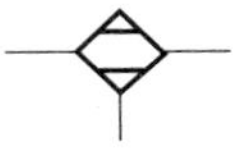
磁芯过滤器	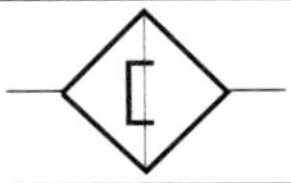	气罐	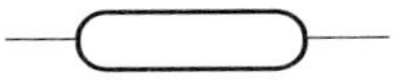
污染指示过滤器	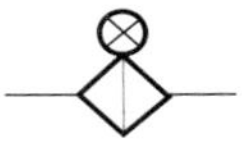	压力计	
分水排水器	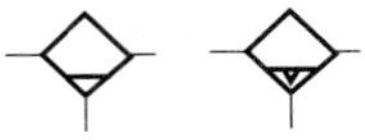 人工　自动	液位计	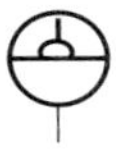
空气过滤器	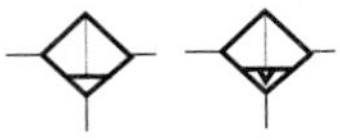 人工　自动	温度计	
除油器	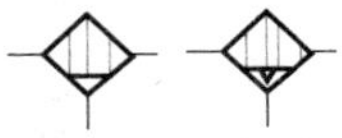 人工　自动	流量计	
压力继电器	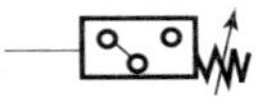	蓄能器	
消声器	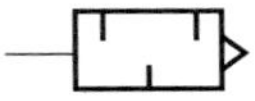	液压源	
油雾器	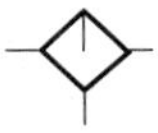	气压源	
气源调节装置	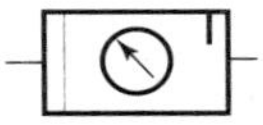	电动机	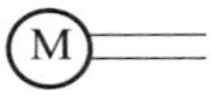 M
冷却器	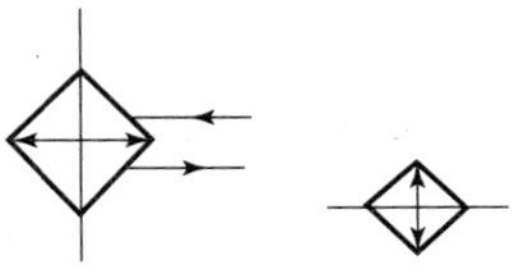 水冷式　风冷式	原动机	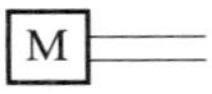 M
加热器	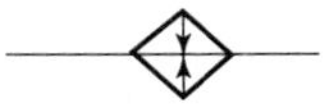	气—液转换器	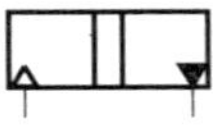

266

参 考 文 献

[1] 雷天觉. 液压工程手册 [M]. 北京：机械工业出版社, 1998.
[2] 刘家伦. 液压与气动技术 [M]. 北京：北京科学技术出版社, 2010.
[3] 阳彦雄, 李亚利. 液压与气动技术 [M]. 北京：北京理工大学出版社, 2008.
[4] 杨柳青. 液压与气压传动 [M]. 北京：机械工业出版社, 2008.
[5] 宋新萍. 液压与气压传动 [M]. 北京：机械工业出版社, 2008.
[6] 毛智勇, 刘宝权. 液压与气压传动 [M]. 北京：机械工业出版社, 2009.
[7] 何存兴, 张铁华. 液压传动与气压传动 [M]. 武汉：华中理工大学出版社, 1998.
[8] 许福玲, 陈尧明. 液压与气压传动 [M]. 北京：机械工业出版社, 1998.
[9] 李芝. 液压传动 [M]. 北京：机械工业出版社, 2009.
[10] 袁承训. 液压与气压传动 [M]. 北京：机械工业出版社, 1999.
[11] 左健民. 液压与气压传动 [M]. 北京：机械工业出版社, 2009.
[12] 吴丛. 液压与气动 [M]. 北京：北京理工大学出版社, 1995.
[13] 俞启荣. 液压传动 [M]. 南京：南京机械专科学校出版社, 1989.
[14] 兰建设. 液压与气压传动 [M]. 北京：高等教育出版社, 2002.
[15] 徐永生. 液压与气动 [M]. 北京：高等教育出版社, 2003.
[16] 赵波, 王洪元. 液压与气动技术 [M]. 北京：机械工业出版社, 2008.
[17] 石熙年, 万柏群. 液压传动 [M]. 徐州：中国矿业大学出版社, 2004.
[18] 丁树模. 液压传动 [M]. 北京：机械工业出版社, 2009.
[19] 屈圭. 液压与气压传动 [M]. 北京：机械工业出版社, 2002.